紫穗槐果实
杀虫活性研究与应用

李修伟　车午男　刘伟　著

化学工业出版社
·北京·

内 容 简 介

本书以紫穗槐果实杀虫活性研究与应用为主线，系统介绍了紫穗槐生物学特性、栽培技术、生物活性、经济价值，紫穗槐果实杀虫活性、紫穗槐果实精油及主要活性成分分离鉴定、紫穗槐总黄酮及主要杀虫成分作用机理研究、紫穗槐果实总黄酮提取工艺研究、紫穗槐制剂及田间应用研究等内容，为植物源农药的研发以及紫穗槐植物资源的开发提供技术参考。

本书可供从事紫穗槐研究与应用、植物源农药开发与应用相关研究及技术开发工作的人员参考，也可供大专院校植物保护、农药学、森林保护、生物技术、生物工程等专业师生阅读。

图书在版编目（CIP）数据

紫穗槐果实杀虫活性研究与应用 / 李修伟，车午男，刘伟著. -- 北京：化学工业出版社，2024. 10.

ISBN 978-7-122-46270-1

Ⅰ. S793.2

中国国家版本馆CIP数据核字第20244CY929号

责任编辑：冉海滢　刘　军

责任校对：边　涛　　　　装帧设计：韩　飞

出版发行：化学工业出版社（北京市东城区青年湖南街13号　邮政编码100011）

印　　装：北京天宇星印刷厂

710mm×1000mm　1/16　印张12¼　字数174千字　　2024年9月北京第1版第1次印刷

购书咨询：010-64518888　　　　售后服务：010-64518899

网　　址：http：//www.cip.com.cn

凡购买本书，如有缺损质量问题，本社销售中心负责调换。

定　　价：88.00元

前言

植物源农药是指利用植物有机体或部分有机物质及其次生代谢物质为原料，将其加工成农药制剂，用于防控农业有害生物。在全球可持续发展战略、环境保护、保障食品安全的总体趋势下，随着我国农产品和环境安全战略的稳步推进，病虫草害的调控和治理工作受到极大重视。要从源头上保障农产品丰产和质量安全，必须向使用者提供安全有效的农药。植物源农药具有选择性强、活性高、容易降解，对哺乳动物毒性较低，对非靶标生物相对安全，无污染、无残留，能保持农副产品的优良品质等优势，在病虫草害的综合治理中发挥了举足轻重的作用。

紫穗槐（*Amorpha fruticosa* L.）是原产于北美的多年生豆科紫穗槐属植物，后引入中国用于水土保持。从20世纪40年代开始，紫穗槐化学成分的研究在国际上受到重视，国内外学者陆续研究紫穗槐果实的生物活性成分并鉴定其化学结构。大量研究发现，紫穗槐根、皮、果实中含有黄酮类化合物、挥发油、萜类、甾体类、二苯乙烯苷类、甘油酯类以及多糖等成分，并证实紫穗槐具有触杀、胃毒、拒食等生物活性。因此，研究紫穗槐果实主要杀虫成分、生物活性及作用机理，对紫穗槐资源的开发利用具有重要的意义。

本书结合编者近年来的科研成果对紫穗槐的研究进展进行系统的归纳与总结。全书共包括8章。第1章介绍了植物源农药，我国植物源农药开发利用研究进展，产业化开发品种以及研究的必要性；第 2 章介绍了紫穗槐生物活性、活性成分、栽培技术与应用价值；第 3 章介绍了紫穗槐果实杀虫活性；第 4 章介绍了紫穗槐果实精油及主要活性成分分离鉴定；第 5 章介绍了不同产地紫穗槐果实总黄酮及主要杀虫成分含量测定；第 6 章介绍了紫穗槐总黄酮及主要杀虫成分作用机理；第 7 章介绍了紫穗槐果实总黄酮提取工艺；第 8 章介绍了紫穗槐制剂及田间应用。本书第 1 章、第 3 ～ 5 章和第 7 章由沈阳农业大学李修伟执笔，第 2 章和第 6 章由沈阳农业大学车午男执笔，第 8 章由沈阳农业大学刘伟执笔，全书最后由李修伟统稿与审定，沈阳农业大学纪明山教授参与评审，梁亚萍参与部分整理工作。

本书是国内第一部介绍紫穗槐果实杀虫活性研究与应用的专著，对开发和应用紫穗槐资源具有较强的参考性，也可作为农业、林业以及生物技术相关领域科技人员的参考资料，希望本书的出版能为紫穗槐和植物源农药研究领域贡献绵薄之力。

由于编者水平有限，书中不妥和疏漏之处在所难免，敬请读者批评指正。

编 者

2024 年 5 月

目 录

第1章

绪　　论

1.1 植物源农药介绍

植物源农药是指利用植物有机体或部分有机物质及其次生代谢物质为原料，将其加工成农药制剂，用于防控农业有害生物。活性成分也可以人工合成，但是合成物的结构必须和天然产物完全相同，允许所含异构体在比例上和天然产物有差异[1-2]。植物源农药具有选择性强、活性高、容易降解，对非靶标生物相对安全，使有害生物不易产生抗药性，无残留、不污染环境，能保持农副产品的优良品质等优势，在农业病虫草害的综合治理中发挥着重要的作用。

植物中的农药活性成分大多是植物次生代谢物质，自然界中80%的次生代谢物质来自植物和微生物[3]。植物是生物活性化合物的天然宝库，其产生的次生代谢产物具有杀虫、抑菌或除草等生物活性，可以作为天然源有害生物控制剂直接开发为无公害农药；或者以其为先导化合物，采用现代化学合成手段，对其进行结构修饰和衍生合成，开发研制新型农药；或者以这些活性次生代谢物为探针，发现新的作用靶标，解析靶标的空间结构，针对性地设计合成筛选候选化合物，继而开发新型农药[4]。

植物源农药坚持以绿色为导向，在农业有害生物防控、农产品高质量生产等领域发挥巨大潜力，顺应我国环境友好的现代农业发展道路，必将迎来新的发展契机[5-7]。

1.2 植物源农药开发利用研究进展

我国对植物资源的开发利用可以追溯到神农氏，先秦古籍《山海经》以及后来的《周礼·秋官司寇》《神农百草经》《本草纲目》《天工开物》《本草纲目拾遗》均有使用植物性物质防治农业有害生物的记载。《中国有毒植物》中收录了1300多种具有杀虫或抗菌作用的植物[8]。《中国土农药志》记录了86科220多种具有农药作用的植物[9]。统计数据显示，我国用于研发农药的植物包括楝科、菊科、豆科、卫矛科和大戟科等30多科，其中楝科、豆科和卫矛科三科植物是最具有开发价值的植物，这些植物产生的次生代谢产物超过40万种[10-11]。

我国植物源农药研究发展比较迅速，1943年，我国建立第一个农药厂，开始生产除虫菊素等植物杀虫剂，20世纪70年代进入快速研发阶段。我国植物源农药研究开发的奠基人为黄瑞伦先生和赵善欢先生，随后华南农业大学徐汉虹、胡美英，西北农林科技大学吴文君、张兴，青岛农业大学孟昭礼，江苏农业科学院石志琦，中国科学院昆明植物研究所郝小江，湖北农业科学院喻大昭，以及西南大学丁伟等在我国植物源农药研发领域做出了重要贡献[12-15]。

近20年来，我国植物源农药研究和开发取得突破性进展。目前已登记并在有效期的植物源农药包括杀虫剂苦参碱、鱼藤酮、印楝素、黎芦碱、除虫菊素、烟碱、苦皮藤素、桉油精、右旋樟脑、八角茴香油、新狼毒素、茶皂素；杀鼠剂雷公藤甲素、莪术醇；杀菌剂蛇床子素、丁子香酚、香芹酚、小檗碱等159个产品[16-19]。

1.3 产业化开发的植物源杀虫剂品种

在20世纪40年代前，烟碱、除虫菊素和鱼藤酮三大植物源杀虫剂是重要的农药品种，从历史上来看，也是农药商品化的重要标志[1]。在有机氯、有机磷和氨基甲酸酯等杀虫剂问世后，植物源杀虫剂在农药市场所占的比重才迅速下降。随着化学农药的大量使用，其弊端也逐渐显现出来，如环境污染、对非靶标生物的杀伤、害虫抗药性、农药残留以及害虫的再增猖獗等，加之开发新农药的难度加大，使得植物源农药的发展有了新的契机。由于植物源农药来源于自然，具有对人、畜安全，不污染环境，对环境压力较小等优点，植物源农药的研究与开发日益受到重视[20]。

1.3.1 烟碱

烟碱是烟草中的一种重要生物碱，主要存在于茄科烟草属（*Nicotiana*）约50余种植物中，主要品种有烟草（*Nicotiana tabacum*）和黄花烟草

（*Nicotiana rustica*）。提取时可将烟草以稀酸浸渍，以碱中和，然后水蒸气蒸馏，并以草酸处理，再进行碱化而制得。早在1690年欧洲即用烟草萃取液及烟草粉作为杀虫剂。1828年，Posseit和Reimann确定烟草的杀虫有效成分为烟碱。1893年Pinner确定了烟碱的化学结构。

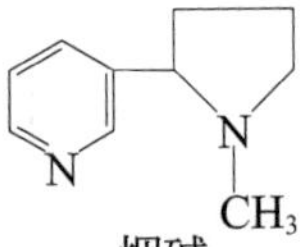

烟碱

烟碱纯品为无色液体，具有高度的挥发性，见光和在空气中很快颜色变深，并伴有特殊的臭味。可与水混溶，形成水合物；易溶于大多有机溶剂，与酸形成盐。将烟草粉末、烟茎以及烟筋等生产香烟下脚料中的有效成分用适当工艺提取以后，可加工成游离的烟碱乳油、水剂或硫酸烟碱、油酸烟碱制剂。

烟碱是广谱杀虫剂，可用于防治蚜虫、蓟马、蝽象、卷叶虫、菜青虫、三化螟、飞虱和叶蝉等害虫。烟碱对昆虫主要表现为熏蒸作用，也有触杀及胃毒作用，并有一定的杀卵活性。

烟碱是一种神经毒剂，与阿托品的作用位点相同，都是乙酰胆碱受体。烟碱引起昆虫中毒的症状为颤抖、痉挛、麻痹，通常在1h内死亡。烟碱分子能直接穿透昆虫表皮或通过气门进入虫体，进入血淋巴后发生解离。解离的烟碱离子慢慢被代谢和排出，未解离的烟碱分子则穿过神经细胞进入突触部位，在突触间隙解离，产生的烟碱离子与烟碱型乙酰胆碱受体的阴离子部位紧密结合，占领神经递质的受体，从而影响神经冲动的传导。烟碱是受体激动剂，在低浓度时刺激受体，使突触后膜产生去极化，虫体表现兴奋；高浓度时对受体产生脱敏性抑制，神经冲动传导受阻，但神经膜仍保持去极化，虫体表现麻痹[21]。烟碱对人、畜高毒，对大鼠急性经口 LD_{50} 为50～60mg/kg。

1.3.2 除虫菊素

除虫菊可以说是历史悠久而近于理想的杀虫植物，也是目前世界上大规模集约化种植的杀虫植物，其活性成分是一种不污染环境、对人畜安全、能迅速杀灭害虫的高效天然杀虫剂。最早在波斯栽培有红花除虫菊，主要作为观赏植物，亦用于配制杀虫药剂。1800 年，美国人 Jimtikoff 发现高加索部族用除虫菊花粉灭跳蚤，并于 1828 年将其加工成杀虫粉剂出售。1840 年在欧洲南部南斯拉夫的 Dalmatia 发现有白花除虫菊品种，其杀虫效果远较波斯产的红花品种好，自此以后，白花除虫菊为唯一大规模栽培作杀虫药剂用的品种。

除虫菊素（pyrethrin）是菊科植物如白花除虫菊（*Chrysanthemum cinerariaefolium*）和红花除虫菊（*C. coseum*）等花中的杀虫有效成分。天然除虫菊素是一类比较理想的杀虫剂，它的杀虫毒力较高，杀虫谱广，对哺乳动物低毒，不污染环境，没有慢性毒性等不良效应，也不会产生累积中毒。天然除虫菊素的主要问题是光不稳定。天然除虫菊素的分子结构中存在两个光不稳定中心，一个是菊酸的乙烯侧链上的偕二甲基，另一个是醇部分的戊烯酮环及侧链上的双键。在光照条件下，这两个部位很快被氧化而失去杀虫活性。因此，天然除虫菊素不能在田间使用，只能用于室内防治卫生害虫。

除虫菊素化学结构的研究始于 1908 年，1909 年日本药物学家报道了除虫菊素的有效成分为“酯”结构。1923 年，日本科学家山本证实构成除虫菊素的酸具有三碳环结构（环丙烷）。1924 年，瑞士化学家 Stanudinger 和 Ruzicka 首次报道了除虫菊素Ⅰ、Ⅱ的结构，后经多人修正，直到 1947 年才最终确定其结构。目前天然除虫菊花中的有效成分已明确的共 6 种，均为酯类化合物（表 1-1）。其酸部分称为菊酸，有两种，即菊酸Ⅰ和菊酸Ⅱ：

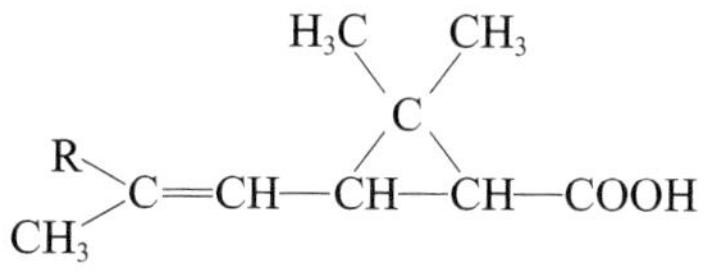

$$(R)(CH_3)C{=}CH{-}\underset{\diagdown\, C(CH_3)_2 \,\diagup}{CH{-}CH}{-}COOH$$

菊酸Ⅰ　　R=CH_3

菊酸Ⅱ　　R=$COOCH_3$

其醇部分为环状酮醇，有三种，即除虫菊酮醇、瓜叶除虫菊酮醇和茉莉除虫菊酮醇。

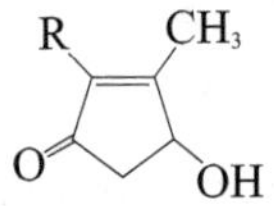

R═$CH_2CHCHCHCH_2$　除虫菊酮醇
R═$CH_2CHCHCH_3$　瓜叶除虫菊酮醇
R═$CH_2CHCHCH_2CH_3$　茉莉除虫菊酮醇

这两种菊酸和三个酮醇组成了 6 种除虫菊酯，通称为天然除虫菊素，其中以除虫菊素Ⅰ和Ⅱ含量最多，杀虫活性最高。

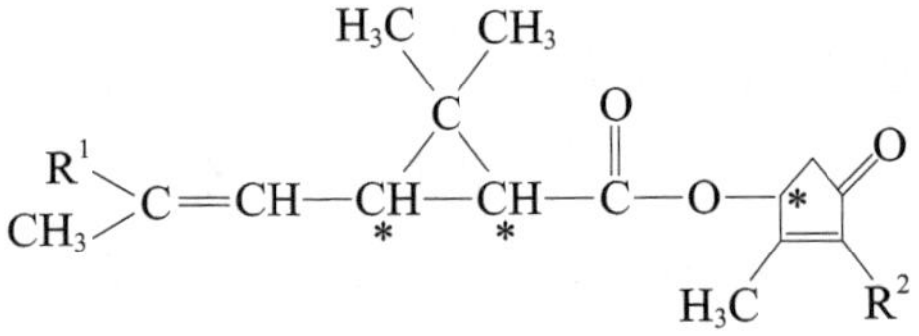

除虫菊素化学结构

表1-1　天然除虫菊素的化学结构和组成

组分	R^1	R^2	分子式	分子量	含量/%
除虫菊素Ⅰ	$—CH_3$	$—CH_2CH═CHCH═CH_2$	$C_{21}H_{28}O_3$	328.43	35
除虫菊素Ⅱ	$—COOCH_3$	$—CH_2CH═CHCH═CH_2$	$C_{22}H_{28}O_5$	372.44	32
瓜叶除虫菊素Ⅰ	$—CH_3$	$—CH_2CH═CHCH_3$	$C_{20}H_{28}O_3$	316.42	10
瓜叶除虫菊素Ⅱ	$—COOCH_3$	$—CH_2CH═CHCH_3$	$C_{21}H_{28}O_5$	360.43	14
茉莉除虫菊素Ⅰ	$—CH_3$	$—CH_2CH═CHC_2H_5$	$C_{21}H_{30}O_3$	330.45	5
茉莉除虫菊素Ⅱ	$—COOCH_3$	$—CH_2CH═CHC_2H_5$	$C_{22}H_{28}O_5$	374.46	4

天然除虫菊花的提取物为浅黄色、油状黏稠物，内含除虫菊素Ⅰ、Ⅱ，瓜叶除虫菊素Ⅰ、Ⅱ和茉酮除虫菊素Ⅰ、Ⅱ。天然除虫菊素不溶于水，易溶于有机溶剂。对光、热、酸、碱均不稳定，易分解，在空气中也不稳定，加入抗氧化剂可缓解其氧化作用。除虫菊花可以直接加工成粉剂，也可提取以后再加工成乳油、气雾剂或蚊香等剂型。可用于防治十字花科蔬菜蚜虫等农业害虫和卫生害虫。但由于有效成分的光稳定性差，大田施用后持效期极短，因此，更适宜于室内防治卫生害虫以及贮粮害虫。以除虫菊素为模板已经仿生合成了大量拟除虫菊酯类杀虫剂[22]。

1.3.3 鱼藤酮

鱼藤属植物有 80 多个品种，原产亚洲热带及亚热带地区。产地居民常将此类植物的有毒部分，与水混合捣碎，倾入河湾或水塘，在短时间内鱼类昏迷漂浮水面而被捕获，因此，常把它叫作毒鱼藤。据记载，1848 年 Oxley 开始商品化制造鱼藤根粉剂。鱼藤根的主要杀虫有效成分为鱼藤酮（rotenone），存在于豆科的 15 个属植物的根部，其中以鱼藤属和梭果豆属最重要，主要品种有毛鱼藤（*Derris elliptica*）、马来鱼藤（*Derris malaccensis*）、中国鱼藤（*Derris chinensis*）、秘鲁梭果豆（*Lonchocarpus utilis*）和巴西梭果豆（*Lonchocarpus urucu*）。

鱼藤酮易光解，易氧化，在光、空气、水、碱性条件下氧化会加快，并失去杀虫活性。

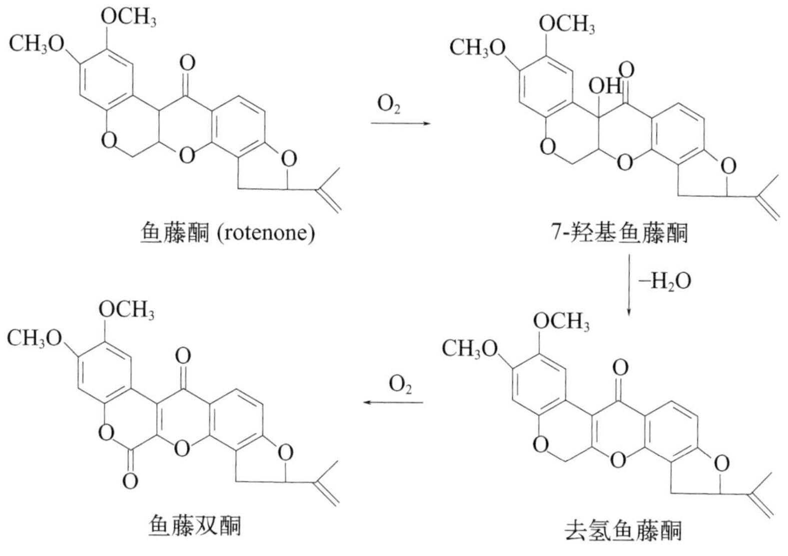

鱼藤酮 (rotenone) —O_2→ 7-羟基鱼藤酮 —$-H_2O$→ 去氢鱼藤酮 —O_2→ 鱼藤双酮

鱼藤酮杀虫谱广，对鳞翅目、半翅目、鞘翅目、双翅目、膜翅目、缨翅目、蜱螨亚目等多种害虫有效。由于鱼藤酮对人、畜毒性较低，在作物上的持效期较短，因此，特别适合于蔬菜害虫及烟、茶等经济作物害虫的防治。鱼藤酮对害虫有触杀和胃毒作用，可直接通过表皮、气门和消化道侵入虫体。中毒症状表现得很快，但死亡过程极为缓慢，往往要数天后才毫无挣扎地死亡。鱼藤酮主要是影响昆虫的呼吸作用，是典型的细胞呼吸代谢抑制剂，主要作用于呼吸链中电子转移复合体Ⅰ，中断了从辅酶Ⅰ到辅酶Q之间的电子传递，从而使呼吸受阻。鱼藤酮在神经和肌肉组织中抑制呼吸，还有一部分作用是抑制L-谷氨酸的氧化作用。L-谷氨酸是神经组织呼吸时被氧化的氨基酸，鱼藤酮对L-谷氨酸氧化的抑制使神经机能受阻，造成昆虫麻痹和瘫痪[17]。

此外，鱼藤酮还可能以一种可逆的方式连接在微管蛋白上，从而抑制了微管的形成。微管蛋白最重要的作用是在细胞分裂时经过微管组装中心组装成微管，而微管构成了减数分裂和有丝分裂中纺锤体的纤维。因此，鱼藤酮影响微管的组装，就抑制了纺锤体的形成，直接影响昆虫细胞的正常分裂。

1.3.4 印楝素

印楝（*Azadirachta indica*）是世界上公认的理想杀虫植物。杀虫活性成分主要分布在种核，从其果实中已分离、鉴定出数十种柠檬素类化合物。其中最主要的活性成分是一种四环三萜类化合物——印楝素。自美国Vikwood公司最早开发出以印楝种核为原料的杀虫剂Margosan-O后，至今世界上已有近20个国家建立了印楝素制剂生产厂，并已有十几个产品投放市场。

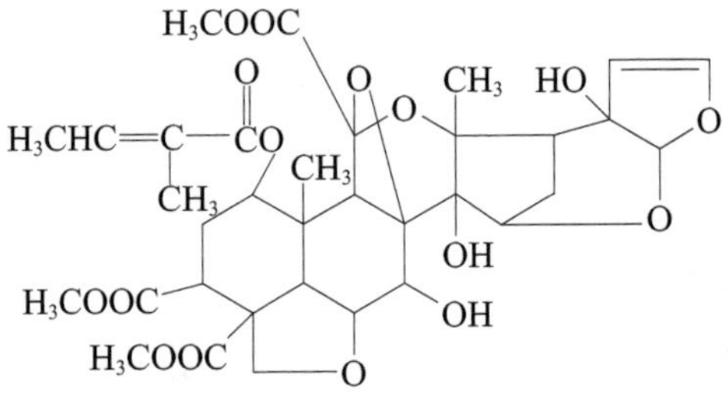

印楝素

印楝素及其类似物是一类高度氧化的柠檬素类化合物，纯品为白色非结晶物质，对光热不稳定，易溶于甲醇、乙醇、丙酮、二甲亚砜等极性有机溶剂。

印楝素的作用方式有多种，主要表现为干扰昆虫的正常行为，如拒食、驱避及产卵忌避等，并显著抑制昆虫的生长发育。印楝素是目前世界上公认的对昆虫活性最强的拒食剂，如印楝素在 0.1μg/mL 浓度下就使沙漠蝗 100% 拒食。但不同的昆虫对其拒食作用的敏感度不同。鳞翅目昆虫对印楝素最敏感，低于 1 ～ 50μg/mL 就有很高的拒食效果；鞘翅目、半翅目、同翅目昆虫相对不敏感；直翅目昆虫的敏感度差异较大，最敏感的是沙漠蝗，EC_{50} 为 0.05μg/g，中度敏感的是飞蝗，EC_{50} 为 100μg/g，最不敏感的是血黑蝗，EC_{50} 大于 1000μg/g。印楝油、印楝叶和种核提取物对一些同翅目害虫如褐飞虱、白背飞虱、二点黑尾叶蝉、柑橘木虱、甘薯粉虱、豌豆蚜、稻瘿蚊、橘蚜等及白蚁、蝗虫有很高的驱避活性；对棉铃虫、菜心野螟、草地贪夜蛾、丝光绿蝇和豆象的雌虫具有产卵驱避作用。用 0.02% 的印楝种核制剂处理后的植株或基质上，丝光绿蝇雌虫不产卵，产卵驱避效果达 100%。

抑制昆虫的生长发育是印楝素对昆虫的另一种主要作用。印楝素能干扰昆虫从卵期到成虫期各个阶段的正常生长发育。它在卵期能降低产卵量和孵化率；在幼虫期能抑制蜕皮，使幼虫不能正常蜕皮或出现永久性幼虫；在蛹期则降低化蛹率或出现畸形蛹；在成虫期则出现畸形成虫。昆虫经印楝素处理后，其症状表现为幼（若）虫蜕皮延长，蜕皮不完全（畸形）或蜕皮时就死亡。其作用机制主要是扰乱昆虫内分泌系统，影响促前胸腺激素的合成与释放，阻碍前胸腺对促前胸腺激素的感应而造成 20- 羟基蜕皮酮合成、分泌的不足，致使昆虫变态、发育受阻[23]。

1.3.5 鱼尼丁

尼亚那（*Ryania speciosa*）是一种大枫子科灌木，主要产于南美的特立达特和亚马孙河流域。尼亚那的杀虫有效成分主要分布在木质部中，易溶于水。因此，当地居民常割其枝条以水提取加工成杀虫制剂。这种制剂 1945 年引入美国，试验证明对鳞翅目幼虫，包括对欧洲玉米螟、甘蔗螟、苹果小卷蛾、苹果食心虫、舞毒蛾等十分有效。目前已经从尼亚那中分离、鉴定了10多个化合物，其杀虫活性成分主要是鱼尼丁，又称里安那碱。

鱼尼丁是一种肌肉毒剂，主要作用于钙离子通道，影响肌肉收缩，造成昆虫肌肉松弛性麻痹。但鱼尼丁对哺乳动物的毒性大，能引起温血动物僵直性麻痹，而使其应用受到限制。在鱼尼丁结构和作用方式的启发下，已成功开发了邻苯二甲酰胺类和邻甲酰氨基苯甲酰胺类杀虫剂[24]。

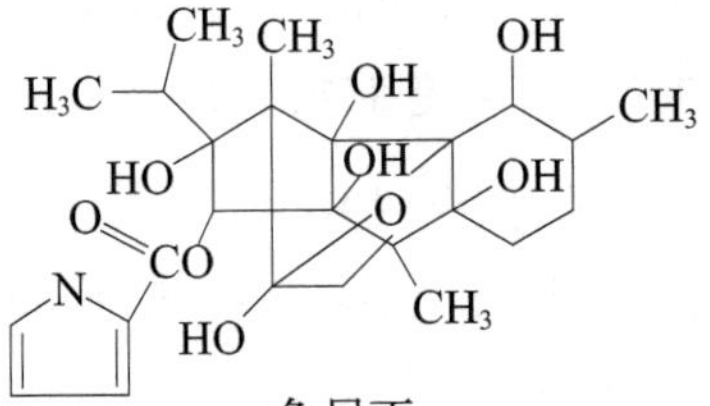

鱼尼丁

1.3.6 苦皮藤素

苦皮藤（*Celastrus angulatus*）是卫矛科南蛇藤属的一种多年生灌木，广泛分布在我国长江和黄河流域的丘陵浅山区。产区农民很早就知其根皮具有杀虫活性，可以防治某些蔬菜害虫，故又称苦皮藤为菜虫药。苦皮藤中的杀虫活性成分苦皮藤素为一系列具有二氢沉香呋喃多元酯结构的化合物，现已从中分离鉴定出几十个二氢沉香呋喃类杀虫化合物。其中以毒杀成分苦皮藤素Ⅴ（1*α*,2*α*- 二乙酰基 -8*β*,13*α*- 二异丁酰氧基 -9*α*- 苯酰氧基 -4*β*,6*β*- 二羟基 -*β*- 二氢沉香呋喃）和麻醉成分苦皮藤素Ⅳ（1*α*,2*α*,6*β*- 二乙酰基 -8*α*,9*β*- 呋喃酰氧基 -13*α*- 异丁酰氧基 -4*β*- 羟基 -*β*- 二氢沉香呋喃）为代表。

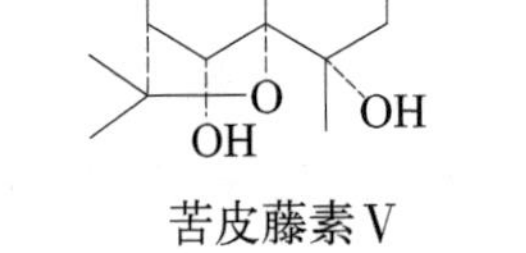

苦皮藤素Ⅴ 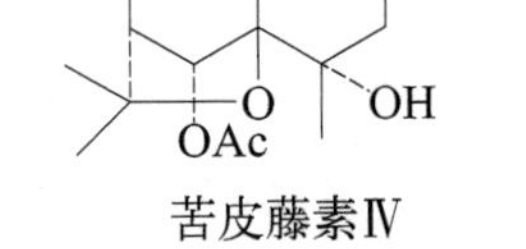　　苦皮藤素Ⅳ

苦皮藤素对昆虫具有拒食、麻醉和毒杀活性，主要作用方式是胃毒作用，无触杀、熏蒸、保幼激素、蜕皮激素及不育活性，也没有真正的忌避活性。苦皮藤根皮制剂对蝗虫成、若虫及芜菁叶蜂幼虫、小菜蛾幼虫、马铃薯瓢虫等主要表现为强烈的拒食作用；对菜青虫、黏虫、稻苞虫、槐尺蠖等鳞翅目幼虫则主要表现麻醉和毒杀作用；对米象、玉米象主要表现为抑制种群繁殖作用。苦皮藤根皮制剂还对樱桃叶蜂、黄守瓜、猿叶虫、苹果顶梢卷叶蛾等也有较好的防治效果。

苦皮藤素Ⅴ主要作用于昆虫的消化系统。中毒粘虫症状表现为兴奋、快速爬行，痉挛，虫体扭曲，继而大量失去体液，上吐下泻，虫体缩短，慢慢死亡。其引起昆虫的中毒症状类似于 Bt 的 δ- 内毒素。苦皮藤素Ⅴ是以昆虫中肠细胞膜上受体为靶标的小分子化合物，苦皮藤素Ⅴ与受体结合后细胞膜的三维构象发生改变，细胞膜对离子的通透性亦随之改变，渗透压平衡被打破，细胞膨胀、瓦解，造成肠壁穿孔，体液流失[25]。

苦皮藤麻醉成分苦皮藤素Ⅳ引起昆虫的中毒症状为虫体瘫软、麻痹，对外界刺激失去反应。其麻醉作用机理为抑制神经 - 肌肉兴奋性接点，阻断神经 - 肌肉的兴奋性传导，造成昆虫麻痹。

1.3.7 藜芦碱

植物杀虫剂藜芦碱主要杀虫成分是藜芦碱和藜芦定，这些生物碱存在于百合科藜芦属和喷嚏草属植物中，作为杀虫剂的植物原料主要是喷嚏草（*Schoenocaulon officinale*）的果实和白藜芦（*Veratrum album*）的根茎。早在 1946 年，美国藜芦杀虫剂的使用量超过 51480kg，商品为 20% 藜芦碱粉剂。

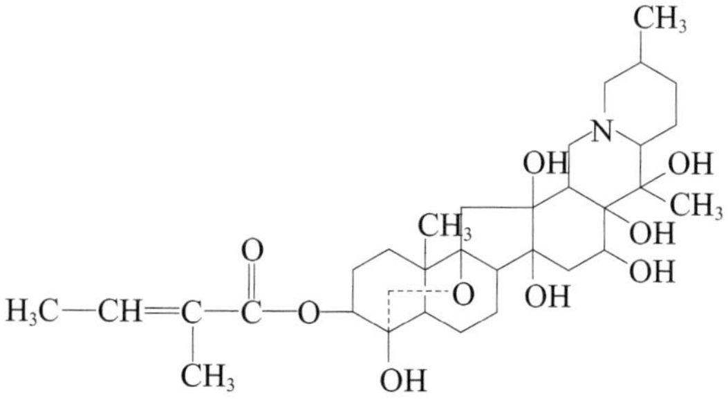

藜芦碱

藜芦定

藜芦碱和藜芦定对昆虫具有触杀和胃毒作用，作用于昆虫的钠离子通道，能使昆虫肌肉瘫痪。其制剂对人、畜安全，大鼠急性经口 LD_{50} 大于 4000mg/kg，但对哺乳动物的黏膜有很强的刺激性，还可引起肌肉僵硬。

藜芦碱制剂在阳光下和空气中杀虫活性迅速降低，田间持效期较短，可用于防治家蝇、蜚蠊、虱等卫生害虫，也可用于防治菜青虫、蚜虫、叶蝉、蓟马、蝽象等农业害虫。

1.3.8 苦参碱

苦参碱存在于豆科植物苦参（*Sophora flavescens*）的根中，在苦豆子（*Sophora alopecuroides*）、山豆根（*Sophora subprostrata*）等植物中也有分布。

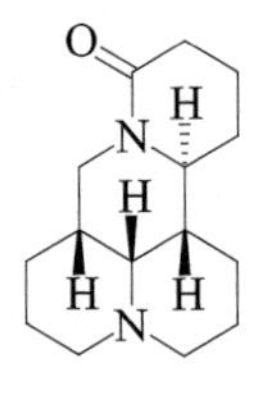

苦参碱

苦参碱以触杀作用为主，兼具胃毒作用。苦参碱主要作用于昆虫的神经系统。对昆虫神经细胞的钠离子通道有浓度依赖性阻断作用，可引起中枢神经麻痹，进而抑制昆虫的呼吸作用，使害虫窒息死亡[26]。对人、畜低毒，其制剂对大鼠急性经口 LD_{50} 大于 10000mg/kg。杀虫广谱，对多种作物上的菜青虫、蚜虫、红蜘蛛等害虫均有较好的防效。

1.3.9 桉油精

桉油精又称（1,8-）桉树脑、桉叶油醇、桉叶素，属单萜类化合物。广泛存在于天然芳香油中，为桉叶油的主要成分。无色液体，味辛冷，有与樟脑相似的气味。一般以桉树（*Eucalyptus robusta*）叶为原料提取生产桉树油，得油率 0.5% ～ 1.8%。桉树品种有多种，其中蓝桉和直杆桉是用来提取桉叶油的主要品种。

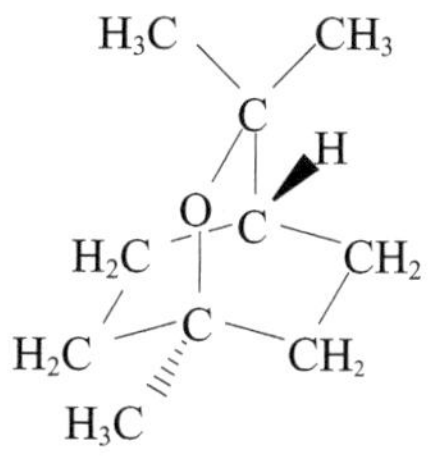

桉油精

桉油精以触杀作用为主，用 5% 可溶液剂 70 ～ 100g/ 亩喷雾，对十字花科蔬菜蚜虫具有较好防治效果。

1.3.10 辣椒碱

辣椒碱为存在于茄科植物辣椒（*Capsicum annuum*）中的酰胺类化合物，对昆虫的主要作用是破坏神经系统内取食激素的信息传递，使幼虫失去味觉功能而表现拒食反应，而昆虫一旦取食后则表现出胃毒作用，其症状为抽搐、麻痹、昏迷，于 12 ～ 24h 后逐渐死亡。辣椒碱主要用于果树、蔬菜以及粮食作物上的害虫防治。

辣椒碱

1.3.11 蛇床子素

蛇床子素主要分布于伞形科植物蛇床（*Cnidium monnieri*）的果实中，对多种害虫如茶尺蠖、棉铃虫、甜菜夜蛾以及各种蚜虫有较好的触杀效果。

大鼠急性经口 LD_{50} 大于 3687mg/kg，急性经皮 LD_{50} 大于 2000mg/kg，低毒。

MeO O O

蛇床子素

1.3.12 *d*- 柠檬烯

d- 柠檬烯是用专业的冷压技术从橙皮中提取的橙油，属于天然的植物源农药。对害虫作用方式为物理触杀作用，与常用的化学农药无交互抗性，杀虫机理是溶解害虫体表蜡质层，使其呈现快速击倒，呈明显的失水状态而死，并可抑制害虫产卵，降低种群数量。可以喷雾方式防治番茄、烟草烟粉虱，柑橘红蜘蛛等害虫。

大鼠急性经口 LD_{50} 大于 5000mg/kg，急性经皮 LD_{50} 大于 5000mg/kg，低毒。对兔的眼睛有强烈刺激性，对兔的皮肤有刺激性。

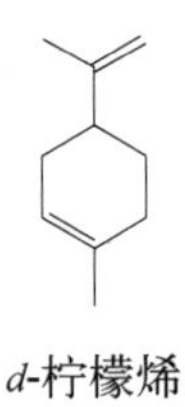

d-柠檬烯

1.4 植物源农药研究的必要性

当前，传统化学农药在使用中暴露出来越来越多的负面影响，因此植物源农药又重新进入人们的视野[27]。在全球可持续发展战略、环境保护、保障食品安全的总体趋势下，随着我国农产品和环境安全战略的稳步推进，病虫草害的调控和治理工作受到极大重视。植物源农药发展到今天，有广阔的存在和发展空间，甚至成为首选，是一般化学农药无法替代的，将会广泛应用于有害生物治理，农产品高质量生产，仓贮、图书档案、公共卫生害虫以及城市绿化场所病虫防治等领域。近年来，化学农药产量逐年递减，植物源农药的产量呈现快速增长的态势，植物源农药的发展迎来新的契机[28]。

从整个农药发展史来看，植物源农药活性天然产物是创制新农药的研究关键[29]。植物在长期的进化过程中经受逆境压力的多样性和复杂性，导致所产生的次生代谢产物的多样性和复杂性，可提供多种新颖独特的化学结构。因此，研究植物源农药可能发现新颖的先导结构，开发出环境友好的新农药。当前热销的农药中，很多是以植物源天然产物为模板或灵感而研发成功的，其中经典案例有拟除虫菊酯类杀虫剂、杀菌剂腈硫醌、除草剂恶庚草烷、植物生长调节剂乙烯利等[30-32]。

现代植物源农药研究涉及有效成分化学、农药毒理学、制剂加工学以及资源生物学等多学科的交叉融合，主要目标是创制新农药。在全球大力倡导“绿色农药”、加强环境保护、贯彻执行“有害生物综合治理”和发展持续农业的今天，植物源农药仍然是新型绿色农药研发的方向。

参考文献

[1] 吴文君，高希武，张帅．生物农药科学使用指南[M]. 北京：化学工业出版社，2016.

[2] 吴文君．从天然产物到新农药创制：原理•方法[M]. 北京：化学工业出版社，2006: 3.

[3] 邓鸿飞，桑晓清，周利娟．植物源次生代谢物质的杀虫作用机制[J]. 世界农药，2011, 33(03): 17-21.

[4] 杨光富．绿色化学农药的生物合理设计[J]. 湖北植保，2009(S1): 31-32.

[5] 张正炜，郗厚诚，常文程，等．我国植物源农药商品化应用现状及产业发展建议[J]. 世界农药，2020, 42(12): 6-15.

[6] 杨欣蕊，廖艳凤，赵鹏飞，等．植物源农药及其开发利用研究进展[J]. 南方农业，2022, 16(11): 33-36.

[7] 韩俊艳，张立竹，纪明山．植物源杀虫剂的研究进展[J]. 中国农学通报，2011, 27(21): 229-233.

[8] 陈耀明 . 我国植物源农药的应用与研究 [J]. 果实科技 , 2019, 37(12): 89+91.
[9] 中国土农药志编委会 . 中国土农药志 [M]. 北京 : 科学出版社 , 1959.
[10] 杜小凤 , 徐建明 , 王伟中 , 等 . 植物源农药研究进展 [J]. 农药 , 2000(11): 8-10.
[11] 操海群 , 岳永德 , 花日茂 , 等 . 植物源农药研究进展 [J]. 安徽农业大学学报 , 2000(1): 42-46.
[12] 吴文君 , 刘惠霞 , 姬志勤 , 等 . 植物杀虫剂 0.2% 苦皮藤素乳油的研究与开发 [J]. 农药 , 2001(03): 17-19.
[13] 李广领 , 陈锡岭 , 郭彦亮 . 新型植物源农药苦皮藤素的研究综述 [J]. 安徽农业科学 , 2006(21): 5594-5595.
[14] 张兴 , 马志卿 , 冯俊涛 , 等 . 植物源农药研究进展 [J]. 中国生物防治学报 , 2015, 31(05): 685-698.
[15] 黄瑞伦 . 杀虫药剂学 [M]. 北京 : 财政经济出版社 , 1956.
[16] 袁善奎 , 王以燕 , 农向群 , 等 . 我国生物农药发展的新契机 [J]. 农药 , 2015, 54(8): 547-660.
[17] 梁亚萍 . 紫穗槐果实杀虫活性物质及其作用机理研究 [D]. 沈阳 : 沈阳农业大学 , 2015.
[18] 杨钦环 , 魏旭明 , 韩兵兵 , 等 . 荒漠化草场印楝素灭蝗试验 [J]. 中国畜牧业 , 2015(05): 57.
[19] 徐汉虹 , 赖多 , 张志祥 . 植物源农药印楝素的研究与应用 [J]. 华南农业大学学报 , 2017, 38(04): 1-11+133.
[20] 郭宇俊 , 韩俊艳 , 李志强 , 等 . 植物源农药的研究与应用 [J]. 黑龙江农业科学 , 2019(04): 131-133.
[21] 魏义兰 , 王良芥 , 王宇 . 新烟碱类杀虫剂研究进展 [J]. 河南化工 , 2022, 39(11): 8-10.
[22] 公冶祥旭 . 除虫菊素和雷公藤红素的生物合成研究 [D]. 杨凌 : 西北农林科技大学 , 2018.
[23] 徐勇 , 郭鑫宇 , 项盛 , 等 . 植物源杀虫剂印楝素研究开发及应用进展 [J]. 现代农药 , 2014, 13(05): 31-37.
[24] 刘少武 , 常秀辉 , 班兰凤 , 等 . 4 种鱼尼丁受体类杀虫剂活性研究 [J]. 现代农药 , 2017, 16(01): 47-49.
[25] 张继文 . 苦皮藤素的衍生合成与杀虫活性研究 [D]. 杨凌 : 西北农林科技大学 , 2014.
[26] 吴波 . 苦参碱衍生物的修饰合成、晶体结构及杀虫活性研究 [D]. 广州 : 仲恺农业工程学院 , 2019.
[27] 王俊苹 . 植物源农药的现状及发展趋势 [J]. 新农业 , 2018(03): 37-38.
[28] 韩立荣 , 冯俊涛 . 微生物源农药 [M]. 北京 : 中国林业出版社 , 2021.
[29] 曹涤环 . 植物源农药的优点及研究发展趋势 [J]. 科学种养 , 2016(04): 57-58.
[30] 易永丰 , 周洁尘 . 浅谈植物源杀菌剂 [J]. 林业与生态 , 2018(10): 31-32.
[31] 刘平 . 植物源杀虫剂的主要种类及应用前景 [J]. 青海农林科技 , 2019(04): 57-60+68.
[32] 刘双清 , 张亚 , 廖晓兰 , 等 . 我国植物源农药的研究现状与应用前景 [J]. 湖南农业科学 , 2016(02): 115-119.

第2章

紫穗槐及其生物活性研究

化学合成农药的大量使用在防治有害生物、保护农作物的同时也给包括人类在内的非靶标生物及环境带来了潜在的威胁。面对人类日益注重保护环境、追求健康生活的要求，开发传统化学农药的替代品势在必行。植物在长期的进化中为抵抗外界有害生物及不良环境的胁迫产生了许多次生代谢物质，这些物质多具有杀虫、抑菌或除草活性，因此可以利用这些次生代谢物质作为天然源有害生物控制剂开发为无公害农药[1]。紫穗槐（*Amorpha fruticosa* L.）是原产于北美的多年生豆科紫穗槐属植物，后引入中国用于水土保持。作为传统的中药材，紫穗槐果实常用于治疗痈肿、湿疹和烧烫伤。植物化学成分研究显示该植物富含黄酮类成分且具有多种药理活性。前人的研究证实紫穗槐具有触杀、胃毒、拒食等农用活性。因此，进一步研究紫穗槐果实主要杀虫成分、生物活性及作用机理，对紫穗槐资源的开发利用具有重要的意义。

2.1 紫穗槐生物学特性

《中华本草》记载紫穗槐为豆科紫穗槐属多年生药用落叶灌木，又称紫花槐、穗花槐、紫翠槐、苕条、棉槐、椒条。紫穗槐原产北美洲，在世界范围内广泛分布，全世界约 25 种，我国仅引进栽培 1 种，主要分布于东北、华北、西北、华东，河南、广西、四川、新疆等地，已经成为优良的水土保持和护坡绿化植物[2]。作为药用植物，《中药辞海》和《中国中药资源志要》记载紫穗槐能治疗烧烫伤、痈疮及湿疹。从野生分布状态可见紫穗槐喜光照，在荒山坡、道路旁、河岸、盐碱地均能生长，耐旱、耐寒、耐瘠、耐湿、耐盐碱，防风固沙，具有广泛的适应性和极强的抗逆性[3]。

《中国植物志》记载紫穗槐丛生灌木，枝叶繁密，高 1 ～ 4m。皮暗灰色，小枝灰褐色，嫩枝密被短柔毛。叶互生，奇数羽状复叶，长 10 ～ 15cm，有小叶 11 ～ 25 片，小叶卵形或椭圆形，长 1 ～ 4cm，宽 0.6 ～ 2.0cm，先端圆形，锐尖或微凹，有一短而弯曲的尖刺，基部宽楔形或圆形，上面无毛或被疏毛，下面有白色短柔毛，具黑色腺点。穗状花序常一至数个顶生和枝端腋生，长 7 ～ 15cm，花轴密被短柔毛；花有短梗；有苞片和花萼，萼齿三角形，较萼筒短；旗瓣心形，蓝紫色，无翼瓣和龙骨瓣；雄蕊10，下部合生成鞘，上部分裂，包于旗瓣之中，伸出花冠外。荚果下垂，微弯曲，如短镰刀状，内含一粒果实（是豆科植物果实中不常见的），具光泽，长6～10mm，宽2～3mm，顶端具小尖，棕褐色，表面有凸起的疣状腺点，千粒重约10g。花果期5～10月（见图2-1和图2-2）[4]。

图2-1　紫穗槐

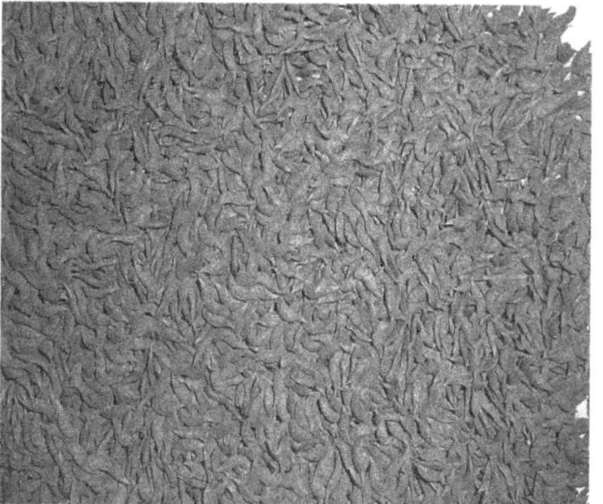

图2-2　紫穗槐果实

紫穗槐果实繁殖或采用根萌芽无性繁殖。萌芽分蘖性强，每丛可抽出20～50根萌条，新生萌条当年可达到1～2m，2年后开花结果。紫穗槐果实直播前需要浸种催芽，由于其荚皮上含有蜡质，果实吸水难度大。播种期为4月上旬至5月下旬，以春播为好，播后10d左右出苗，每亩播种量5kg[5]。

紫穗槐适应性强，喜欢干冷气候，抗旱且耐高温，在7月气温高达40.4℃、地表温度60℃左右、年降水量93mm、蒸发量2000mm的地区都能生长。紫穗槐也具有一定的耐淹能力，在积水洼里浸水1个月也不会死亡。紫穗槐根系发达，交错盘结，在30cm深处交织如网，具有根瘤菌，1株二年生紫穗槐有根瘤300～400个。紫穗槐萌蘖性较强，枝叶繁茂，枝条柔而韧，每丛可萌发20～30根蘖条，抗风蚀沙割，耐沙埋，根系部分裸露仍可以继续生长。紫穗槐对土壤要求不严，在沙漠、盐碱地、荒山地等均可以种植，也可以用于荒山绿化[6]。

2.2 紫穗槐栽培技术

2.2.1 选地

紫穗槐抗旱抗涝性强，对种植土壤要求不高，要尽量选择地势平坦，土壤深厚、肥沃的地区进行育苗，要保证灌水方便。如果育苗地的沙性较大或土壤黏度过大，应该适量施加有机肥，改善土壤结构，否则容易出现苗木生长不良，产量低下的情况。育苗地要进行秋耕，北方地区秋耕深度要在25cm左右，在第二年春天，要进行耙地，达到深耕细耙的效果，起垄做苗床，大田式苗床适用于规模较大的平原，平床式苗床适用于坡地或者山地。

2.2.2 育苗技术

（1）播种育苗　紫穗槐适宜播种繁殖，一年中4～5月、9～10月都可播种。选择向阳、土质疏松、排水良好、无碎石杂草、近中性壤土的地块做苗床[7]。播种前施入腐熟的厩肥及过磷酸钙和钙镁酸钙作基肥，春播时应该灌足底水，做到随开沟、随播种、随镇压，以利收墒防干，促进果实发芽[8]。紫穗槐的果荚含有油脂，果实较硬，难以吸收水分，应先碾压打破果荚，然后浸种，果实大部分软化并有少许“吐白”，再晾至果实呈松散状态，即可播种。播种后 5 ～ 7d，幼苗基本可以出齐。

（2）扦插育苗 紫穗槐也可采用扦插繁殖，特别是盐碱地播种育苗，成活率较低，插条育苗可以获得丰产壮苗。春季进行截条，下端斜切，上端削平，扦插时注意插条芽眼朝上，插入泥土中并压实。在河沙中可以直接扦插，也可先喷湿沙池，再进行扦插；若土壤干燥，先浇水后扦插，同时抓紧松土保墒工作，促进扦插苗生根发芽。扦插苗成活后，及时抹去过多的萌芽条，每株留芽 1 ～ 2 个。

（3）苗期管理 紫穗槐一般在播种 7d 后开始出苗，当幼苗长到 5cm 左右时要开始疏苗，同时对所有幼苗进行检查，人工去除病苗、细弱苗、打蔫苗。在幼苗长至 8cm 左右时，进行定苗，去除过密的幼苗，保证每株幼苗有足够的生长空间。定苗后要及时灌水，以防止苗根透风，要及时处理育苗地中的杂草。在苗木生长关键期，可以施 1 次或 2 次硫酸铵。当秋季苗木长到 50cm 左右，停止生长时，可以开始起苗。起苗时要尽量减少对苗根的损伤，尽量缩短起苗时间。并对选苗进行分级，将同等级的苗木捆在一起，进行栽植[9]。

2.2.3 病虫害防治

对于常见的金龟子等害虫，可用灯光进行诱杀，或使用 15% 毒死蜱颗粒剂消杀金龟子幼虫；对于蟑螂和蝗虫，在若虫和成虫的早期阶段，在叶背上喷洒 10% 吡虫啉可湿性粉剂 2000 倍液进行灭杀。另外，应加强土壤消毒、果实消毒、合理施肥、适时早播和经营管理等，预防病虫害的发生。

2.2.4 移栽

春季育苗的植株高达 1m 左右时，当年秋末或翌年春季移栽；秋季育苗的翌年秋末移栽。起苗前，在离地表 20cm 处剪断，剪下的粗壮枝可作为插条。起苗时，要注意保护根系，最好带土球起挖，不带土球的要随起随栽，按每株行距 1.0m×1.5m 挖穴，每穴栽种 2 ～ 3 株或 3 ～ 4 株。若土壤干燥，灌水后培土踩紧。移栽后第 1 年生分枝，枝长可达 1.5m 左右，经过不断平茬修剪，分枝逐渐增多，树冠形状逐渐丰满，3 ～ 4 年即可达到可观赏的效果。

2.2.5 造林

造林多选择在春季和秋季，以春季为主，在雨季前或下过透雨后进行效果最好。为了有效提高成活率，可先将苗木进行截干后再进行造林。通常选择一二年生健壮苗木，栽植不宜过深，栽后应用脚将土踩实。一般造林后每年应对幼林除草松土 1 ～ 2 次，隔年应割 1 次。以收割绿肥等为目的的紫穗槐林，造林第一年平茬后可适当进行林粮间作，促进幼株生长。第二年和第三年，在平茬合适时培土，以扩大根盘，争取多萌发枝条。在风蚀沙荒地上造林，要保留 50% 以上不平茬，以留作防护林带。丘陵山坡的紫穗槐林，应沿水平等高的方向进行隔带采条平茬。

2.3 紫穗槐化学成分研究

从 20 世纪 40 年代开始，紫穗槐化学成分的研究在国际上受到重视，国内外学者陆续研究紫穗槐果实的生物活性成分并鉴定其化学结构。有报道，从紫穗槐果实中分离出异戊烯基黄酮类化合物，国内也出现许多相关的报道。大量研究发现紫穗槐根、皮、果实中含有黄酮类化合物，包括黄酮类、黄酮醇类、异黄酮类、鱼藤酮类和查尔酮类等，还含有挥发油、萜类、甾体类、二苯乙烯苷类、芪类、甘油酯类以及多糖等成分，并证实这些物质具有临床医学价值，同时发现这些化合物对蚊子、蚜虫、蚂蚁、蓟马、马铃薯甲虫等多种昆虫具有生物活性，突显其生态价值和农用价值[10]。

2.3.1 黄酮类

从紫穗槐的叶中分离到的化合物有：拟鱼藤酮类化合物紫穗槐螺

酮、灰叶草素、紫穗槐苷元、12*α*- 羟基紫穗槐苷元、12*α*- 羟基达番醇、达番醇 -*O*- 葡萄糖苷、6*α*,12*α*- 去氢 -*α*- 毒灰叶酚、11- 羟基灰叶草素、6*α*,12*α*- 去氢鱼藤素、(–)-6- 羟基 -6*α*,12*α*- 去氢 -*α*- 毒灰叶酚、3-*O*- 去甲基紫穗槐苷元、紫穗槐苷元 -*β*-D- 葡萄糖苷、紫穗槐苷、12*α*- 羟基紫穗槐苷、7,2′,4′,5′- 四甲氧基异黄酮、7,4′- 二甲氧基异黄酮、5,7- 二羟基 -8- 牻牛儿基双氢黄酮、5- 羟基 -7,4′- 二甲氧基异黄酮、7,2′,4′,5′- 四甲氧基异黄酮、去氢色蒙酮、2′- 羟基 -4,4′- 二甲氧基查尔酮、6*α*,12*α*- 去氢紫穗槐苷、山柰酚 -3- 葡萄糖 -7- 鼠李糖苷以及鱼藤酮类异黄酮糖苷类化合物 6′-*O*-*β*-D-glucopyranosyl-12*α*-hydroxydalpanol 等 [11-13]。

从紫穗槐根分离得到的化合物有拟鱼藤酮化合物 dalbinol、6-ketodehydroamorphigenin；异戊烯基双氢黄酮类化合物紫穗槐宁、紫穗槐亭、紫穗槐生、紫穗槐灵、异紫穗槐亭、紫穗槐任、异紫穗槐任、紫穗槐立辛、异紫穗槐立辛、紫穗槐定、紫穗槐立定、异紫穗槐立定、紫穗槐辛、紫穗槐迪宁；异黄酮化合物芒柄花黄素、芒柄花苷、多花紫藤苷、去甲基美迪紫檀素、毛蕊异黄苷等 [14-15]。

在紫穗槐树皮中分离得到的化合物有异黄酮苷和新黄酮成分，分别为 3′- 羟基 -4′- 甲氧基异黄酮 -7-*O*-*β*-D- 吡喃葡萄糖苷，4′,6- 二甲氧基异黄酮 -7-*O*-*β*-D- 吡喃葡萄糖苷，4′- 甲氧基异黄酮 -7-*O*-*β*-D- 吡喃葡萄糖苷和 3′,5- 二羟基 -4′- 甲氧基异黄酮 -7-*O*-*β*-D- 吡喃葡萄糖苷和 3′,5′,7- 三羟基黄酮。此外，含有阿夫罗摩辛、8- 甲基雷杜辛 [16] 和达番醇，鱼藤酮、鱼藤醇酮，芹菜素 -5- 葡萄糖苷等 [16-18]。

紫穗槐果实中分离得到的黄酮类化合物详见表 2-1，紫穗槐果实中分离得到的黄酮类化合物详见图 2-3 ～图 2-8。

表2-1　紫穗槐果实中的黄酮类化合物

编号	化合物名称	英文名称	参考文献
1	6*α*,12*α*- 去氢 -*α*- 毒灰叶酚	6*α*,12*α*- dehydro -*α*-toxicarol	[11,19]
2	6*α*,12*α*- 去氢鱼藤素	6*α*,12*α*-dehydrodeguelin	[11,19]
3	(–)-6- 羟基 -6*α*,12*α*- 去氢 -*α*- 毒灰叶酚	(–)-6-hydroxy-6*α*,12*α*-dehydro-*α*-toxicarol	[19]
4	11- 羟基灰叶草素	11-hydroxytephrosin	[11,19]

续表

编号	化合物名称	英文名称	参考文献
5	3-*O*- 去甲基紫穗槐苷元	3-*O*-demethylamorphigenin	[19]
6	12*α*- 羟基紫穗槐苷	12*α*-hydroxyamorphin	[19]
7	紫穗槐苷元	amorphin	[13,19]
8	紫穗槐苷元 -*β*-D- 葡萄糖苷	amorphigenin-*β*-D-glucoside	[19]
9	7,4′- 二甲氧基异黄酮	7,4′-dimethoxyisoflvaone	[14,19]
10	7,2′,4′,5′- 四甲氧基异黄酮	7,2′,4′,5′-tetramethoxyisoflavone	[9,19]
11	5,7- 二羟基 -8- 栊牛儿基双氢黄酮	5,7-dihydroxy-8-geranylflavanone	[19]
12	鱼藤酮类异黄酮糖苷	6′-*O*-*β*-D-glucopyranosyl-12*α*-hydroxydalpanol	[14]
13	5- 羟基 -7,4′- 二甲氧基异黄酮	5-hydroxy-7,4′-dimethoxyisoflavone	[11,13,14]
14	2′- 羟基 -4,4′- 二甲氧基查尔酮	2′-hydroxy-4,4′-dimethoxychalcone	[11,13,14]
15	去氢色蒙酮	dehydrosermundone	[13]
16	山柰酚 -3- 葡萄糖 -7- 鼠李糖苷	kaempferol-3-gluco-7-rhamnoside	[13]
17	6*α*,12*α*- 去氢紫穗槐苷	6*α*,12*α*-dehydroamorphin	[11,13]
18	灰叶素	tephrosin	[11]
19	异灰叶素	isograyleaf	[11,14]
20	鱼藤酮	rotenone	[11,14]
21	8′- 羟基鱼藤酮	amorphigenin	[1]
22	8′-*O*-*β*-D- 吡喃葡萄糖苷 - 鱼藤酮	8′-*O*-*β*-D-glucopyranosyl-amorphigenin	[17]
23	鱼藤酮糖苷 A	amorphaside A	[17]
24	鱼藤酮糖苷 B	amorphaside B	[17]
25	鱼藤酮糖苷 C	amorphaside C	[17]
26	鱼藤酮糖苷 D	amorphaside D	[17]

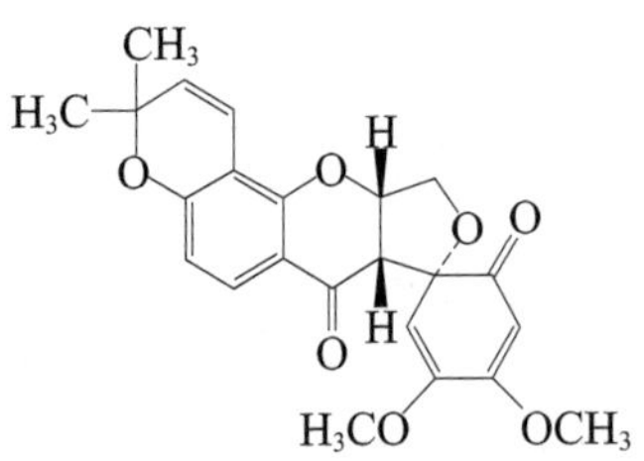

紫穗槐螺酮

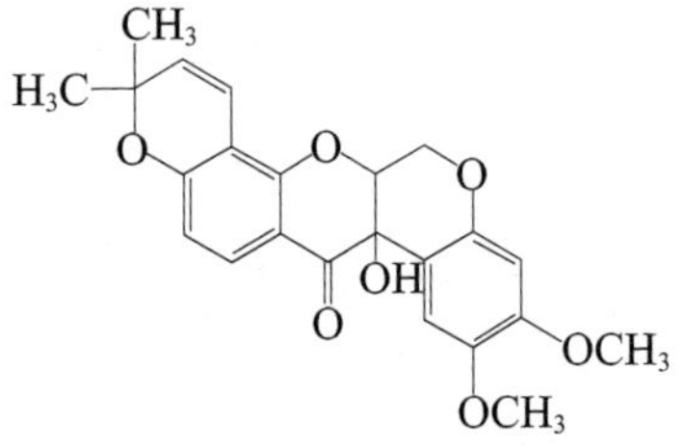

灰叶草素

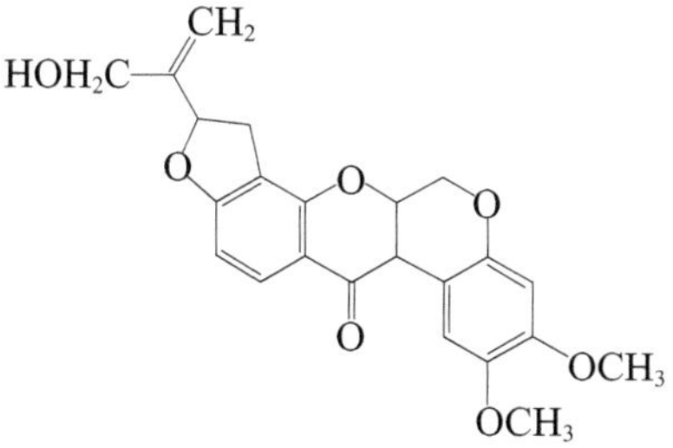

紫穗槐苷元　　12*α*-羟基紫穗槐苷元

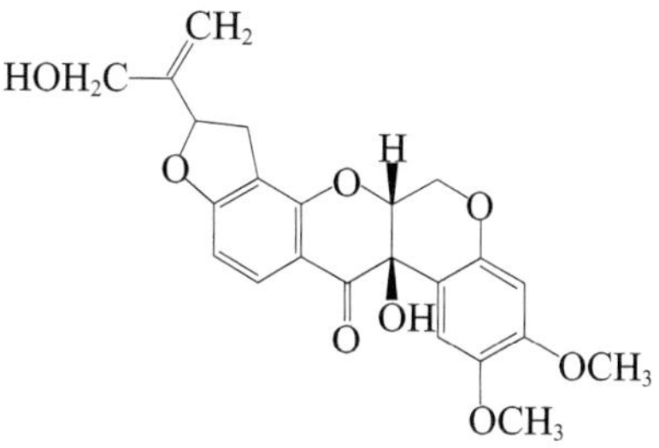

图 2-3　黄酮类化合物结构图 1

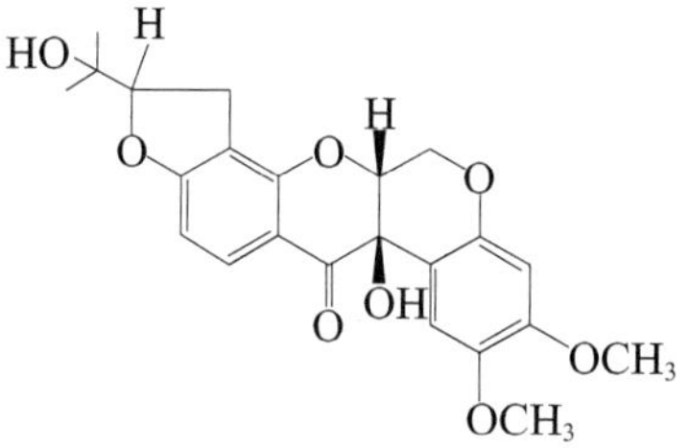

12*α*-羟基达番醇 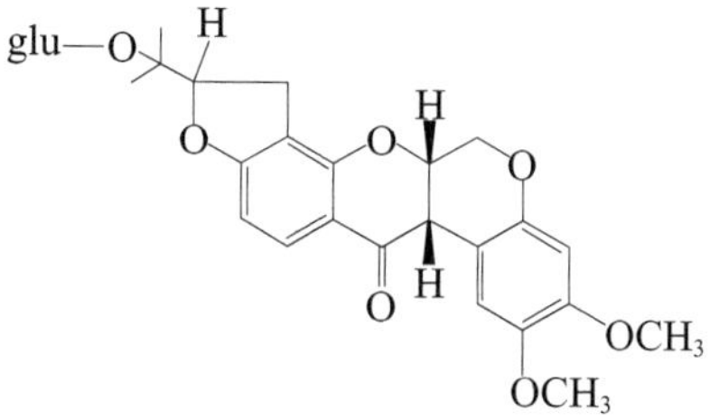　　达番醇-*O*-葡萄糖苷

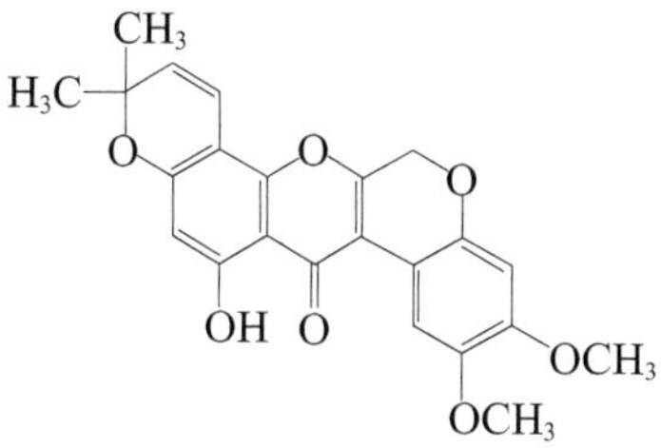

6*α*,12*α*-去氢-*α*-毒灰叶酚　　6*α*,12*α*-去氢鱼藤素

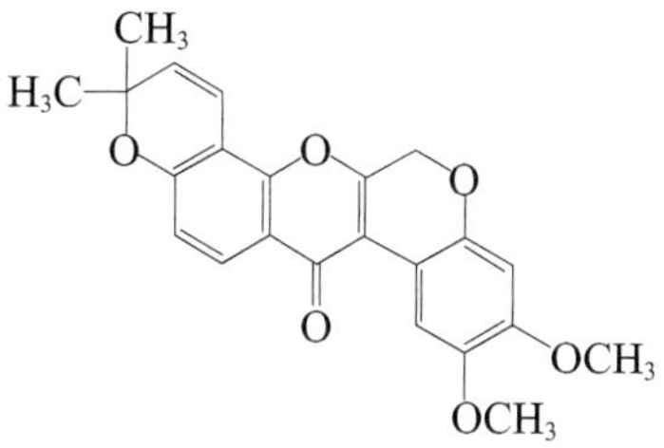

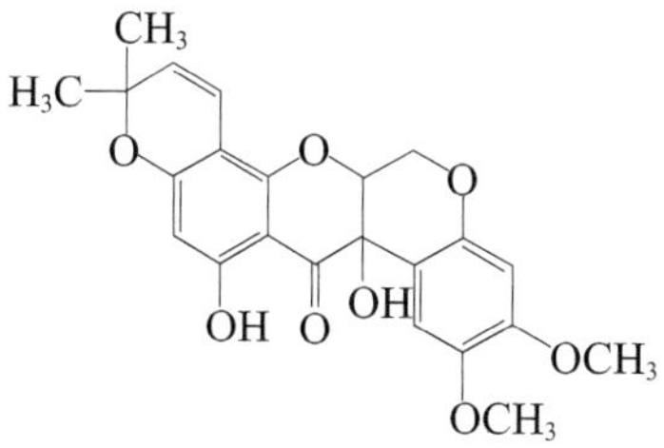

11-羟基灰叶素 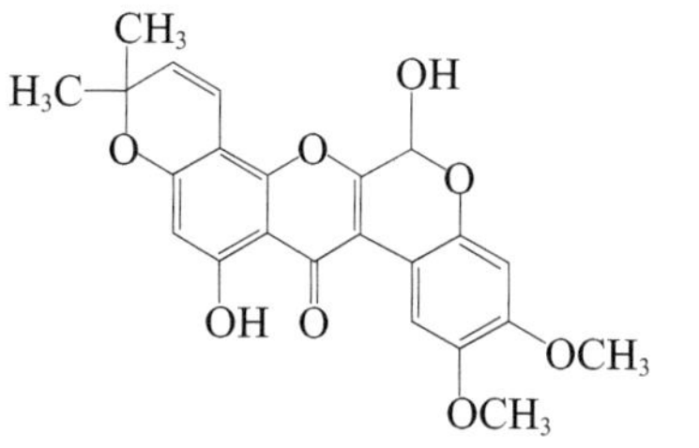　　(−)-6-羟基-6*α*,12*α*-去氢-*α*-毒灰叶酚

图 2-4

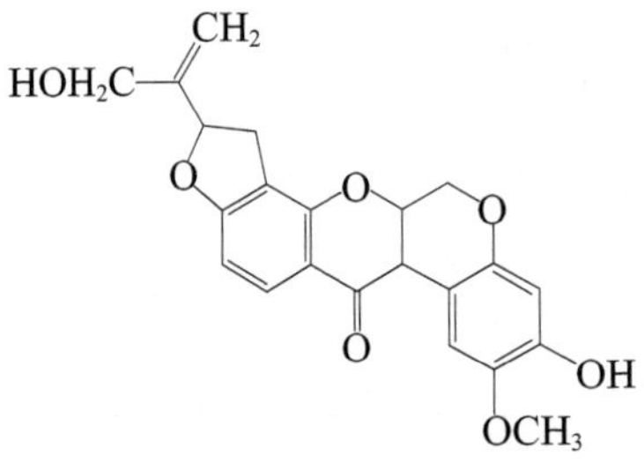

3-*O*-去甲基紫穗槐苷元 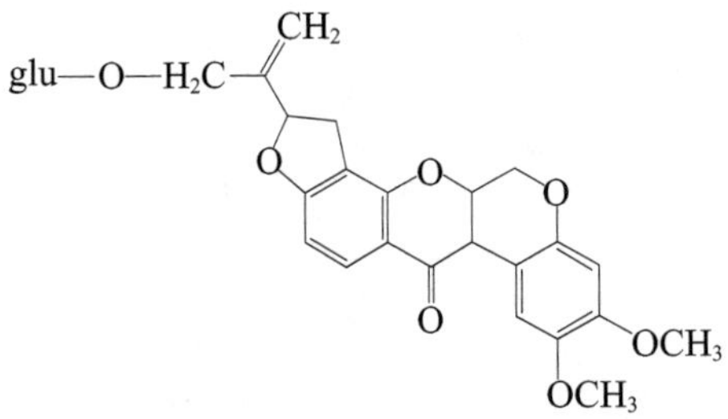　　紫穗槐苷元-*β*-D-葡萄糖苷

图 2-4　黄酮类化合物结构图 2

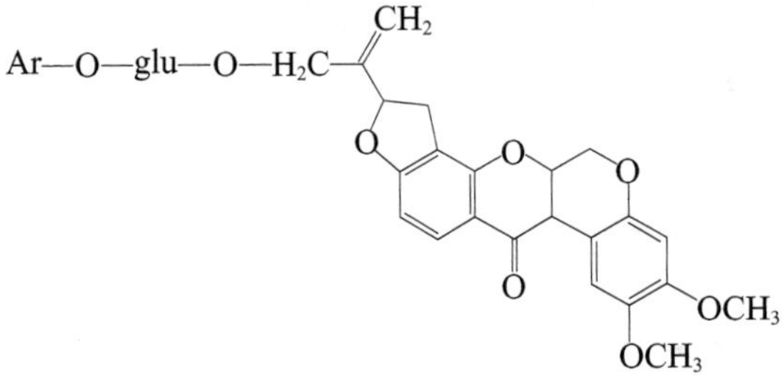

紫穗槐苷

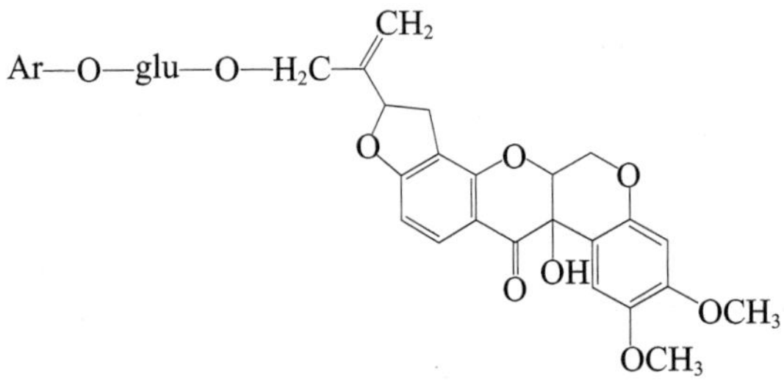

12*α*-羟基紫穗槐苷

图 2-5　黄酮类化合物结构图 3

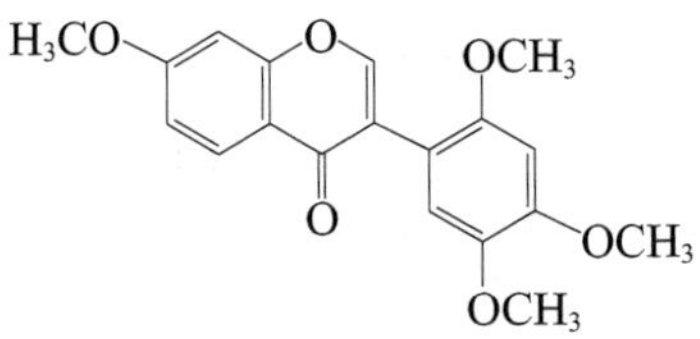

7,2′,4′,5′-四甲氧基异黄酮 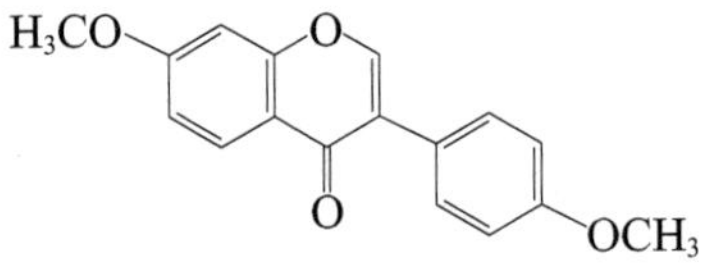　　7,4′-二甲氧基异黄酮

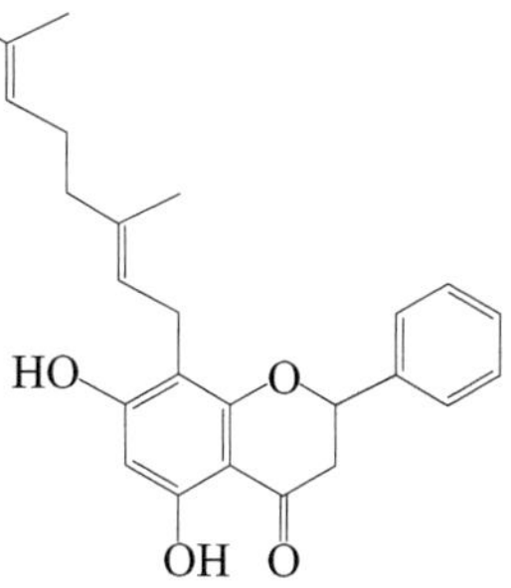

5,7-二羟基-8-牻牛儿基双氢黄酮

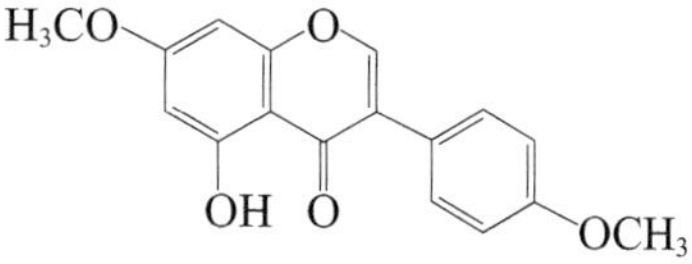

5-羟基-7,4′-二甲氧基异黄酮

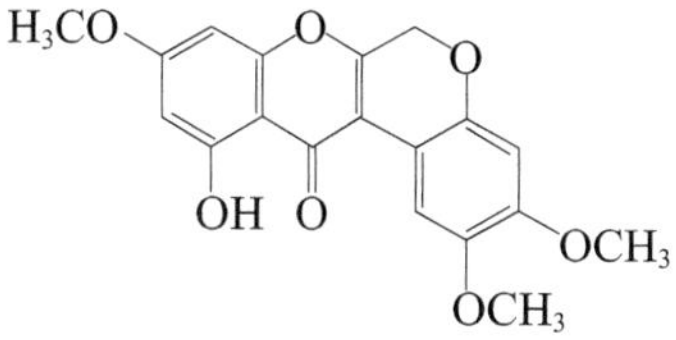

去氢色蒙酮

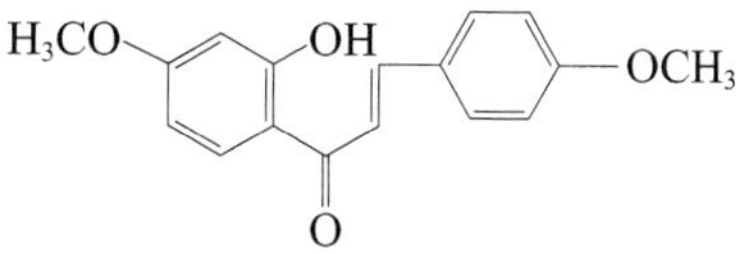

2′-羟基-4,4′-二甲氧基查尔酮

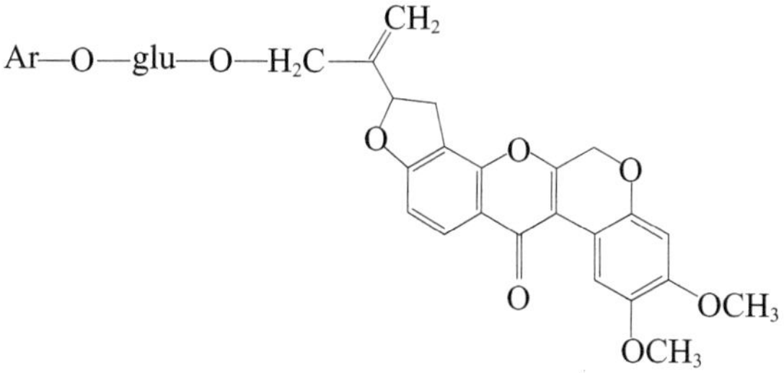

6*α*,12*α*-去氢紫穗槐苷

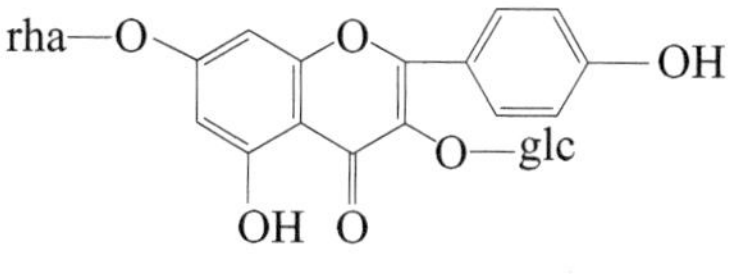

山柰酚-3-葡萄糖-7-鼠李糖苷

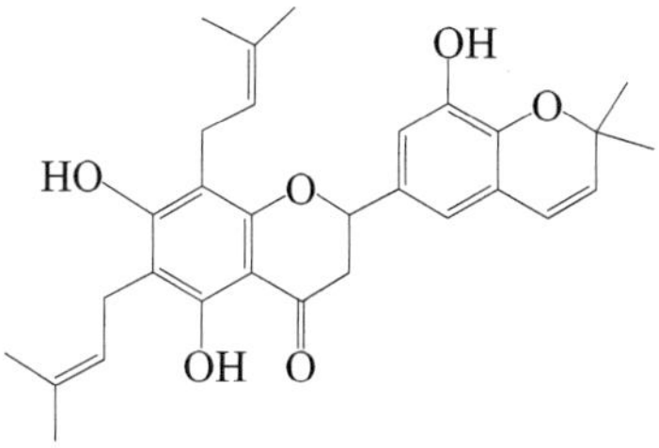

紫穗槐宁

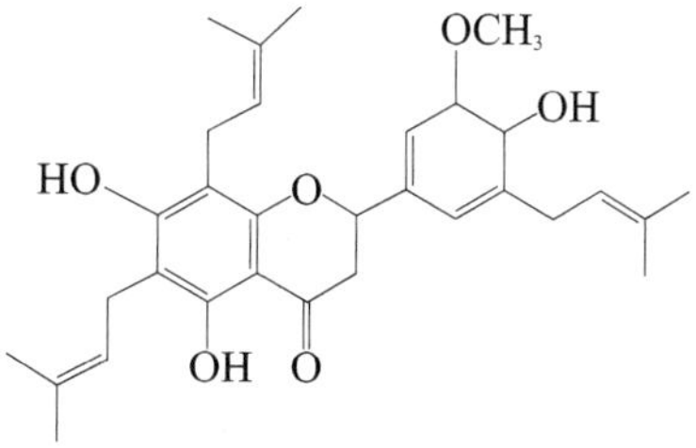

紫穗槐亭

图2-6　黄酮类化合物结构图4

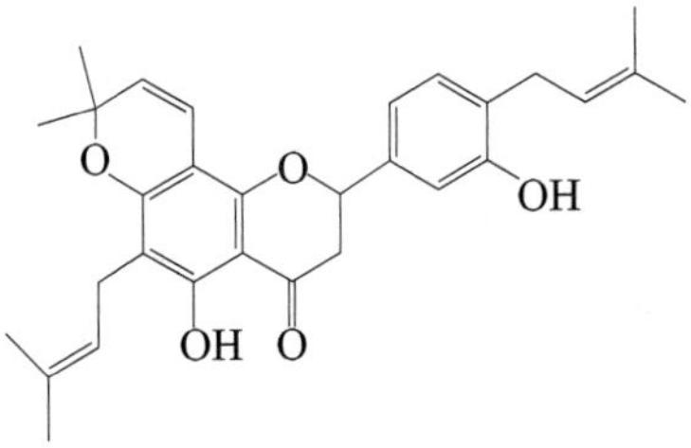

异紫穗槐立定

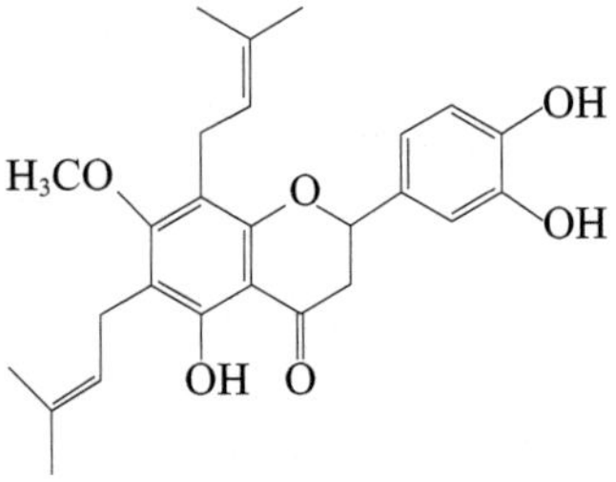

紫穗槐辛

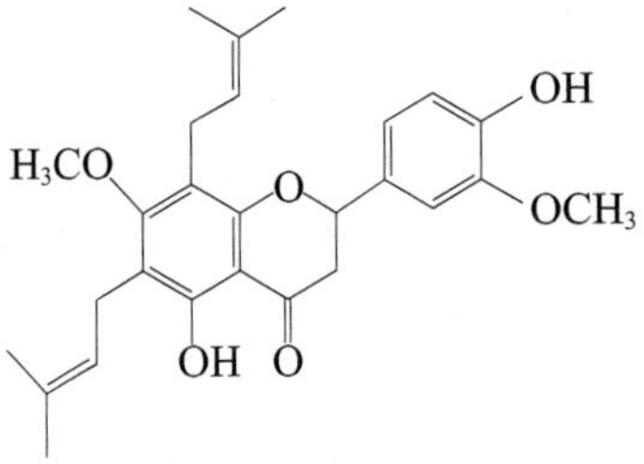

紫穗槐迪宁

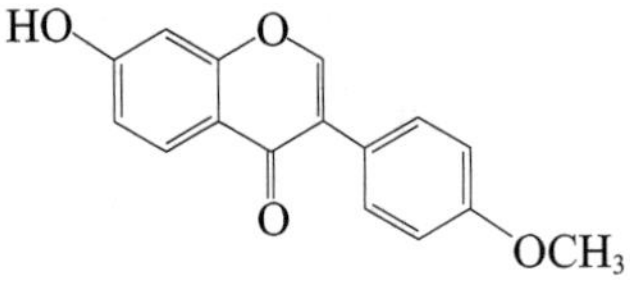

芒柄花素

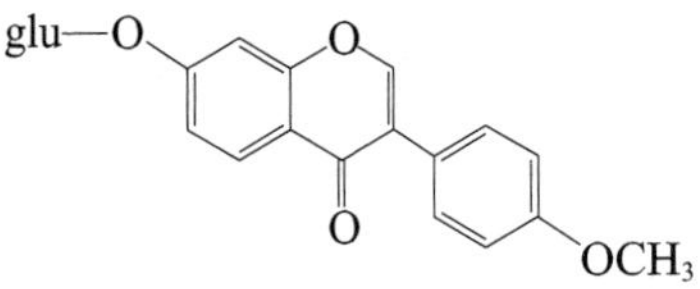

芒柄花苷

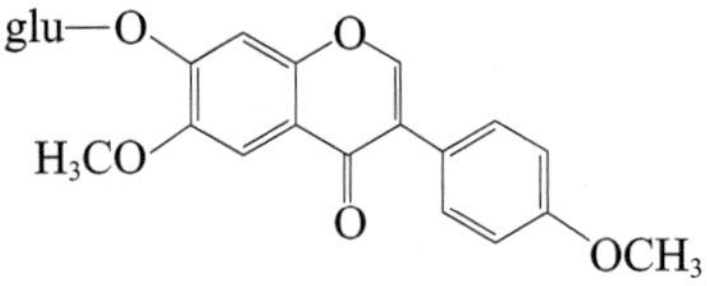

多花紫藤苷

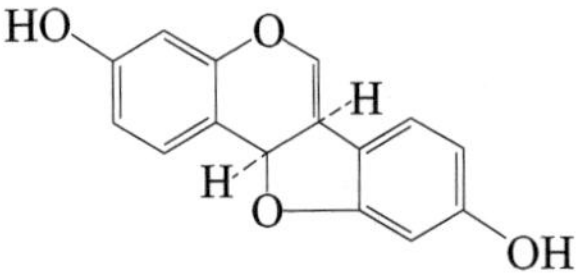

去甲基美迪紫檀素

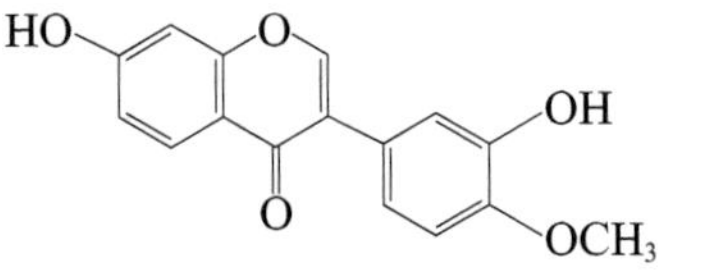

毛蕊异黄酮

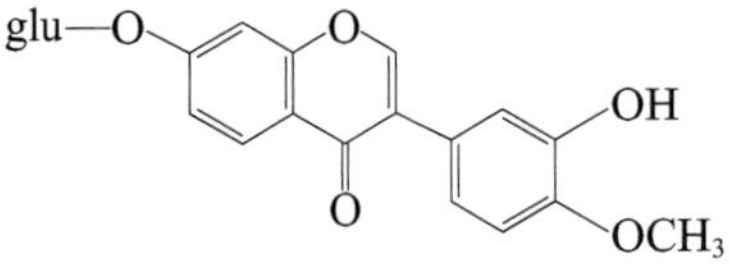

毛蕊异黄酮-7-*O*-*β*-D-葡萄糖苷

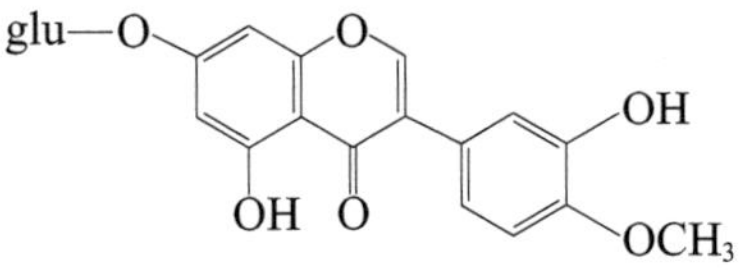

3′,5-二羟基-4′-甲氧基异黄酮-7-*O*-*β*-D-吡喃葡糖苷

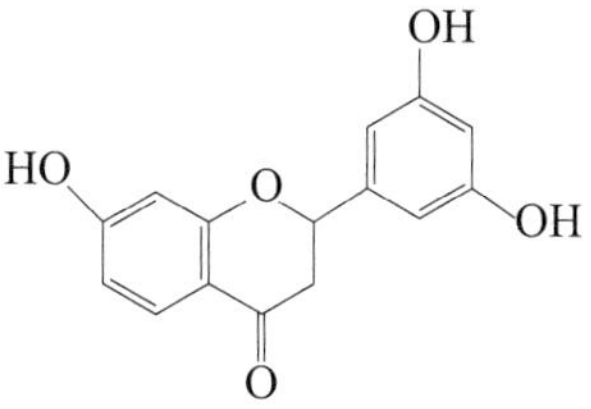

3′,5′,7-三羟基黄酮 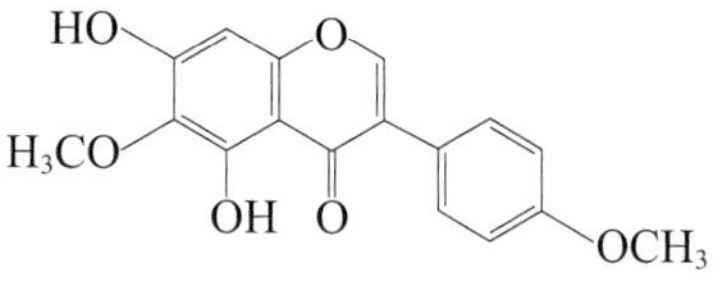　　阿夫罗摩辛

图 2-7　黄酮类化合物结构图 5

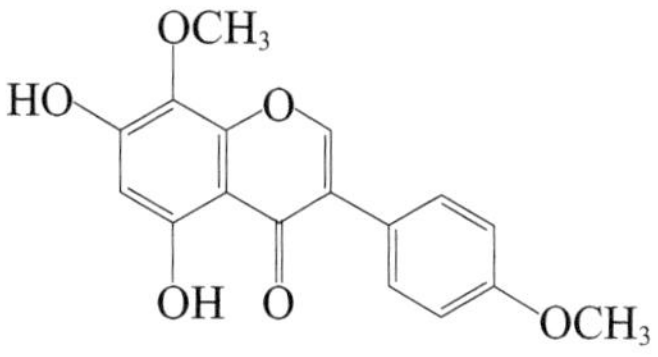

8-甲基雷杜辛 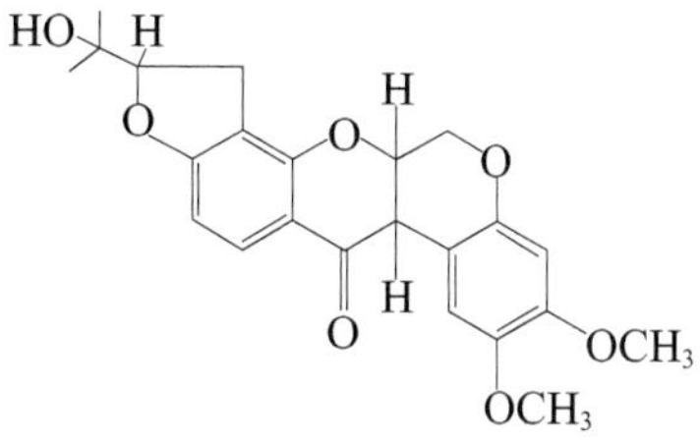　　达番醇

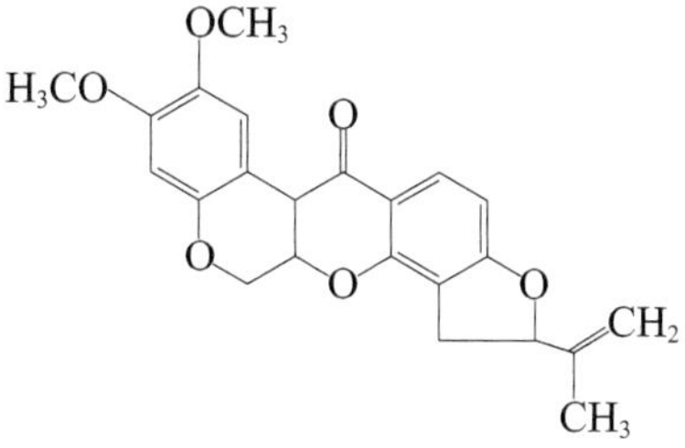

鱼藤酮 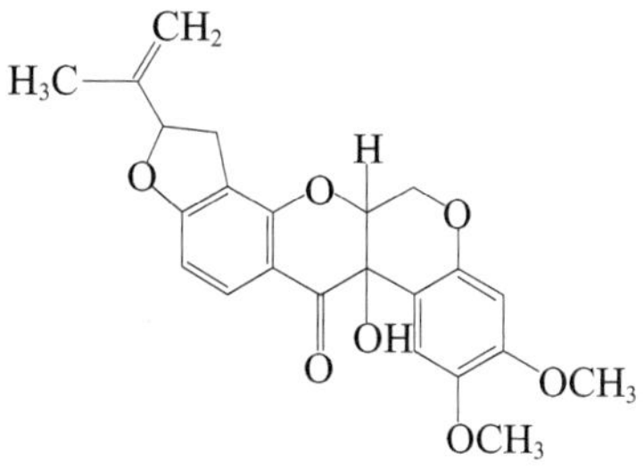　　鱼藤醇酮

图 2-8　黄酮类化合物结构图 6

2.3.2　挥发油类

紫穗槐果实富含芳香油，20 世纪 70 ～ 80 年代，当时的中国商业部在辽宁开原建厂生产紫穗槐精油[19]。近年来，随着分离检测技术的发展以及分析设备的更新，紫穗槐果实化学成分的研究取得很大的进展。Stoyanova 等采用气质联用技术从保加利亚紫穗槐果实中分离鉴定出 41 种化学成分，其中大部分为萜类，少量芳香醇类[15]。白丽萍从紫穗槐果实精油中分离得到 15 个单体化合物，鉴定了其中 12 个化合物结构[19]。

梁亮等采用超临界 CO_2 萃取法从紫穗槐果实中获得 26 种精油成分[20]。刘畅等对紫穗槐果实中挥发油的化学成分进行了研究，从中分离出 30 个化合物，鉴定了 26 个成分，其主要成分为大牻牛儿烯、β- 蒎烯、蒈烯 -3、古巴烯、石竹烯等[11]。梁亚萍从紫穗槐果实正己烷提取物中分离出 41 种主要挥发油成分，其中含量较高的成分有愈创木二烯、α- 紫穗槐烯、β- 荜澄茄油烯、γ- 依兰油烯、γ- 荜澄茄烯等。陈小强等从紫穗槐果实挥发油中鉴定出 40 个成分，主要有 γ- 杜松烯、α- 毕澄茄烯、表圆线藻烯和 α- 蒎烯等[18]。陈月华等采用水蒸气蒸馏法从紫穗槐果实中提取挥发油，鉴定出 36 个组分，其中主要组分有 γ- 古云烯、γ- 杜松烯、γ- 芹子烯等[21]。目前，紫穗槐果实挥发油的化学成分已经基本鉴定，其中含量相对较高的是萜类，包括倍半萜、单萜，其次是醇类，黄酮类、酯、酸、醛及酚类相对较少。紫穗槐果实挥发油成分见表 2-2。

表2-2 正己烷提取紫穗槐果实的挥发油成分

编号	化合物名称	英文名称	分子式	分子量	含量 /%
1	双环榄香烯	bicycloelemene	$C_{15}H_{24}$	204.188	0.8514
2	衣兰烯	ylangene	$C_{15}H_{24}$	204.188	0.5833
3	α- 荜澄茄油烯	α-cubebene	$C_{15}H_{24}$	204.188	2.0153
4	β- 波旁烯	β-bourbonene	$C_{15}H_{24}$	204.188	0.6036
5	β- 荜澄茄油烯	β-cubebene	$C_{15}H_{24}$	204.188	1.1256
6	β- 榄香烯	β-elemene	$C_{15}H_{24}$	204.188	1.9608
7	α- 古芸烯	α-gurjunene	$C_{15}H_{24}$	204.188	0.5154
8	α- 紫穗槐烯	α-amorphene	$C_{15}H_{24}$	204.188	**7.0558**
9	反式 - 石竹烯	*trans*-caryophyllene	$C_{15}H_{24}$	204.188	2.5708
10	α-cadina-4,9-diene, (–)-	α-cadina-4,9-diene, (–)-	$C_{15}H_{24}$	204.188	3.8243
11	(+)- 香橙烯	aromadendrene	$C_{15}H_{24}$	204.188	0.6470
12	香叶烯	germacrene D	$C_{15}H_{24}$	204.188	1.1027
13	表双环倍半水芹烯	*epi*-bicyclosesquiphellandrene	$C_{15}H_{24}$	204.188	0.5929
14	α- 石竹烯	α-caryophyllene	$C_{15}H_{24}$	204.188	2.6993
15	香叶烯	germacrene D	$C_{15}H_{24}$	204.188	2.1378
16	异喇叭烯	isoledene	$C_{15}H_{24}$	204.188	0.5905
17	γ- 依兰油烯	γ-muurolene	$C_{15}H_{24}$	204.188	**4.8450**
18	β- 荜澄茄油烯	β-cubebene	$C_{15}H_{24}$	204.188	**5.6655**

续表

编号	化合物名称	英文名称	分子式	分子量	含量 /%
19	γ- 芹子烯	γ-selinene	$C_{15}H_{24}$	204.188	2.8634
20	β- 芹子烯	β-selinene	$C_{15}H_{24}$	204.188	1.5469
21	α- 荜澄茄油烯	α-cubebene	$C_{15}H_{24}$	204.188	3.5443
22	姜烯	zingiberene	$C_{15}H_{24}$	204.188	4.1913
23	α- 衣兰油烯	α-muurolene	$C_{15}H_{24}$	204.188	2.2500
24	β- 荜澄茄烯	β-cadinene	$C_{15}H_{24}$	204.188	0.6125
25	α- 法尼烯	α-farnesene	$C_{15}H_{24}$	204.188	0.5961
26	α- 古巴烯	α-copaene	$C_{15}H_{24}$	204.188	0.5067
27	γ- 荜澄茄烯	γ-cadinene	$C_{15}H_{24}$	204.188	4.2872
28	愈创木二烯	1(5),6-guaiadiene	$C_{15}H_{24}$	204.188	8.2044
29	去氢白菖烯	calamenene	$C_{15}H_{22}$	202.172	0.4668
30	倍半水芹烯	β-sesquiphellandrene	$C_{15}H_{24}$	204.188	1.4434
31	α- 荜澄茄烯	α-cadinene	$C_{15}H_{24}$	204.188	1.8631
32	1,*Z*-5,*E*-7- 十二碳三烯	1,*Z*-5,*E*-7-dodecatriene	$C_{12}H_{20}$	164.157	0.5705
33	榄香醇	elemol	$C_{15}H_{26}O$	222.198	2.7143
34	斯巴醇	spathulenol	$C_{15}H_{24}O$	220.183	0.5061
35	桢楠醇	machilol	$C_{15}H_{26}O$	222.198	0.4951
36	α- 毕橙茄醇	α-cadinol	$C_{15}H_{26}O$	222.198	0.8079
37	桉叶醇	α-eudesmol	$C_{15}H_{26}O$	222.198	1.5240
38	绿花白千层醇	viridiflorol	$C_{15}H_{26}O$	222.198	0.4366
39	新植二烯	neophytadiene	$C_{20}H_{38}$	278.297	0.8334
40	亚油酸甲酯	methyl linoleate	$C_{19}H_{34}O_2$	294.256	0.8668
41	二十一烷	heneicosane	$C_{21}H_{44}$	296.344	0.4260

2.3.3 二苯乙烯苷类

从紫穗槐的果实中分离到的二苯乙烯苷类化合物有 amorfrutin A，amorfrutin B，amorphastilibol 以及 3,5- 二羟基 -4- 牻牛儿基联苄，并证明其具有抗菌作用[22]。

2.3.4 其他成分

研究者从紫穗槐果实中分离得到肌醇类化合物 D-3-甲氧基-手性-肌醇，

正三十碳醇、β-谷甾醇、2-苯乙醇、芳樟醇的氧化物、苯甲醇，以及半乳甘露聚糖等多糖成分。

2.4 紫穗槐医用活性研究

紫穗槐果实医用生物活性主要有抗肿瘤、抗炎、抗菌、保肝作用和抗糖尿病作用。1993 年，K.Takao 报道，紫穗槐果实中灰叶素成分能延缓小鼠皮肤乳突淋瘤的形成，并能降低其发生率。Konoshima 等以北美 6 种紫穗槐植物为研究对象，筛选肿瘤化学预防剂即抗肿瘤启动子，结果发现拟鱼藤酮和灰叶素表现出了明显的抗肿瘤活性[22]。姜泓等对紫穗槐黄酮类成分进行了体外抗肿瘤研究，紫穗槐叶 75% 乙醇提取物的石油醚、乙酸乙酯、正丁醇及水部分进行了体外活性检测，结果发现，乙酸乙酯对 JB6 两种肿瘤细胞克隆原细胞 CL22、CL41 的平均 IC_{50} 值为 30μg/mL，表明乙酸乙酯部分具有较好的抗肿瘤活性。姜泓等从紫穗槐果实石油醚提取物及乙酸乙酯提取物中分离得到 6α,12α- 去氢鱼藤素、6α,12α- 去氢 -α- 毒灰叶酚、灰叶素、去氢色蒙酮、7,4′- 二甲氧基异黄酮、5- 羟基 -7,4′- 二甲氧基异黄酮、7,2′,4′,5′- 四甲氧基异黄酮等黄酮类化合物，发现这几种化合物具有不同程度的抗人恶性黑色素肿瘤细胞 A375-S2 的活性，并确定紫穗槐中抑制人恶性黑色素肿瘤细胞 A375-S2 作用的物质基础是异黄酮类化合物[23]。Lee 等报道紫穗槐中灰叶素和 7,2′,4′,5- 四甲氧基异黄酮对 6 种人癌细胞系 A-549、HCT-8、RPMI-7951、TE-671、KB 和 P388 有细胞毒作用（ED_{50} ＜ 10μg/mg）[24]。此外，7,4′- 二甲氧基异黄酮对 Ra ji 细胞有较高的细胞毒作用。

紫穗槐果实乙醇提取物对金黄色葡萄球菌和肺炎克雷伯杆菌具有抑菌活性。紫穗槐果实含有的异戊二烯酚类化合物 5,7-dihydroxy-8-geranylflavanone、amorfrutin A 和 amorfrutin B 具有抗炎活性[25]。

近几年的研究表明，紫穗槐果实正丁醇提取物具有一定的保肝作用。刁云鹏通过不同部位对小鼠 CCl_4 致肝损伤血清 ALT 的影响，确定紫穗槐果实正丁醇部位为保肝活性部位[26]；李坤等通过研究也证实紫穗槐果实正丁醇部位为保肝活性部位；E.Klouchek 等研究发现，紫穗槐苷对大鼠由 CCl_4 或 D-半乳糖胺引起的肝损伤有保护作用。

此外，有研究者发现紫穗槐果实中含有的一系列 amorfrutin 化合物对糖尿病具有调控作用，有望开发成降糖天然产物保健品。

紫穗槐苷元对牛痘病毒有活性；紫穗槐苷元对大鼠心脏 cAMP 磷酸二酯酶有明显的抑制作用，其中 IC_{50} 为 2.8μmol/L；姜泓确定了紫穗槐果实石油醚提取物和乙酸乙酯提取物是抗炎、镇痛的主要活性部位，75% 乙醇提取物对家兔皮肤没有刺激性作用。

2.5　紫穗槐农用活性研究

大量研究发现，紫穗槐果实农用活性主要表现为抑菌作用和杀虫作用。

（1）抑菌作用　李倩对紫穗槐果实提取物的抑菌活性进行研究，发现提取物对金黄色葡萄球菌具有显著的抑菌作用。刁云鹏通过紫穗槐果实提取物的抗菌筛选试验证实，其对耐甲氧西林金黄色葡萄球菌（MRSA）有很强的抗菌活性[26]。焦姣等发现紫穗槐果实提取物鱼藤酮、11- 羟基灰叶素、异灰毛豆酚、异灰叶素均具有不同程度的杀菌活性，尤其异灰叶素对黄瓜霜霉菌有较强的杀菌活性，当浓度为 250 mg/L 时，杀菌效果高达 98%[27]。刘芝梅对紫穗槐石油醚、苯和正丁醇提取物进行室内抑菌试验和田间药效试验，结果表明，3 种提取物室内试验对稻瘟菌和灰霉菌具有抑制效果，田间试验对水稻稻瘟和小麦赤霉病均有防治效果，而且石油醚提取物抑菌效果明显优于苯和正丁醇提取物。范珊珊测试了紫穗槐石油醚提取物对稻瘟菌和灰霉菌的生物活性，结果表明，石油醚提取物对供试菌种具有较强的抑制作用[28]。

（2）杀虫作用　曹艳萍等对紫穗槐叶中的驱虫、杀虫化学成分进行了分离鉴定，证实紫穗槐对大皱鳃金龟甲（*Frenatodes grandis*）有较好的毒杀作用[29]。高桂枝报道紫穗槐叶和茎 4 个化合物 6α,12α- 脱氢 -α- 灰叶酚、6α,12α- 脱氢鱼藤素、(±)- 灰叶素、(−)-6- 羟基 -6α,12α- 脱氢灰叶酚协同作用，对大皱鳃金龟甲具有增效杀虫活性。刘畅测试了紫穗槐提取物的杀虫活性，证实提取物对麦二叉蚜（*Schiza phisgraminum*）具有较高的毒杀活性。

1946年，Brett证实紫穗槐果实提取物对多种农业害虫和卫生害虫具有驱避和杀虫活性，紫穗槐果实的丙酮提取物对埃及伊蚊幼虫的毒性优于1%鱼藤酮[30]。后来国内外研究者相继对紫穗槐果实的农用活性展开研究，并取得一定的进展，突显出紫穗槐果实的农用价值。1976年，Reisch等报道了来自紫穗槐果实的提取物中含萜品-4-醇、α-萜品醇化合物能有效防治蚊子、蚂蚁、马铃薯甲虫等昆虫[31]。Rózsa等研究发现，紫穗槐果实提取物对蚊子、蚂蚁、蓟马、马铃薯甲虫以及蚜虫等多种昆虫具有生物活性。白志诚等首次报道从紫穗槐中分离出的4种化合物以一定的比例混合后给药，对大皱鳃金龟甲表现出理想的杀虫效果。黄彰欣等发现紫穗槐果实乙醇提取物对菜青虫有毒杀活性，处理菜青虫后表现出特殊的中毒症状。唐金沙研究发现紫穗槐果实提取物对美国白蛾和桃蚜均具有拒食和触杀活性。纪明山研究发现紫穗槐果实乙醇提取物及不同极性溶剂萃取物对麦二叉蚜具有毒杀和拒食活性。Ji等从紫穗槐果实中分离到的amorphigenin对淡色库蚊、苹果黄蚜、菜青虫及小菜蛾等害虫均具有毒杀活性，深入研究表明其对菜青虫的毒杀活性最高，LC_{50}为131.531μg/mL。

2.6 紫穗槐的经济价值

紫穗槐有发达的根系，稠密的须根和密生的根瘤，有很强的扩张力。紫穗槐另一优点是生长快，萌芽力强，枝叶茂盛，在一般情况下，当年可达1m以上，次年就可开花结实。紫穗槐适应性强，在年降水量只有200mm的腾格里沙漠东部边缘地带，仍然正常生长。紫穗槐经流水浸泡1个月以上，只要不淹没过顶，就不会淹死。紫穗槐不仅适于半干旱风沙地区生长，而且是河旁、沟渠、丘间、洼地以及短期积水地区适宜栽植的优良灌木树种。

（1）改良盐碱地，降低土壤盐分　紫穗槐根系养分含量比较丰富，可以改良土壤、增加土壤有机质。紫穗槐根系中含有根瘤菌，能固定空气中的氮素，其根系代谢旺盛，残根多，能迅速改良土壤的理化性质，提高土壤肥力。紫穗槐有很强的抗盐碱能力，能在含盐量高的土壤中生长，可将一般耕作层土壤含盐量 0.3% ～ 0.6% 或瘠薄盐碱地改良成为一般作物都能生长的良好耕地[32]。

（2）防风固土　紫穗槐根系发达，侧根多而密，固持土体作用大。紫穗槐地下根系生物量大，保土、固结土体能力均优于其他测定灌木，是配置防护林和固定坡堤地埂、崖边的理想树种。半干旱风沙地区或盐碱地区，种植紫穗槐纯林或与乔木行内、行间及带状混交，成林之后，形成了良好的矮层林带，可改变田间小气候，减少地面风速，从而起到防风固沙作用以及阻止流沙作用。

（3）营养丰富，饲料价值高　紫穗槐蛋白质和粗纤维含量很高，最适宜做牲畜的青饲料。紫穗槐茎叶量大，营养价值高，叶粉蛋白质、氨基酸和维生素 E 含量较高，可以做牲畜的青饲料。为了提高适口性，可把割下的绿枝叶阴干几天，或者经过发酵之后，再喂养牲口，即成为优良的青饲料。

（4）适作绿肥，改土肥田　紫穗槐的氮、磷、钾总含量比人粪尿含量还高，可以作为优质的绿肥。利用紫穗槐当年生嫩枝叶沤制绿肥，肥效高，是一种优良的绿肥植物。将紫穗槐嫩枝叶与土、水按一定的比例，渗入少量人粪尿或腐熟圈肥进行堆沤，可作底肥或追肥。或者将紫穗槐茎叶切碎，仿照堆肥配料比例，直接填入圈内沤肥，经过牲畜拱踩，使材料与粪尿混合，这种方法简便、快捷、高效，填满圈后，夏季 15 ～ 20d 可完全腐熟。

（5）适作燃料，热值高　紫穗槐萌芽力强，耐刈割。一般条件下，每丛萌生枝条 20 ～ 30 根，丛幅宽达 1.5m，当年高生长可达 1m 以上。生长在黄沙土向阳荒坡上的多年生紫穗槐，一般每丛萌发枝条 10 ～ 20 根，高 1.5 ～ 1.7m，形成较大灌丛。研究表明，紫穗槐热值是煤热值的 71%，可以有效地提供燃料来源[32]。

（6）改善土壤结构，增加土壤贮水量　紫穗槐有良好的蓄水保土性能，紫穗槐林地土壤贮水量最大，吸收和贮存降雨能力强，能有效地减少地表径流。紫穗槐萌芽力强，分枝多，枯枝落叶层厚，从而增加降雨渗水量。在土石山区、丘陵区等水土流失严重的地方，以及河流、沟渠、梯田坡面等，都宜栽植紫穗槐，以便充分发挥其保水作用。

（7）水分利用率高，适宜干旱区栽培　紫穗槐的光合强度较低，蒸腾强度小，水分利用率高，有利于在干旱地带生长，是较好的水土保持灌木林种。

（8）枝条适合编织　紫穗槐枝条柔软细长、平滑匀称、没有节疤，是农村农户开展编织业生产的好材料。用其编织成的各种条箱、花篮等，畅销于国内外市场，还可做农具、筐、篮、篓、箕，煤矿用条笆，各种类型的工业包装箱、篓等[33]。

综上所述，紫穗槐是一种适应性强、耐寒、耐瘠薄、耐盐碱、耐涝、防风固土保水、饲用价值极高的木本饲料树种，同时多年生、易于繁殖、产量极高，便于推广种植，是可作农牧业肥料饲料，推动乡村振兴开展多种经营、增加收入，改良土壤，促进农、林、牧等行业全面发展的优良树种，极具发展前景[34]。

参考文献

[1] 梁亚萍 . 紫穗槐果实杀虫活性物质及其作用机理研究 [D]. 沈阳 : 沈阳农业大学 , 2015.

[2] 南德标 , 姜同弟 . 紫穗槐的特征特性与栽培技术 [J]. 现代农业科技 , 2009(15): 211.

[3] 高步化 . 谈紫穗槐的特征特性与栽培技术 [J]. 内蒙古林业调查设计 , 2012, 35(4): 36+38.

[4] 曹艳萍 , 卢翠英 , 白根举 . 紫穗槐叶杀虫化学成分的研究 [J]. 中草药 , 2005, 21(10): 32-33.

[5] 刘芝梅 . 紫穗槐植物源抑菌农药研究 [D]. 南京 : 南京信息工程大学 , 2011.

[6] 段然 . 紫穗槐育苗技术分析 [J]. 新农业 , 2021(09): 20.

[7] 杨武英 . 紫穗槐在石河子市的景观配置及育苗技术 [J]. 现代农业科技 , 2021(05): 171-172.

[8] 包赛很那 , 郭云雷 , 苗彦军 . 不同处理方法对紫穗槐果实萌发特性的影响 [J]. 黑龙江畜牧兽医 , 2020(24): 120-123.

[9] 王文兵 . 紫穗槐育苗及造林技术 [J]. 乡村科技 , 2020, 11(35): 77-78.

[10] 李修伟 , 刘美璇 , 纪明山 , 等 . 紫穗槐果实中总黄酮提取与含量测定 [J]. 河北农业大学学报 , 2018, 41(04): 77-81.

[11] 刘畅 . 植物源黄酮类化合物提取及其杀虫活性研究 [D]. 沈阳 : 沈阳农业大学 , 2011.

[12] 梁亚萍 , 郭红霞 , 纪明山 , 等 . 紫穗槐果实化学成分及生物活性研究进展 [J]. 湖北农业

科学, 2019, 58(03): 15-18+26.
[13] 姜泓，白丽萍，康廷国. 紫穗槐果实化学成分 (Ⅱ)[J]. 中药材, 2006, 29(11): 1194-1195.
[14] 张建逵，姜泓，韩荣春，等. 紫穗槐果实中三种黄酮类成分含量测定 [J]. 中药材, 2010(04): 565-567.
[15] Stoyanova A, Georgiev E, Lis A, et al. Essential Oil from Stored Fruits of Amorpha fruticosa L[J]. Journal of Essential Oil Bearing Plants, 2003,6 (3): 195-197.
[16] Somleva T, Ognyanov I. New rotenoids in *Amorpha fruticosa* fruits [J]. Planta Medica, 1985, 43: 219-221.
[17] Wu X, Liao H B, Li G Q, et al. Cytotoxic rotenoid glycosides from the seeds of *Amorpha fruticosa* [J]. Fitoterapia, 2015, 100:75-80.
[18] 陈小强，李佳娜，郭依萍，等. 新鲜紫穗槐果实挥发油的化学成分 · 抗氧化及细胞毒活性 [J]. 安徽农业科学, 2016, 44(1): 159-161, 164.
[19] 白丽萍. 紫穗槐果实生药学研究 [D]. 沈阳 : 辽宁中医学院, 2004.
[20] 梁亮，蔡石坚，伍艳，等. 紫穗槐槐角精油的超临界 CO_2 萃取及其成分分析 [J]. 吉首大学学报 (自然科学版), 2006, 27(4):99-102.
[21] 陈月华，智亚楠，陈利军，等. 紫穗槐果实挥发油化学组分 GC-MS 分析 [J]. 化学研究与应用, 2017, 29(9): 1402-1405.
[22] Konoshima T, Terada H, Kokumai M, et al. Studies on inhibitors of skin tumor promotion, Ⅻ Rotenoids from Amorpha fruticosa [J]. Journal of Natural Products, 1993, 56(6): 843-848.
[23] 姜泓，孟舒，陈再兴，等. 紫穗槐中黄酮类化学成分的体外抗癌活性研究 [J]. 中药材, 2008(05): 736-738.
[24] Lee H J，Kang H A，Kim C H，et al. Effect of new rotenoid glycoside from the fruits of Amorpha fruticosa LINNE on the growth of human immune cells[J]. Cytotechnology，2006，52(3) : 219-226.
[25] 周美，李闪闪，李瑞，等. 紫穗槐药学研究概况 [J]. 安徽农业科学, 2013, 41(19): 8141-8142+8176.
[26] 刁云鹏，舒晓宏，王明东，等. 紫穗槐果实挥发油的气相色谱指纹图谱研究 [J]. 中医药学刊, 2005, 23(11): 2005-2007.
[27] 焦姣，孙慧，兰杰，等. 紫穗槐果实杀菌活性成分的提取、分离与鉴定 [J]. 农药, 2012, 51(7): 491-493.
[28] 范珊珊. 紫穗槐抑菌活性研究及其化学成分分析［D］. 南京 : 南京信息工程大学, 2009.
[29] 曹艳萍，卢翠英，白根举. 紫穗槐叶中杀虫化学成分的分离和结构鉴定 [J]. 化学研究与应用, 2004, 16(5):719-720.
[30] Brett C H. Insecticidal properties of the indigobush (Amorpha fruticosa) [J]. Journal of agricultural research, 1946, 73(3): 81-96.
[31] Reisch T, Gombos M, Szendrei K, et al. 6*a*,2*a*-Dehydro-*α*-toxicard, ein neues rotenoid aus Amorpha fruticosa[J]. Phytochemistry,1976, 15:234-235.
[32] 王印川. 紫穗槐及其经济利用价值 [J]. 山西水土保持科技, 2003(01): 21-23.
[33] 韩文斌. 紫穗槐 [J]. 植物杂志, 2003(03): 21.
[34] 赵军，杨逢春. 木本植物紫穗槐的营养特性及其在动物生产中的应用 [J]. 饲料研究, 2021, 44(15): 158-160.

第3章

紫穗槐果实杀虫活性研究

自 20 世纪 40 年代以来，国内外专家学者对紫穗槐果实、根、茎、叶的化学成分进行了大量的研究，初步明确其主要化学成分为黄酮类化合物，包括黄酮类、黄酮醇类、异黄酮类、鱼藤酮类和查尔酮类等，还含有挥发油、萜类、甾体类、二苯乙烯苷类、芪类、甘油酯类以及多糖等成分[1]。

近年来有关紫穗槐果实化学成分的研究在国际上引起重视，Masayoshi Ohyama 等从紫穗槐果实中分离出异戊烯基黄酮类化合物。Somleva 等从紫穗槐果实中分离得到 6*α*,12*α*- 去氢 -*α*- 毒灰叶酚、6*α*,12*α*- 去氢鱼藤素、(–)-6- 羟基 -6*α*,12*α*- 去氢 -*α*- 毒灰叶酚、11- 羟基灰叶草素、3-*O*- 去甲基紫穗槐苷元、12*α*- 羟基紫穗槐苷、紫穗槐苷元、紫穗槐苷元 -*β*-D- 葡萄糖苷、7,4′- 二甲氧基异黄酮、7,2′,4′,5′- 四甲氧基异黄酮、5,7- 二羟基 -8- 牻牛儿基双氢黄酮等黄酮类化合物[2]。Ohyama 等从紫穗槐果实中分离到黄酮类化合物，主要为鱼藤酮类和异戊烯基双氢黄酮类；J. L.Hak 等从紫穗槐果实提取物中分离获得鱼藤酮类、异黄酮糖苷类化合物；国内也相继出现这方面的报道。但由于紫穗槐果实中所含的化学成分复杂而且差异性大，在研究紫穗槐果实活性成分时要初步了解其中所含有的化合物，这样有利于选择合适的方法进行提取分离，这就需要根据其特殊的理化性质来初步确定其化学成分。

为了全面了解紫穗槐果实的化学成分，以期为紫穗槐资源的开发应用提供理论基础，采取不同介质提取紫穗槐果实化学成分，运用系统预试法，对紫穗槐果实所含的黄酮成分进行定性检验。采用试管法对紫穗槐果实的粗提物进行研究，通过多种指示剂和显示剂的沉淀反应或颜色反应，初步推断紫穗槐果实中可能含有的黄酮成分并测定总黄酮含量。

3.1　鱼藤酮类化合物杀虫活性研究

作为典型的黄酮类物质，鱼藤酮类化合物由于杀虫活性高、杀虫谱广、作用方式多样、低残留、对环境友好受到青睐，其中以鱼藤酮为代表，已经成为优良的植物源农药，应用非常广泛。本书以鱼藤酮为例，阐述鱼藤酮类化合物的生物活性和作用机理。

3.1.1 鱼藤酮类化合物的生物活性

徐汉虹曾报道，鱼藤酮是最早从鱼藤属植物中提取的一种物质，因其具有良好的杀虫活性，而广泛用作植物性杀虫剂[3]。关于鱼藤酮的大量研究始于20世纪初期，日本学者Nagai从中华鱼藤（*Derris chinesis*）根中分离得到一个带有酮基的结晶体，定名为rotenone，即为鱼藤酮。Lenz从毛鱼藤（*Derris elliptica*）根中也得到此晶体。随后，国内外专家学者从灰叶属、梭果属、紫穗槐属、鸡血藤属、孟德木属及木蓝属等11个属68种植物中分离到鱼藤酮[4]。Reynaud和Mackova报道，从非豆科植物中发现鱼藤酮类化合物。李颖研究发现，毛鱼藤根、茎中鱼藤酮的含量最高，已经成为我国鱼藤酮原药生产的主要原料。非洲山毛豆（*Tephrosia vogelii* Hook）叶片中鱼藤酮类似物的含量也相当高，可达叶干重的4.25%。目前鱼藤酮主要从植物的根、茎、叶和豆分离获得，其中根部含量相对丰富，可达到鱼藤根干重的7%以上[5]。

1929年，Takei首先提出了鱼藤酮的分子式为$C_{23}H_{22}O_6$，随后Butenanat、Laforge，Robertson等研究者相继提出了相同的分子结构，其化学名称为(2*R*,6*aS*,12*aS*)-1,2,6,6*a*,12,12*a*-六氢-2-异丙烯基-8,9-二甲氧基苯并吡喃[3,4-*b*]呋喃并[2,3-*h*]吡喃-6-酮（见图3-1）。鱼藤酮通常为无色六角板状晶体，几乎不溶于水，易溶于氯仿、丙酮、四氯化碳、乙醇、乙醚等多种有机溶剂。

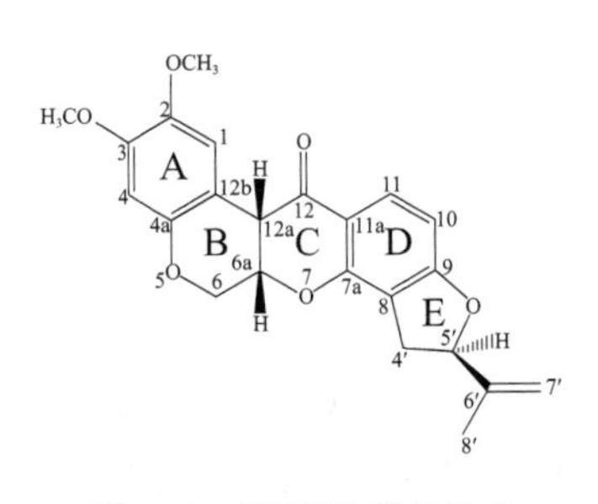

图3-1 鱼藤酮化学结构式

徐汉虹报道，鱼藤属植物根中除了鱼藤酮外，还存在化学结构与鱼藤酮相似的鱼藤酮类化合物，它们均具有杀虫活性。迄今科研工作者已经从植物中分离获得鱼藤酮类化合物达110种以上。鱼藤酮从植物中获取量比较高，主要原料植物分布广泛，东南亚、非洲、南美洲已成为主要原料基地，我国华南地区鱼藤酮资源也相当丰富，除了野生资源，近年来栽培数量也不断上升，因此鱼藤酮具有广阔的开发前景。

3.1.2　鱼藤酮类化合物杀虫活性研究

自从 19 世纪中期鱼藤酮首先被用作杀虫剂以来，科研工作者对鱼藤酮类化合物的杀虫谱、作用方式和机理进行了深入的研究[6]。鱼藤酮对 15 个目、137 科的害虫具有不同程度的防治效果，目前防治对象高达 800 种以上，其对蚜虫和螨类害虫防治效果最为突出。鱼藤酮类化合物是一种脂溶性的化合物，易于被害虫的皮肤和消化系统吸收，当其进入害虫机体被消化道吸收后，穿透细胞膜，与某些细胞成分结合而发挥效应。徐汉虹等认为，鱼藤酮类化合物对于害虫的作用方式有触杀、胃毒、拒食以及抑制几种。

（1）触杀作用　1956 年，赵善欢研究了鱼藤根水悬液对桃蚜（*Myzus persicae* Sulzer）、白背飞虱（*Sogatella furcifera* Horváth）、茶毛虫（*Euproctis pseudoconspersa* Strand）、铁甲虫（*Hispa armigera* Oliver）、桑毛虫（*Arcternis chrysorrhoea*）、黄条跳甲（*Phyllotreta vittuta* Fabr.）、茄叶虫（*Pavawaca angulicalis*）、二十八星瓢虫（*Henosepilachna vigintioctopunctata*）的触杀作用，结果发现，鱼藤根中鱼藤酮成分对这些害虫均具有防治效果，尤其对鳞翅目害虫有较高的防效，对鞘翅目的二十八星瓢虫效果较差。冯岗等研究表明，鱼藤酮对椰心叶甲（*Brontispa longissima* Gestro）5 龄幼虫具有一定的触杀作用[7]。

（2）胃毒作用　研究对比鱼藤酮与烟碱、除虫菊酯、对硫磷及砷酸铅对豆蚜（*Aphis rumicis* L.）、家蝇、家蚕的胃毒作用，结果发现，鱼藤酮对 3 种昆虫都具有一定的胃毒作用，其对家蚕的胃毒作用最好，比砷酸铅高 30 倍，对豆蚜毒力次之，比烟碱高出 10 ～ 15 倍，鱼藤酮对家蝇的毒力较除虫菊酯高，对豆蚜的防治效果也优于对硫磷。杨仕平以小菜蛾（*Plutella Xylostella* Linnaeus）和萝卜蚜（*Lipophis erysimi* Kaltenbach）为试虫，利用浸渍法测定了鱼藤酮对两种害虫的生物活性，结果表明，鱼藤酮对萝卜蚜具有较强的胃毒作用，LD_{50} 为 1.01μg/g。杨红福报道，鱼藤酮对稻纵卷叶螟（*Cnaphalocrocis medinalis* Guenee）有显著的胃毒作用。姬小雪测试鱼藤酮对甘蓝蚜虫的防效发现，鱼藤酮对甘蓝蚜虫具有较高的胃毒作用[8]。

从现有的文献可以看出，鱼藤酮对害虫的毒性作用方式往往触杀作用兼有胃毒作用，通常称为毒杀作用。钟作良以致倦库蚊（*Culex pipiens* quinquefasciatus）和白纹伊蚊（*Aedes albopictus*）为研究对象，结果表明，鱼藤对两种蚊虫的4龄幼虫均有触杀活性，尤其对致倦库蚊各龄幼虫都有良好的毒杀作用[9]。

（3）拒食作用　J. Nawrot等以杂拟谷盗（*Tribolium confusum*）和谷象（*Sitophilus granatius*）成虫以及杂拟谷盗和谷斑皮蠹（*Trogoder magranarium*）幼虫为研究对象，在室内测定了鱼藤酮及其5种衍生物对这3种储粮害虫的活性，结果发现，鱼藤酮对3种害虫均有不同程度的拒食作用，当室温26℃，相对湿度64%时，鱼藤酮对3种害虫的拒食活性最高。Bloszyk等测定了鱼藤酮和6种拒食活性较高的化合物对谷蠹（*Rhyzopertha dominica*）和谷象的拒食活性，结果表明，鱼藤酮对谷蠹的拒食活性比6种药剂都高。

（4）抑制作用　Hirashima以赤拟谷盗（*Tribolium castaneum Herbs*t）幼虫为靶标害虫，结果发现，其幼虫生长发育能够被鱼藤酮有效抑制，而且幼虫体内章鱼胺水平也明显提高。张业光认为，鱼藤酮可以抑制某些鳞翅目害虫的生长发育。周国理发现，鱼藤酮可以抑制致倦库蚊幼虫生长发育，还能影响成虫的生殖能力。

鱼藤酮具有高效、杀虫谱广、害虫难以产生抗药性等优点，被认为是比较理想的杀虫剂，但是单独使用残效期较短、成本高，因而研究与其他化学农药混用成为鱼藤酮推广应用的趋势。鱼藤酮与某些药剂混用不但具有增效作用，而且减少用药量、降低成本，扩大杀虫谱，延缓抗药性的产生。莫美华发现，鱼藤酮和氰戊菊酯混用（4：1），对菜粉蝶（*Pieris rapae* L.）5龄幼虫触杀、胃毒以及拒食方面都具有明显的增效作用。

3.1.3 鱼藤酮类化合物的产品和剂型研究

以往鱼藤酮主要从豆科植物中提取，为了满足生产需要，现已工厂化生产，大大提高了鱼藤酮的产量，相继也出现了鱼藤酮与其他农药的混剂，成功用于农业生产。19世纪英国最先商品化生产鱼藤酮类杀虫剂，并用来防治园艺作物的病虫害。

近年来，鱼藤酮产品使用量逐年递增，我国已有原药厂4家，制剂18个，登记的鱼藤酮产品22个（见表3-1）。目前鱼藤酮产品登记的剂型以乳油及混配型乳油为主，原药2种，微乳剂2种。

表3-1　我国已注册登记的鱼藤酮产品

生产厂家	登记证号	登记名称	总含量/%	剂型	有效起始日	有效截止日
北京三浦百草绿色植物制剂有限公司	PD20142178	鱼藤酮	6	微乳剂	2024-9-17	2029-9-17
河北天顺生物工程有限公司	PD20095935	鱼藤酮	95	原药	2024-6-1	2029-6-1
广东新秀田化工有限公司	PDN30-94	氰・鱼藤	1.30	乳油	2024-5-18	2029-5-18
广东勤立生物科技有限公司	PD20141073	鱼藤酮	2.50	悬浮剂	2024-4-24	2029-4-24
广西施乐农化科技开发有限责任公司	PD20095175	藤酮・辛硫磷	18	乳油	2024-4-23	2029-4-23
河北三农农用化工有限公司	PD20140692	鱼藤酮	6	微乳剂	2024-3-23	2029-3-23
广东新秀田化工有限公司	PD20093596	敌百・鱼藤酮	25	乳油	2024-3-22	2029-3-22
河北天顺生物工程有限公司	PD20092307	鱼藤酮	4	乳油	2024-2-23	2029-2-23
广东新秀田化工有限公司	PD20086352	氰戊・鱼藤酮	7.50	乳油	2023-12-30	2028-12-30
广东新秀田化工有限公司	PD20086351	氰戊・鱼藤酮	2.50	乳油	2023-12-30	2028-12-30
广东卓粤生物技术有限公司	PD20085108	鱼藤酮	2.50	乳油	2023-12-22	2028-12-22
德强生物股份有限公司	PD20171358	鱼藤酮	5	微乳剂	2022-7-18	2027-7-18
山东金收利生物科技有限公司	PD20170990	鱼藤酮	2.50	乳油	2022-5-30	2027-5-30
广农药业（广东）有限公司	PD91105-2	鱼藤酮	2.50	乳油	2021-11-23	2026-11-23
内蒙古清源保生物科技有限公司	PD20211496	鱼藤酮	6	微乳剂	2021-8-24	2026-8-24

续表

生产厂家	登记证号	登记名称	总含量/%	剂型	有效起始日	有效截止日
广东省广州市益农生化有限公司	PD20110891	鱼藤酮	2.50	乳油	2021-8-16	2026-8-16
山东省乳山韩威生物科技有限公司	PD20160583	鱼藤酮	2.50	乳油	2021-4-26	2026-4-26
江苏省南通神雨绿色药业有限公司	PD20151703	鱼藤酮	2.50	乳油	2020-8-28	2025-8-28
广东勤立生物科技有限公司	PD20151357	鱼藤酮	6	微乳剂	2020-7-30	2025-7-30
山西德威本草生物科技有限公司	PD20200328	鱼藤酮	6	微乳剂	2020-5-21	2025-5-21
云南南宝生物科技有限责任公司	PD20150623	鱼藤酮	5	可溶液剂	2020-4-16	2025-4-16
陕西省西安西诺农化有限责任公司	PD20097887	氰戊·鱼藤酮	1.30	乳油	2019-11-20	2024-11-20
河北昊阳化工有限公司	PD20097721	鱼藤酮	2.50	乳油	2019-11-4	2024-11-4

鱼藤酮类化合物被广泛推广使用以来，其剂型加工也受到重视。微乳剂是一种较新的剂型，20 世纪 70 年代国外开始报道农药微乳剂方面的研究，80 年代后期我国开始研制和生产微乳剂，相继研制出拟除虫菊酯、增效剂、复合乳化剂、高效防霉剂以及缓释剂等一系列微乳状液体产品。微乳剂的优点首先在于环保，微乳剂溶剂基本无害，同时微乳剂药效高、使用量少、持效期长，生产和储存安全[1]。鱼藤酮微乳剂的研制将成为发展趋势，具有良好的市场开发前景。

3.1.4 鱼藤酮类化合物的作用机理

国内外对鱼藤酮类化合物的作用机理展开了广泛的研究。日本东京农业大学 Izuru Yamamoto 首先报道了关于鱼藤酮毒性作用机理研究。Goyal 认为，鱼藤酮可以高度抑制 *Setaria cervi* 线粒体中从 NADPH（还原型辅酶Ⅱ）到 NADH（还原型辅酶Ⅰ）过程的电子传递。张双喜研究发现，鱼藤酮可以有效干扰菜粉蝶幼虫的正常生长发育，进一步分析原因，可能是鱼藤酮抑制了菜粉蝶幼虫蜕皮、化蛹过程的呼吸作用，使得幼虫发育过程中能量降低，影响正常的生长。Bienen 研究发现，布氏锥虫线粒体内膜 EMF（电动势）能够受到鱼藤酮的抑制，从而使 NADH 脱氢酶分别到 Cytc 和 CoQ 的活性间接受到影响。Darrouzet 和 Esposti 认为，鱼藤酮主要作用于电子传递链上 NADH 脱氢酶与 CoQ 之间的某个成分，抑制害虫细胞的电子传递，使得害虫体内 ATP 水平降低，行动受阻，麻痹死亡。黄超培认为，鱼藤酮不仅可以直接损伤线粒体，还能够启动细胞凋亡反应，使线粒体磷酸化过程受到抑制 [10]。张帅测试了鱼藤酮类化合物对家蚕（*Bombyx mori* Linnaeus）的作用方式与作用机理，结果发现，鱼藤酮类化合物的毒力及中毒症状与线粒体呼吸酶复合体Ⅰ的结合方式有关，同时害虫中肠 Na^+，K^+-ATP 酶及琥珀酸脱氢酶也能影响鱼藤酮类化合物的毒性。

目前，科学家一致认为鱼藤酮及鱼藤酮类化合物的主要作用机理是抑制电子传递链上的线粒体呼吸酶复合体Ⅰ活性，使得细胞呼吸链的递氢功能和氧化磷酸化过程受到阻断，不能将 NADH 氧化为 NAD（烟酰胺腺嘌呤二核苷酸），ATP 能量供应不足，进而使害虫对氧的利用受到抑制，最终导致内呼吸缺氧，细胞窒息死亡。

大量的研究发现鱼藤酮及鱼藤酮类化合物还存在其他的作用机理，莫美华等研究表明，鱼藤酮及其混剂不但抑制了蔬菜害虫的呼吸作用，而且使害虫中肠和脂肪体多功能氧化酶的活性受到严重影响，细胞被破坏，药剂分解困难，从而有效地到达靶标器官，以致昆虫中毒，局部变黑致死 [11]。钟作良研究鱼藤酮对致倦库蚊的毒性作用发现，鱼藤酮能够破坏蚊幼虫的中肠 [9]。

此外，鱼藤酮及鱼藤酮类化合物可以抑制神经传导及肌肉收缩过程中 L- 谷氨酸氧化，而且对 L- 谷氨酸氧化作用的抑制水平取决于鱼藤酮及鱼藤酮类化合物的毒性 [12-16]。Marshall 研究证明，鱼藤酮以可逆的方式连接在细胞中的微管蛋白上，不仅使纺锤体微管的组装受到抑制，还能够影响微管的形成，从遗传学的角度来看，纺锤体的形成受到抑制，直接影响细胞的正常分裂，从而影响虫体的生长。Niehaus 认为，鱼藤酮抑制了隐毡蚧（*Cryptococcus neoformans*）体内甘露醇合成过程中酶（甘露醇合成酶）的活性，因而影响了害虫的生长发育。已有研究从植物体、菌类等生物体中提取出天然的抑制剂，植物性抑制剂中应用最多的是鱼藤酮类化合物。因此，深入研究鱼藤酮类化合物显得尤为重要。

3.2 紫穗槐果实化学成分预试

1946年，Brett发现紫穗槐果实丙酮提取物具有对臭虫、家蝇等害虫趋避的作用，趋避效果可以达到12h以上，对埃及伊蚊的幼虫具有毒杀活性[17]。自20世纪40年代以来，国内外专家学者对紫穗槐根、茎、叶的化学成分进行了大量的研究，明确其化学成分以黄酮类化合物为主，黄酮类化合物中鱼藤酮类和异戊烯基双氢黄酮类含量最多，此外还含芪类、甘油酯类、精油及多糖等多种成分[18]。已有的研究表明紫穗槐果实含有丰富的精油及黄酮类化学成分，而有关紫穗槐果实精油及黄酮类化合物杀虫活性研究报道则较少。曹艳萍等研究发现了紫穗槐6月份的鲜叶毒性最高，用95%乙醇对紫穗槐叶子进行提取，提取物对菜青虫以及大皱鳃金龟甲成虫具有毒杀活性，校正死亡率可以达到91%。纪明山等研究发现了用95%乙醇、石油醚、乙酸乙酯和正丁醇对紫穗槐果实进行萃取，萃取物对麦二叉蚜产生毒杀和拒食的效果。车午男等研究发现了用乙醇、石油醚、乙酸乙酯对紫穗槐果实进行萃取，萃取物对小菜蛾有毒杀活性，其中紫穗槐果实的石油醚萃取物对小菜蛾的毒杀效果最好，LC_{50}为0.768mg/mL[19]。

为了更全面地了解紫穗槐果实的化学成分，以下依据紫穗槐果实不同溶剂提取物的生物活性测定及统计分析确定合适提取溶剂，测试紫穗槐果实提取物对麦二叉蚜（*Schizaphis graminum*）、小菜蛾（*Plutella xylostella*）幼虫及非靶标生物淡色库蚊幼虫（*Culex pipiens pallens*）的毒杀活性，以期为紫穗槐资源的开发应用提供理论基础。

3.2.1 材料与方法

（1）试验材料

① 供试植物。紫穗槐果实采自沈阳农业大学校园附近，样品室温下

自然风干，用微型植物试样粉碎机粉碎，得植物干粉，密封于保鲜袋中保存备用。

② 供试试剂。乙醇（分析纯），甲醇（分析纯），乙酸乙酯（分析纯），正丁醇（分析纯），浓盐酸，镁粉，硼氢化钠，三氯化铝，三氯化铁，氢氧化钠，硝酸铝等。

（2）试验方法

① 不同溶剂萃取紫穗槐果实中黄酮成分。取1kg紫穗槐果实用70%的乙醇浸提3次，每次3d，合并提取液，减压蒸馏浓缩得乙醇浸膏144.88g。取50g浸膏与硅胶拌样后柱色谱分离，洗脱溶剂为氯仿/甲醇[（20：1）～（3：1）（体积比）]。所得馏分TLC（薄层色谱）点样后合并，并结合活性测定，以常压硅胶柱色谱分离、高压液相制备及重结晶等技术，对浸膏中活性成分分离纯化。用极性不同的石油醚、乙酸乙酯、正丁醇、三氯甲烷、丙酮溶剂进行连续等量萃取，减压浓缩至膏状。

② 紫穗槐果实黄酮类物质提取溶剂的选择。称取500g粉碎过筛的紫穗槐果实，分别用石油醚、乙酸乙酯、三氯甲烷、丙酮和乙醇作为提取溶剂，用每次3倍于样品的溶剂（*v*/*w*）超声辅助萃取，每次萃取1h，提取三次，超声功率350W，超声频率40kHz，超声提取完毕后合并提取液，浓缩得各浸膏。测定其杀虫活性，依据活性测试及统计分析结果确定试验样品的提取溶剂。

③ 黄酮类化合物的初步鉴定。盐酸镁粉反应：将萃取物分别溶于1.0mL乙醇中，加入少许镁粉振摇，滴加几滴浓盐酸，放在水浴锅中加热1min，观察是否显色。硼氢化钠反应：在试管中加入0.1mL含有萃取物的乙醇液，再加等量2% $NaBH_4$的甲醇液，1min后，加浓盐酸数滴，观察是否显色。铝盐反应：在0.1mL含有样品的乙醇液中加入1%三氯化铝溶液，观察生成的络合物是否显黄色，并有荧光。硼酸显色反应：在0.1mL含有萃取物的乙醇液中加入1%三氯化铝溶液，观察生成的络合物是否为绿色荧光。三氯化铁反应：在0.1mL含有样品的乙醇液中加入3%三氯化铁溶液，观察是否显色。

3.2.2 结果与分析

不同溶剂萃取物黄酮成分检测分析见表3-2，从表中可以明显看出，石油醚萃取物中含有黄酮、黄酮醇、二氢黄酮、二氢黄酮醇类化合物和含有酚羟基的黄酮类化合物；乙酸乙酯萃取物中含有黄酮、黄酮醇、二氢黄酮、二氢黄酮醇类化合物和含有酚羟基的黄酮类化合物；而正丁醇萃取物中可能仅含有少量种类的黄酮类化合物。

表3-2 紫穗槐果实不同溶剂萃取物黄酮成分预试验结果

类型	预试试剂	现象	可能含的成分
石油醚萃取物	三氯化铝	荧光黄	黄酮类化合物
	盐酸镁粉	橙红	黄酮、黄酮醇、二氢黄酮及二氢黄酮醇类化合物
	硼氢化钠	紫	二氢黄酮类化合物
	三氯化铁	阳性	含有酚羟基的黄酮类化合物
	硼酸	亮黄	5-羟基黄酮及2-羟基查耳酮类结构
乙酸乙酯萃取物	三氯化铝	荧光黄	黄酮类化合物
	盐酸镁粉	橙红	黄酮、黄酮醇、二氢黄酮及二氢黄酮醇类化合物
	硼氢化钠	紫	二氢黄酮类化合物
	三氯化铁	阳性	含有酚羟基的黄酮类化合物
	硼酸	无现象	
正丁醇萃取物	三氯化铝	荧光黄	黄酮类化合物
	盐酸镁粉	无现象	
	硼氢化钠	无现象	
	三氯化铁	无现象	
	硼酸	阳性	5-羟基黄酮及2-羟基查耳酮类结构

3.2.3 小结

经过系统预试验可以明显看出，紫穗槐果实中黄酮种类很多，但含量较丰富地集中在黄酮、黄酮醇、二氢黄酮及二氢黄酮醇。由于显示试验和检测试验使用粗提取液，有时反应不如纯品明显，有些反应为几点成分所共有，如三氯化铁反应，相反也有个别反应具有一定的局限性，如盐酸镁粉反应，因此预试验只能作为成分的初步判断，具体是否含有某确定成分还需进一步试验认证。本节对紫穗槐果实进行了黄酮类化合物成分预试验，初步确定了其可能含有的化学成分，为进一步进行该植物活性成分的确定、提取、分离、纯化研究提供了物质研究基础。

3.3　紫穗槐果实对蚜虫的杀虫活性

本节从紫穗槐果实中筛选出具有高效杀虫活性的黄酮类化合物，采用浸渍法和栖息法来测定其对麦二叉蚜虫的生物活性，为进一步黄酮类化合物杀虫活性成分分离研究奠定基础。

3.3.1　材料与方法

（1）试验材料

① 紫穗槐。在沈阳农业大学校园采集新鲜的紫穗槐果实，室温下自然风干，用微型植物试样粉碎机粉碎，得植物干粉，密封于保鲜袋中保存备用。

② 供试昆虫麦二叉蚜（*Schizaphis graminum*）。从沈阳农业大学植物免疫研究所实验地的小麦上采集（麦二叉蚜），在温室内不接触药剂的情况下，用盆栽无药无虫的小麦饲养。植株饲养若干代后，再分别将其无翅成虫接到无药无虫的小麦植株上，2d 后剔除成蚜，待其所产的若蚜大部分发育到成蚜时，采集供测试用。

（2）试验方法

① 植物成分提取。乙醇提取物：将紫穗槐果实干粉样品 1000g，用 70% 乙醇室温浸提 3 次，每次浸提时间为 2h，合并提取液，旋转蒸发仪浓缩至干，得乙醇提取物 144.882 g。将紫穗槐果实乙醇提取物 138.198g 加去离子水 500mL 混匀得悬浊液，用极性不同的石油醚、乙酸乙酯、正丁醇溶剂进行连续等量萃取，减压浓缩至膏状。石油醚萃取物：0.470g；乙酸乙酯萃取物：6.276g；正丁醇萃取物：15.548g。

② 紫穗槐果实乙醇提取物对麦二叉蚜的杀虫活性。

浸渍法：用 10% 丙酮 + 5% 吐温 80 水溶液分别将乙醇提取物溶解，配成浓度为 100μg/mL、50μg/mL、25μg/mL、12.5μg/mL、6.25μg/mL 的药液，将每叶留有 20 头蚜虫的小麦叶片分别在上述各浓度药液中浸渍 10s，自然晾干后放入培养皿中，小麦叶端用蘸水脱脂棉包裹以保湿，3 次重复，清水 +10% 丙酮 +5% 吐温 80 作对照。置于（25±1）℃、相对湿度 80% 左右、光周期为 L/D=14h/10h 的恒温光照培养箱内。于 48h 后检查试虫，以毛笔尖轻触蚜虫腹部，足不动则视为死亡，并根据式（3-1）、式（3-2）计算死亡率、校正死亡率。

$$\text{死亡率}(\%)=\frac{\text{死虫数}}{\text{试虫数}}\times 100 \tag{3-1}$$

$$\text{校正死亡率}(\%)=\frac{\text{处理死亡率}-\text{对照死亡率}}{1-\text{对照死亡率}}\times 100 \tag{3-2}$$

栖息法：用 10 % 丙酮 +5% 吐温 80 水溶液分别将浸膏溶解，配成 100μg/mL、50μg/mL、25μg/mL、12.5μg/mL、6.25μg/mL 共 5 个浓度梯度，用清水 +10% 丙酮 +5% 吐温 80 作对照。取新鲜的小麦叶，以叶脉为界，叶片一侧正反面涂抹药剂，另一侧正反面涂对照，待液体自然晾干后，于叶片中央的叶脉上接种 20 头无翅成蚜，每处理 3 次重复。48h 后统计叶中脉两侧的对照区和处理区蚜虫的栖息数，死亡和未在叶片上的蚜虫不统计，并根据式（3-3）计算栖息率，根据式（3-4）计算拒食率。

$$\text{栖息率}(\%)=\frac{\text{处理区蚜虫数}}{\text{蚜虫总数}}\times 100 \tag{3-3}$$

$$\text{拒食率}(\%)=\frac{\text{对照区蚜虫数}-\text{处理区蚜虫数}}{\text{蚜虫总数}}\times 100 \tag{3-4}$$

利用 Excel 进行数据统计，SPSS 进行数据分析统计，计算死亡率、校正死亡率、LC_{50} 和毒力回归方程。

③ 紫穗槐果实石油醚、乙酸乙酯、正丁醇萃取物对麦二叉蚜的杀虫活性。

浸渍法：采用 10% 丙酮 +5% 吐温 80 水溶液分别将石油醚萃取物、乙酸乙酯萃取物、正丁醇萃取物配成浓度为 25μg/mL、12.5μg/mL、6.25μg/mL、3.13μg/mL、1.56μg/mL 的药液，再将供试幼虫分别浸渍在不同的药液中，10s 后取出，自然晾干，放入培养皿内，每皿放新鲜小麦叶，用

10% 丙酮 + 吐温 80 水溶液作对照，各个浓度设 3 次重复，每皿 20 头，处理后 24h、48h 观察记录幼虫的死亡率。利用 Excel 进行数据统计，SPSS 进行数据分析统计，计算校正死亡率、LC_{50} 和毒力回归方程。

栖息法：将石油醚萃取物、乙酸乙酯萃取物、正丁醇萃取物用 10% 丙酮 + 吐温 80 水溶液溶解，配成浓度为 25μg/mL、12.5μg/mL、6.25μg/mL、3.13μg/mL、1.56μg/mL 的药液，以清水 + 丙酮 + 吐温 80 作对照。取新鲜的小麦叶，以叶脉为界，叶片一侧正反面涂抹药剂，另一侧正反面涂对照，待液体自然晾干后，于叶脉上接种 20 头无翅成蚜于叶片中央，每处理 3 次重复。24h 后统计叶中脉两侧的对照区和处理区蚜虫的栖息数，死亡和未在叶片上的蚜虫不统计，并计算拒食率。

3.3.2　结果与分析

（1）紫穗槐果实乙醇提取物对麦二叉蚜的杀虫活性　采用浸渍法测定植物乙醇提取物对麦二叉蚜的室内毒力，计算虫体的校正死亡率，用 SPSS10.0 数据处理系统对各浓度处理的平均累计校正死亡率进行差异分析（见表 3-3），结果表明：紫穗槐果实乙醇粗提物对麦二叉蚜均具有杀虫活性，且随着质量浓度的增大，麦二叉蚜的校正死亡率升高，紫穗槐果实的杀虫活性更显著（见图 3-2），浓度在 25μg/mL 时其校正死亡率达到 100%。

表 3-3　乙醇提取物对麦二叉蚜的触杀活性测定结果

处理	时间 /h	毒力回归方程	相关系数	LC_{50}/(μg/mL)	95% 置信区间 /(μg/mL)
石油醚	24	$y=-0.2619+0.1190x$	0.8980	0.695	0.04104 ～ 1.32239
	48	$y=0.4575+0.1230x$	0.8470	0.5621	0.02203 ～ 1.06540
乙酸乙酯	24	$y=-0.0853+0.1658x$	0.9556	1.2054	0.44695 ～ 1.98780
	48	$y=0.1327+0.1735x$	0.9866	0.7558	0.20184 ～ 1.38679
正丁醇	24	$y=0.2193+0.1171x$	0.9039	0.6876	0.35071 ～ 1.01440
	48	$y=0.3935+0.1210x$	0.8799	0.5726	0.29417 ～ 0.83379

采用栖息法测定紫穗槐果实乙醇提取物对麦二叉蚜的室内毒力，计算虫体的拒食率，用 SPSS10.0 数据处理系统对各浓度处理的平均累计校正

死亡率进行差异分析（见表3-4），结果表明：紫穗槐果实乙醇粗提物对麦二叉蚜均具有拒食活性，且随着质量浓度的增大，麦二叉蚜拒食率升高，紫穗槐果实的拒食活性更显著。

图3-2　紫穗槐果实作用于麦二叉蚜与水对照

表3-4　乙醇提取物对麦二叉蚜的拒食活性测定结果

处理	浓度/（μg/mL）	处理区蚜虫数/头	总蚜虫数/头	栖息率/%	拒食率/%
石油醚	25	2	60	3.33±2.22a	96.67±13.09a
	12.5	5	60	8.33±5.88b	86.67±12.83ab
	6.25	15	60	25.00±5.88b	70.00±11.91b
	3.13	21	60	35.00±2.22c	60.00±6.81c
	1.56	30	60	50.00±3.85c	45.00±6.36c
乙酸乙酯	25	9	60	15.00±2.12a	80.00±6.66a
	12.5	16	60	26.67±2.09b	68.33±6.98ab
	6.25	27	60	45.00±4.13b	50.00±4.60b
	3.13	34	60	56.67±6.59b	38.33±3.87b
	1.56	41	60	68.33±4.00c	26.67±4.44c
正丁醇	25	5	60	8.33±4.10a	86.67±11.33a
	12.5	6	60	10.00±2.51ab	85.00±4.17ab
	6.25	17	60	28.33±4.18ab	66.67±5.45b
	3.13	21	60	35.00±9.45c	60.00±5.76b
	1.56	28	60	46.67±10.22c	48.33±6.74c
对照	0	57	60	—	—

注：表中同列数据后小写字母表示在 P=0.05 水平的显著性差异。

用概率值分析法，将虫体平均累计校正死亡率进行概率值转换后用SPSS10.0对剂量做线性回归分析建立直线回归模型，估计剂量效应LC_{50}（见表3-5），结果表明：紫穗槐果实的LC_{50}仅为3.649μg/mL，显示出较高的杀虫活性。

表3-5 乙醇提取物对麦二叉蚜的致死中浓度

处理	时间/h	毒力回归方程	相关系数	LC_{50}/(μg/mL)	95%置信区间/(μg/mL)
紫穗槐	48	y=−1.993+0.936x	0.894	3.649	1.270～5.002

（2）石油醚、乙酸乙酯、正丁醇萃取紫穗槐果实 紫穗槐果实经乙醇提取，石油醚、乙酸乙酯、正丁醇萃取、浓缩后，获得石油醚、乙酸乙酯、正丁醇萃取物，石油醚萃取物为黄褐色油状物，乙酸乙酯萃取物为黄褐色糊状物，正丁醇为棕色糊状物，三者都较黏稠，将其放置于4℃冰箱密封保存，备用。

（3）紫穗槐果实石油醚、乙酸乙酯、正丁醇萃取物对麦二叉蚜的杀虫活性 紫穗槐果实石油醚萃取物、乙酸乙酯萃取物、正丁醇萃取物对麦二叉蚜的触杀毒力测定结果见表3-6，结果表明，各萃取物对麦二叉蚜的杀虫活性存在显著差异，杀虫活性以石油醚萃取物和正丁醇萃取物最高，乙酸乙酯萃取物的杀虫活性次之。处理24h，石油醚萃取物、乙酸乙酯萃取物、正丁醇萃取物对麦二叉蚜的LC_{50}分别为0.6950μg/mL、1.2054μg/mL、0.6876μg/mL；处理48h后的LC_{50}分别为0.5621μg/mL、0.7558μg/mL、0.5726μg/mL。由此可得，各萃取物的杀虫活性由大到小依次为石油醚萃取物 > 正丁醇萃取物 > 乙酸乙酯萃取物。这说明紫穗槐果实的杀虫活性物

表3-6 不同萃取物对麦二叉蚜的毒力测定

处理	时间/h	毒力回归方程	相关系数	LC_{50}/(μg/mL)	95%置信区间/(μg/mL)
石油醚	24	y=−0.2619+0.1190x	0.8980	0.6950	0.04104～1.32239
	48	y=0.4575+0.1230x	0.8470	0.5621	0.02203～1.06540
乙酸乙酯	24	y=−0.0853+0.1658x	0.9556	1.2054	0.44695～1.98780
	48	y=0.1327+0.1735x	0.9866	0.7558	0.20184～1.38679
正丁醇	24	y=0.2193+0.1171x	0.9039	0.6876	0.35071～1.01440
	48	y=0.3935+0.1210x	0.8799	0.5726	0.29417～0.83379

质主要集中在石油醚和正丁醇萃取部分。

紫穗槐果实各萃取物对麦二叉蚜的拒食活性测定结果见表3-7。随着紫穗槐果实各萃取物浓度升高栖息率降低，紫穗槐果实各萃取物的栖息率：乙酸乙酯 > 正丁醇 > 石油醚。紫穗槐果实对麦二叉蚜的拒食率：高浓度时，石油醚萃取物 > 正丁醇萃取物 > 乙酸乙酯萃取物；低浓度时，正丁醇萃取物 > 石油醚萃取物 > 乙酸乙酯萃取物。在高浓度时，石油醚萃取物的拒食活性很高，其余萃取物也具有一定的拒食活性；在低浓度时，正丁醇萃取物的拒食活性最高。因此，对石油醚和正丁醇萃取物继续分离，可获得单一的杀虫活性成分。

表3-7　不同萃取物对麦二叉蚜的拒食作用

处理	浓度/(μg/mL)	处理区蚜虫数/头	总蚜虫数/头	栖息率/%	拒食率/%
石油醚	25	2	60	3.33±2.22a	96.67±13.09a
	12.5	5	60	8.33±5.88b	86.67±12.83ab
	6.25	15	60	25.00±5.88b	70.00±11.91b
	3.13	21	60	35.00±2.22c	60.00±6.81c
	1.56	30	60	50.00±3.85c	45.00±6.36c
乙酸乙酯	25	9	60	15.00±2.12a	80.00±6.66a
	12.5	16	60	26.67±2.09b	68.33±6.98ab
	6.25	27	60	45.00±4.13b	50.00±4.60b
	3.13	34	60	56.67±6.59b	38.33±3.87b
	1.56	41	60	68.33±4.00c	26.67±4.44c
正丁醇	25	5	60	8.33±4.10a	86.67±11.33a
	12.5	6	60	10.00±2.51ab	85.00±4.17ab
	6.25	17	60	28.33±4.18ab	66.67±5.45b
	3.13	21	60	35.00±9.45c	60.00±5.76b
	1.56	28	60	46.67±10.22c	48.33±6.74c
对照	0	57	60		

注：表中同列数据后小写字母表示在 P=0.05 水平的显著性差异。

3.4　紫穗槐果实对淡色库蚊的杀虫活性

1976年，Reisch 等报道了紫穗槐果实的提取物中含萜品-4-醇，α-萜品醇化合物能有效防治蚊子、蚂蚁、马铃薯甲虫等昆虫。Rózsa 等研究发现紫穗槐果实提取物对蚊子、蚂蚁、蓟马、马铃薯甲虫以及蚜虫等多种昆虫具有生物活性 [20]。国内白志诚等首次报道从紫穗槐中分离出的 4 种化合物以一定的比例混合后给药，对大皱鳃金龟甲表现出理想的杀虫效果 [21]。本节采用不同有机溶剂提取紫穗槐果实黄酮类化学成分，测定其对淡色库蚊的杀虫活性。

3.4.1　材料与方法

（1）试验材料

① 紫穗槐。在沈阳农业大学校园采集新鲜的紫穗槐果实，室温下自然风干，用微型植物试样粉碎机粉碎，得植物干粉，密封于保鲜袋中保存备用。

② 供试昆虫。淡色库蚊（*Culex pipiens pallens*）4 龄幼虫采集于沈阳农业大学附近。

（2）试验方法

① 紫穗槐果实黄酮类物质提取溶剂的选择。称取 500g 粉碎过筛的紫穗槐果实，分别以石油醚、乙酸乙酯、三氯甲烷、丙酮和乙醇作为提取溶剂，用每次 3 倍于样品的溶剂（*v*/*w*）超声辅助萃取，每次萃取 1h，提取三次，超声功率 350W，超声频率 40kHz，超声提取完毕后合并提取液，浓缩得各浸膏。测定其杀虫活性，依据活性测试及统计分析结果确定实验样品的提取溶剂。

② 紫穗槐果实黄酮类杀虫活性成分的分离。取 1kg 紫穗槐果实用 70% 的乙醇浸提 3 次，每次 3d，合并提取液，减压蒸馏浓缩得乙醇浸膏 144.88g。取 50g 浸膏与硅胶拌样后柱色谱分离，洗脱溶剂为氯仿 / 甲醇 [（20：1）～（3：1）（体积比）]。所得馏分 TLC 点样后合并，并结合活性测定，以常压硅胶柱色谱分离、高压液相制备及重结晶等技术，对浸膏中活性成分分离纯化。

③ 紫穗槐果实乙醇提取物对淡色库蚊的杀虫活性。采用浸渍法，以

10% 丙酮 +5% 吐温 80 水溶液分别将石油醚、乙酸乙酯、三氯甲烷、丙酮和乙醇萃取物配成浓度为 25μg/mL、12.5μg/mL、6.25μg/mL、3.13μg/mL、1.56μg/mL 的药液，再将供试幼虫分别浸渍在不同的药液中，10s 后取出，自然晾干，放入培养皿内，每皿放新鲜叶片，以 10% 丙酮 + 吐温 80 水溶液作对照，各个浓度设 3 次重复，每皿 20 头，处理后 24h、48h 观察记录幼虫的死亡率。利用 Excel 进行数据统计，SPSS 进行数据分析统计，计算校正死亡率、LC_{50} 和毒力回归方程。

3.4.2 结果与分析

（1）紫穗槐果实对淡色库蚊的生物活性　测定不同有机溶剂紫穗槐果实提取物对淡色库蚊的生物活性，结果如表 3-8 所示。由表可以看出，乙醇提取物具有较高的杀虫活性。

表3-8　不同溶剂紫穗槐果实提取物对淡色库蚊的毒杀活性

溶剂	LC_{50} /（μg/mL）	95% 置信区间 /（μg/mL）	LC_{90} /（μg/mL）	95% 置信区间 /（μg/mL）	回归方程	R 值
石油醚	33.02	19.73 ～ 55.27	128.45	76.74 ～ 215.01	y=1.7008+2.1723x	0.995
乙酸乙酯	86.16	49.78 ～ 149.15	339.78	196.30 ～ 588.15	y=0.8375+2.1508x	0.995
氯仿	36.43	25.68 ～ 51.67	171.78	121.11 ～ 243.64	y=2.0287+1.9029x	0.999
丙酮	34.23	17.18-68.20	138.19	69.35 ～ 275.38	y=1.7558+2.1144x	0.992
乙醇	22.69	11.45-44.96	105.78	53.39 ～ 209.58	y=2.4009+1.9169x	0.979

（2）紫穗槐果实提取物对淡色库蚊毒杀活性的相对中位数强度分析　毒力相对中位数强度分析见表 3-9，由表可以看出乙醇提取物与其他溶剂提取物相比具有显著差异。

表3-9　不同溶剂紫穗槐果实提取物对淡色库蚊毒杀活性的相对中位数强度分析

处理	石油醚	乙酸乙酯	氯仿	丙酮
乙醇	0.681	—	—	—
氯仿	1.018	1.538	—	—
丙酮	1.050	1.587	1.032	—
乙酸乙酯	1.206	1.949	1.267	1.228

通过上述结果可知，乙醇可作为紫穗槐果实黄酮类化合物提取的优良

溶剂，也为紫穗槐果实黄酮类化合物防治淡色库蚊提供理论依据。

3.5　紫穗槐果实对小菜蛾的杀虫活性

本节以小菜蛾为研究对象，研究紫穗槐提取物的杀虫活性及拒食作用，为紫穗槐植物杀虫剂的进一步开发利用奠定基础。

3.5.1　材料与方法

（1）试验材料

① 紫穗槐。在沈阳农业大学校园采集新鲜的紫穗槐果实，室温下自然风干，用微型植物试样粉碎机粉碎，得植物干粉，密封于保鲜袋中保存备用。

② 供试昆虫。小菜蛾室内敏感品系，在室内条件下以萝卜苗为食物进行饲养。饲养条件：温度（25±1）℃，湿度 40% ～ 60%，光周期 14L：10D。

（2）试验方法

① 紫穗槐果实提取物对小菜蛾生物活性的测定。生物测定采用浸叶法。将所测定药液用 10% 丙酮 +0.1% Titon-X100 水溶液稀释成 6 个浓度，并以清水（含 10% 丙酮 +0.1% Titon-X100）作空白对照。取洁净的甘蓝叶片，剪成直径 6cm 的圆片，将叶片在药液中浸泡 20s 后取出自然风干，将晾干的叶片垫在直径 6cm 的培养皿中，并接入 2 龄中期试虫 6 头，每个浓度设置 6 次重复。药液处理 48h 后检查结果，以镊子轻触虫体不能正常爬行视为死亡。

② 紫穗槐果实提取物对小菜蛾拒食作用的测定。将所测定药液用 10% 丙酮 +0.1% Titon-X100 水溶液稀释成 6 个浓度，并以清水（含 10% 丙酮 + 0.1% Titon-X100）作空白对照。取新鲜甘蓝叶片，剪成 6cm 的圆片，以叶脉为界，叶脉一侧浸泡药液 20s，另一侧浸泡清水（含 10% 丙酮 +0.1% Titon-X100），待液体自然风干后，接入 6 头 2 龄中期幼虫，每个浓度设

置 6 次重复。24h 及 48h 后统计对照区和处理区小菜蛾幼虫的栖息数目，死亡和未在叶片上的蚜虫不进行统计，并计算栖息率和拒食率。

3.5.2 结果与分析

（1）紫穗槐果实石油醚提取物对小菜蛾的杀虫活性　由表 3-10 可知，紫穗槐果实石油醚提取物对小菜蛾 2 龄幼虫具有较高的胃毒活性，当浓度为 2.5mg/mL，处理 48h 即可达到 80% 死亡率，10mg/mL 处理 48h 死亡率为 100%。

表3-10　紫穗槐石油醚提取物对小菜蛾的胃毒活性

浓度 /（mg/mL）	试虫数 / 头	活虫数 / 头		48h 死亡率 /%
		24h	48h	
10	60	4	0	100.0
5	60	9	4	93.3
2.5	60	19	12	80.0
1.25	60	36	22	63.6
0.625	60	49	32	46.7
0.3125	60	58	46	23.3
对照	60	60	60	0

（2）紫穗槐乙酸乙酯提取物对小菜蛾的杀虫活性　由表 3-11 可知，紫穗槐果实乙酸乙酯提取物对小菜蛾 2 龄幼虫也具有较高的胃毒活性，当浓度为 2.5 mg/mL，处理 48h 即可达到 70% 死亡率，低于石油醚提取物，10mg/mL 处理 48h 死亡率为 100%。

表3-11　紫穗槐乙酸乙酯提取物对小菜蛾的胃毒活性

浓度 /（mg/mL）	试虫数 / 头	活虫数 / 头		48h 死亡率 /%
		24h	48h	
10	60	7	0	100.0
5	60	15	8	86.7
2.5	60	26	18	70.0
1.25	60	33	24	60.0
0.625	60	51	34	43.3
0.3125	60	57	48	20.0
对照	60	60	60	0

（3）紫穗槐乙醇提取物对小菜蛾的杀虫活性　由表 3-12 可知，紫穗槐果实乙醇提取物对小菜蛾 2 龄幼虫的胃毒活性相对较低，当浓度为 2.5mg/mL，处理 48h 时，死亡率仅为 53.3%，10mg/mL 处理 48h 死亡率仅为 83.3%。

表 3-12　紫穗槐乙醇提取物对小菜蛾的胃毒活性

浓度 /（mg/mL）	试虫数 / 头	活虫数 / 头		48h 死亡率 /%
		24h	48h	
10	60	11	10	83.3
5	60	31	20	66.7
2.5	60	46	28	53.3
1.25	60	36	42	30
0.625	60	59	56	6.7
对照	60	60	60	0

（4）紫穗槐提取物的胃毒活性　紫穗槐果实各溶剂提取物对小菜蛾 2 龄幼虫的胃毒活性测定结果见表 3-13。紫穗槐各提取物对小菜蛾 2 龄幼虫的胃毒活力：石油醚 > 乙酸乙酯 > 乙醇。石油醚提取物的 LC_{50} 为 0.768mg/mL，乙酸乙酯提取物 LC_{50} 为 0.928mg/mL，乙醇提取物 LC_{50} 为 2.738mg/mL。由此可知，乙醇提取物对小菜蛾 2 龄幼虫的胃毒活力最低。

表 3-13　紫穗槐提取物对小菜蛾的胃毒活力

提取物	LC_{50}（95% 置信区间）/（mg/mL）	斜率
石油醚提取物	0.768（5.466 ～ 10.098）	1.882±0.270
乙酸乙酯提取物	0.928（6.565 ～ 12.381）	1.705±0.246
乙醇提取物	2.738（20.596 ～ 36.671）	1.880±0.295

（5）紫穗槐提取物对小菜蛾的拒食活力　紫穗槐果实各提取物对小菜蛾 2 龄幼虫的拒食活性结果见表 3-14。不同浓度石油醚、乙酸乙酯、乙醇提取物对小菜蛾栖息率及拒食率无显著影响，且随浓度降低并无明显的趋势变化，最高的拒食率仅为 25%（乙酸乙酯 100mg/L，乙醇 100mg/L），三种提取物并无明显的拒食活性，不适宜作为拒食剂使用。

表3-14 不同萃取物对小菜蛾的拒食作用

萃取剂	浓度 /(mg/L)	处理区虫数 / 头	总虫数 / 头	栖息率 /%	拒食率 /%
石油醚	100	28	60	46.7	12.5
	50	26	60	43.3	18.75
	25	28	60	46.7	12.5
	12.5	34	60	56.7	–6.25
	6.25	30	60	50	6.25
	3.12	34	60	56.7	–6.25
乙酸乙酯	100	24	60	40	25
	50	33	60	55	–3.13
	25	24	60	40	25
	12.5	28	60	45.2	12.5
	6.25	26	60	43.3	18.75
	3.12	28	60	46.7	12.5
乙醇	100	24	60	40	25
	50	27	60	45	15.6
	25	31	60	51.7	3.13
	12.5	26	60	43.3	18.75
	6.25	28	60	46.7	12.5
对照	0	32	60		

3.5.3 小结

通过对不同溶剂提取物胃毒活性及拒食活性的测定，发现紫穗槐果实的石油醚及乙酸乙酯提取物具有较高的胃毒活性，但是乙醇提取物的胃毒活性较低。这说明紫穗槐果实的杀虫活性物质主要集中在石油醚和乙酸乙酯萃取部分。三种提取物对小菜蛾 2 龄幼虫均无良好的拒食活性，这不同于纪明山等紫穗槐果实提取物对麦二叉蚜的研究结果[22]（石油醚、乙酸乙酯、正丁醇萃取物对麦二叉蚜有很好的拒食效果，25mg /L 石油醚萃取物处理 24h 的拒食率可达到 96.67%），这可能是不同研究对象对于紫穗槐果实萃取物种的气味物质选择性差异造成的。

参考文献

[1] 梁亚萍 . 紫穗槐果实杀虫活性物质及其作用机理研究 [D]. 沈阳 : 沈阳农业大学 , 2015.

[2] Somleva T, Ognyanov I. New rotenoids in *Amorpha fruticosa* fruits [J]. Planta Medica, 1985, 51(3): 219-221.

[3] 徐汉虹 , 黄继光 . 鱼藤酮的研究进展 [J]. 西南农业大学学报 , 2001, 23(2): 140-143.

[4] 张庭英 , 曾东强 , 徐汉虹 , 等 .1.2% 鱼藤酮微乳剂的研制 [J]. 广西农业生物科学 , 2006, 25(2): 160-162.

[5] 张帅 , 曾鑫年 , 马莉敏 , 等 . 表鱼藤酮对映体杀虫作用机理的研究 [J]. 中国农业科学 , 2007, 40(12): 2747-2752.

[6] 李颖 , 王朱莹 . 鱼藤酮应用与分析的研究进展 [J]. 广西轻工业 , 2010(11): 9-10.

[7] 冯岗 , 张静 , 金启安 , 等 . 鱼藤酮对椰心叶甲的生物活性 [J]. 热带作物学报 , 2010, 31(4): 636-639.

[8] 姬小雪 , 乔康 , 刘麦丰 . 2.5% 鱼藤酮乳油防治甘蓝蚜虫田间药效试验 [J]. 生物灾害科学 , 2012, 35(4): 407-409.

[9] 钟作良 , 周国理 . 鱼藤酮对致倦库蚊幼虫生物活性的实验研究 [J]. 中国人兽共患病杂志 , 1997, 13(1): 60-62.

[10] 黄超培 , 赵鹏 . 鱼藤酮的神经毒性研究进展 [J]. 国外医学 (卫生学分册), 2005, 32(6): 361-365.

[11] 莫美华 , 黄彰欣 . 鱼藤酮及其混剂对蔬菜害虫的毒效研究 [J]. 华南农业大学学报 , 1994, 15(4): 58-62.

[12] 王镜岩 . 生物化学 [M]. 北京 : 高等教育出版社 , 2002: 129-131.

[13] 孙飞 , 周强军 , 孙吉 , 等 . 线粒体呼吸链膜蛋白复合体的结构 [J]. 生命科学 , 2008, 55(4): 566-578.

[14] 刘漫 . 线粒体呼吸链复合物Ⅱ的纯化和表征 [D]. 北京 : 首都师范大学 , 2009.

[15] 王书乐 , 成祥 , 陈国柱 , 等 . 肿瘤坏死因子 α 通过抑制线粒体呼吸链复合体Ⅲ诱导 L929-A 细胞发生 RIP1 激酶依赖性细胞凋亡 [J]. 军事医学 , 2017, 41(05): 346-351.

[16] 张帅 , 曾鑫年 , 骆悦 . 线粒体复合体Ⅰ呼吸抑制剂的研究 [J]. 植物保护 , 2004(06): 11-14.

[17] Brett C H. Insecticidal properties of the indigobush (*Amorpha fruticosa*) [J]. Journal of agricultural research, 1946, 73(3): 81-96.

[18] 赵善欢 , 黄彰欣 . 安全高效的鱼藤杀虫剂 [J]. 植物保护 , 1988, 14(1): 44-45.

[19] 车午男 , 李修伟 , 梁亚萍 , 等 . 紫穗槐果实萃取物对小菜蛾活性及毒理学初探 [J]. 河北农业大学学报 , 2018, 41(04): 18-21+49.

[20] Rózsa Z, Hohmann J, Szendreiet K, et al. Amoradin, amoradicin and amoradinin, three prenylflavanones from *Amorpha fruticosa*[J]. Phytochemistry, 1984, 23(8):1818-1819.

[21] 白志诚 , 石得玉 , 王升瑞 , 等 . 紫穗槐叶杀虫成分的研究 [J]. 延安大学学报 (自然科学版), 1990 (1): 1-5.

[22] 纪明山 , 刘畅 , 李修伟 , 等 . 紫穗槐果实杀蚜活性初探 [J]. 江苏农业科学 , 2011, 39(02): 208-210.

第4章

紫穗槐果实精油及主要活性成分分离鉴定

国内外关于紫穗槐果实精油化学成分的研究起步相对较晚。廖蓉苏等报道，气相色谱保留指数定性法和 GC-MS-DS 联用仪可以用于紫穗槐种皮挥发油的分析，并分离鉴定了 25 种化学成分，其中倍半萜类 77% 左右，单萜类 3% 左右 [1]。陈素文等采用石油醚法浸提紫穗槐果实，进而用 GC-MS 分离鉴定，获得 11 种精油成分，鉴定出 8 种化学成分，有 3 种未能鉴定 [2]。王笳等运用蒸馏法，结合 GC-MS 完成紫穗槐根、茎、叶精油的提取和分析，鉴定出 23 种成分，并且证实紫穗槐籽实中含油量较茎叶中高 [3]。Stoyanova 等采用 GC 和 GC-MS，从保加利亚紫穗槐果实中分离鉴定出 41 种化学成分，其中大部分为萜类，少量芳香醇类，并且发现具有生物活性的成分 [4]。白丽萍利用石油醚和乙酸乙酯提取，制备性 TLC、HPLC（高效液相色谱）等各种手段分离，从紫穗槐果实精油中分离得到 15 个单体化合物，鉴定了其中 12 个化合物结构，此次研究分离得到灰叶素，是首次从中国产的紫穗槐果实获得该成分，而且含量可观 [5]。姜泓采用石油和乙酸乙酯提取紫穗槐果实精油，运用高效制备液相色谱、凝胶柱色谱分离、薄层制备色谱等波谱学手段进行分离，GC-MS 分析鉴定，从紫穗槐果实中分离得到 30 种化学成分，鉴定出 26 种，证实其中 6*a*,12*a*-去氢 - 紫穗槐苷为新化合物，去氢色蒙酮为新的天然产物 [6]。梁亮等采用超临界 CO_2 萃取法，经 GC-MS 分析，从紫穗槐果实中获得 26 种精油成分，同时证实了超临界 CO_2 萃取法在萃取率、精油品质、溶剂残留、出料时间等方面均优于水蒸馏法 [7]。刘畅等采用常规水蒸气蒸馏法提取，GC-MS 分析，从紫穗槐果实中分离出 29 种挥发油成分，其中倍半萜占 70.38%，单萜占 25.16%[8]。

分析紫穗槐精油提取的相关研究发现：①数量上，随着对紫穗槐果实精油研究技术和手段的改进，分离获得的精油化学成分数量逐步增多，其中活性成分数量也随着递增。②成分上，从目前研究可以看出，紫穗槐果实精油的化学成分基本已经鉴定，精油成分中含量相对较高的是萜类，包括倍半萜、单萜，其次是醇类，黄酮类、酯、酸、醛及酚类相较少。③方法上，迄今为止，关于紫穗槐精油提取的方法有水蒸气法、石油醚法、乙酸乙酯法、超临界 CO_2 萃取法以及波谱学手段，其他方法未见相关报道。

紫穗槐精油化学成分的定量和定性分析及鉴定常采用GC-MS，其他方法罕见报道[9]。

为了更全面地了解紫穗槐果实的化学成分，本章对紫穗槐果实精油成分及主要杀虫活性成分展开研究。采用水蒸气、石油醚、二氯乙烷和正己烷四种不同介质提取紫穗槐果实精油，采用GC-MS对精油化学成分进行分析与鉴定；采用生物测定测试了不同介质提取获得的精油对苹果黄蚜（*Aphis citricola* Van der Goot）和淡色库蚊（*Culex pipiens pallens*）幼虫的毒杀活性。

依据紫穗槐果实不同溶剂提取物的生物活性测定及统计分析确定合适提取溶剂，然后采用生物活性追踪，综合应用硅胶柱色谱分离、高压液相制备等现代分离技术对紫穗槐果实杀虫活性成分进行分离；运用红外光谱、紫外光谱、核磁共振氢谱以及质谱对紫穗槐果实提取物分离到的杀虫活性成分进行结构鉴定，并测定其对苹果黄蚜（*Aphis citricola*）、小菜蛾（*Plutella xylostella*）、菜青虫（*Pieris rapae*）、淡色库蚊（*Culex pipiens pallens*）等害虫及非靶标生物溪流摇蚊（*Chironomus riparius*）的毒杀活性，以期为紫穗槐资源的开发应用提供理论基础[10]。

4.1 紫穗槐果实精油成分分离鉴定

4.1.1 材料与方法

（1）供试材料

① 供试植物。紫穗槐采自沈阳农业大学校园附近，样品采于2012年8月至2013年10月紫穗槐结实期。样品室温下自然风干，用微型植物试样粉碎机粉碎，得植物干粉，密封于保鲜袋中保存备用。10g成熟果实约1000粒，具有芳香气味，经粉碎后香气更浓，香气持久，干燥果实可保持一年香气不变。

② 主要试剂。石油醚、三氯甲烷、二氯乙烷、乙酸乙酯、甲醇、丙酮、无水乙醇、乙醚、硅胶、KBr粉末、吐温80等。

③ 主要仪器。安捷伦 7890A-5970C 气质联用仪、DB-5MS 毛细管柱（60m×0.32mm，0.25μm）、岛津 LC-2010A HT 高压液相色谱仪、日立 L-2000 高压液相制备系统、Waters micromass ZQ4000 质谱仪、SHB-B95A 型循环水式多用真空泵等。

（2）试验方法

① 紫穗槐果实精油提取。将采集的样品清理、粉碎，称取 150g 放入 1000mL 烧瓶内，加水 500mL，以淹没样品。接通冷凝器、精油采集器、油水分离器各系统，然后在电炉上常压直接加热蒸馏约半小时后，精油开始流出。维持沸腾 5 ～ 7h，停止蒸馏。

将紫穗槐果实干粉样品 1000g 用石油醚、二氯乙烷、正己烷浸泡 24h 后旋转蒸发浓缩至干，得到有机溶剂挥发油。

② GC-MS 法测定紫穗槐果实精油化学成分。取挥发油 1mL，置 10mL 容量瓶中用乙醚稀释至刻度，取 1μL 做 GC 分析，以 GC-MS 定性，用面积归一化法定量。

载气：He，进样量：1.0μL，不分流，进样口温度：280℃，程序升温：40℃保持 5min，2℃ /min 升温至 250℃，保持 10.0min，5℃ /min 升温至 280℃，保持 15.0min，总共运行时间为 141.0min，溶剂延迟 8.5min。

质谱仪采用全扫描模式，扫描参数：离子源温度 230℃，四级杆温度 150℃，传输线温度 280℃，谱库为 wiely7 和 NIST 数据库。

4.1.2　结果与分析

（1）紫穗槐果实精油的提取　最终 2100g 紫穗槐水蒸气提取精油获得 5.8mL，馏出液澄清透明；2100g 紫穗槐石油醚提取得 12.0mL，且提取的精油呈深黄色，香气属温和的辛香型，籽实的出油率可达 0.27%；2100g 紫穗槐二氯乙烷提取精油获得 7.5mL；2100g 紫穗槐正己烷提取精油获得 9.2mL。

通过水蒸气、石油醚、二氯甲烷和正己烷浸提紫穗槐果实精油，结果表明：石油醚提取的精油量相对较多，正己烷次之，水蒸气最少。石油醚提取的精油呈深黄色，香气属温和的辛香型，其他 3 种精油颜色淡甚至透明，紫穗槐果实的精油主要是由高温条件下易挥发的小分子组成，色素成分含量少，因此颜色比较浅。精油提取过程中发现，蒸馏中先加热水，蒸馏效果更佳，蒸馏时间为 6 ～ 8h 时，精油出油率会高。

（2）GC-MS 分析精油成分

① 紫穗槐果实水蒸气精油总离子流图及化学成分鉴定。水蒸气法提取紫穗槐果实精油总离子流图见图 4-1，获得的 84 种主要化学成分见表 4-1，分别如下：2,3,4- 三甲基 -2- 戊烯、左旋 -*α*- 蒎烯、*β*- 蒎烯、*β*- 月桂烯、*α*- 水芹烯、*α*- 萜品烯、*β*- 水芹烯、顺式 - 罗勒烯、反式 - 罗勒烯、2,6- 二甲基 -2,4,6- 辛三烯、芳樟醇、香叶烯、异喇叭烯、愈创木烯、*α*- 古芸烯、石竹烯、*γ*- 雪松烯、*α*- 法尼烯、*α*- 衣兰烯、双环倍半水芹烯、香橙烯、桉叶醇、4,8- 二羟基喹啉 -2- 甲酸、棕榈酸甲酯、愈创蓝油烃、*β*- 花柏烯、双环大牻牛儿烯、*β*- 芹子烯、*γ*- 荜澄茄烯、*δ*- 新丁香三环烯、双环榄香烯、衣兰烯、selin-4,7(11)-diene、长叶烯、愈创木二烯、异胡薄荷醇、异蒲勒醇、naphthalene，1,2,3,4,4*a*,7-hexahydro-1,6-dimethyl-4-(1-methylethyl)、桉油烯醇、十九烷、1,9- 马兜铃二烯、十九烷、癸醛、罗丹宁 -3- 丙酸等，其中含量较高的 3-longibornene、(2-methylcyclopent-

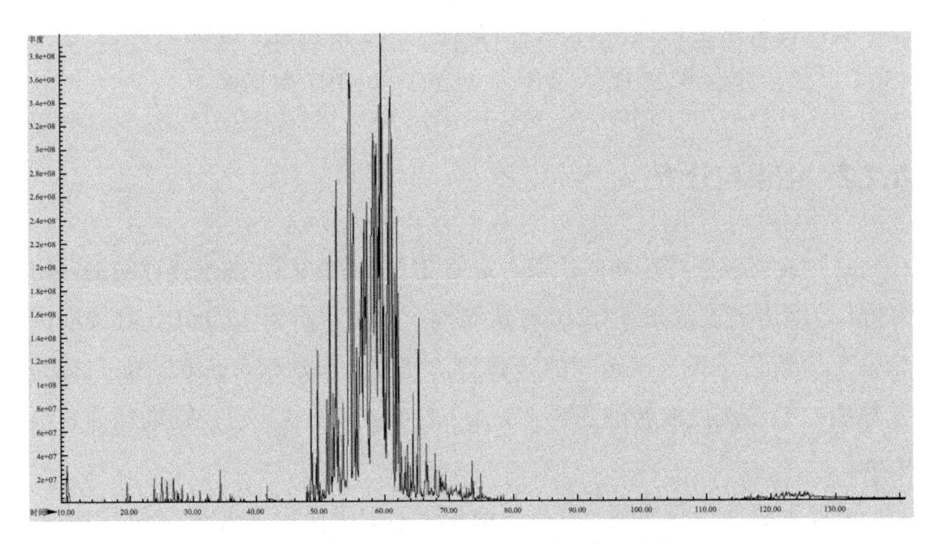

图 4-1　水蒸气提取紫穗槐精油总离子流图

表4-1　水蒸气提取紫穗槐果实精油的化学成分

峰号	保留时间 /min	分子量	分子式	化合物名称	含量 /%
1	9.907	112.125	C_8H_{16}	2,3,4-trimethyl-2-pentene（2,3,4- 三甲基 -2- 戊烯）	0.6748
2	19.489	136.125	$C_{10}H_{16}$	(1*S*)-(–)-*α*-pinene（左旋 -*α*- 蒎烯）	0.2192
3	22.768	136.125	$C_{10}H_{16}$	*β*-pinene（*β*- 蒎烯）	0.0429
4	23.835	136.125	$C_{10}H_{16}$	*β*-myrcene（*β*- 月桂烯）	0.2135
5	25.016	136.125	$C_{10}H_{16}$	*α*-phellandrene（*α*- 水芹烯）	0.2056
6	25.827	136.125	$C_{10}H_{16}$	*α*-terpinene（*α*- 萜品烯）	0.1775
7	26.85	136.125	$C_{10}H_{16}$	*β*-phellandrene（*β*- 水芹烯）	0.3066
8	27.379	136.125	$C_{10}H_{16}$	*cis*-ocimene（顺式 - 罗勒烯）	0.0886
9	28.181	136.125	$C_{10}H_{16}$	*trans*-*β*-ocimene（反式 - 罗勒烯）	0.1452
10	29.001	136.125	$C_{10}H_{16}$	*γ*-terpinene（*γ*- 萜品烯）	0.0835
11	31.037	136.125	$C_{10}H_{16}$	terpinolene（萜品油烯）	0.0861
12	32.28	154.136	$C_{10}H_{18}O$	linalool（芳樟醇）	0.0481
13	34.316	136.125	$C_{10}H_{16}$	alloocimene(2,6- 二甲基 -2,4,6- 辛三烯)	0.2271
14	35.832	154.136	$C_{10}H_{18}O$	isopulegol（异胡薄荷醇）	0.0630
15	36.141	154.136	$C_{10}H_{18}O$	citronellal（香茅醛）	0.0526
16	36.538	154.136	$C_{10}H_{18}O$	cyclohexanol，5-methyl-2-(1-methylethenyl)-（异蒲勒醇）	0.0271
17	39.306	154.136	$C_{10}H_{18}O$	*α*-terpineol（*α*- 松油醇）	0.0165
18	40.117	156.151	$C_{10}H_{20}O$	decanal（癸醛）	0.0128
19	41.624	156.151	$C_{10}H_{20}O$	*β*-citronellol（香茅醇）	0.2216
20	47.971	204.188	$C_{15}H_{24}$	bicycloelemene（双环榄香烯）	0.1033
21	48.288	204.188	$C_{15}H_{24}$	germacrene B（香叶烯）	0.1295
22	48.703	204.188	$C_{15}H_{24}$	bicycloelemene（双环榄香烯）	0.8785
23	48.906	204.188	$C_{15}H_{24}$	*δ*-elemene（*δ*- 榄香烯）	0.3483
24	49.725	204.188	$C_{15}H_{24}$	*α*-copaene（*α*- 蒎烯）	1.0373
25	50.166	204.188	$C_{15}H_{24}$	aciphyllene（愈创木烯）	0.0458
26	50.757	204.188	$C_{15}H_{24}$	(+)-1(10)-aristolene（马兜铃烯）	0.0924
27	51.18	204.188	$C_{15}H_{24}$	ylangene（衣兰烯）	1.0078
28	51.409	204.188	$C_{15}H_{24}$	*β*-patchoulene（*β*- 广藿香烯）	0.0562
29	51.7	204.188	$C_{15}H_{24}$	*α*-ylangene（*α*- 衣兰烯）	2.5637
30	52.132	204.188	$C_{15}H_{24}$	germacrene D（香叶烯）	1.1246
31	52.405	204.188	$C_{15}H_{24}$	isoledene（异喇叭烯）	0.8299
32	52.678	204.188	$C_{15}H_{24}$	*β*-chamigrene（*β*- 花柏烯）	3.6724

续表

峰号	保留时间 /min	分子量	分子式	化合物名称	含量 /%
33	52.881	204.188	$C_{15}H_{24}$	*α*-cubebene（*α*- 荜澄茄油烯）	0.7116
34	53.234	204.188	$C_{15}H_{24}$	neoclovene（新丁香三环烯）	0.0659
35	54.204	204.188	$C_{15}H_{24}$	valencene（巴伦西亚橘烯）	0.1740
36	54.706	204.188	$C_{15}H_{24}$	longifolene-(V4)（长叶烯）	**8.0040**
37	54.777	204.188	$C_{15}H_{24}$	caryophyllene（石竹烯）	1.7556
38	54.918	204.188	$C_{15}H_{24}$	*β*-gurjunene（*β*- 古芸烯）	0.0989
39	55.429	204.188	$C_{15}H_{24}$	*δ*-neoclovene（*δ*- 新丁香三环烯）	2.3201
40	55.226	204.188	$C_{15}H_{24}$	germacrene D（香叶烯）	0.7364
41	55.729	204.188	$C_{15}H_{24}$	*H*-cycloprop[e]azulene，decahydro-1,1,7-trimethyl-4-methylene-，[1*aR*-(1*aα*, 4*aα*, 7*α*, 7*aβ*, 7*bα*)]-	1.1563
42	55.852	204.188	$C_{15}H_{24}$	4*β*H,5*α*-eremophila-1(10),11-diene	0.1832
43	56.363	204.188	$C_{15}H_{24}$	(+)-*epi*-bicyclosesquiphellandrene（表双环倍半水芹烯）	3.5573
44	57.597	204.188	$C_{15}H_{24}$	1,6-cyclodecadiene，1-methyl-5-methylene-8-(1-methylethyl)-，[s-(*E*，*E*)]-	0.4868
45	58.347	204.188		3-longibornene	**9.8024**
46	58.444	204.188	$C_{15}H_{24}$	bicyclogermacrene（双环大牻牛儿烯）	1.6003
47	58.673	204.188	$C_{15}H_{24}$	*α*-gurjunene（*α*- 古芸烯）	3.5831
48	58.796	204.188	$C_{15}H_{24}$	longifolene-(V4)（长叶烯）	3.1849
49	59.017	204.188	$C_{15}H_{24}$	6,10,11,11-tetramethyl-tricyclo[5.3.0.1(2,3)]undec-1(7)ene	1.8633
50	59.122	204.188	$C_{15}H_{24}$	*β*-selinene（*β*- 芹子烯）	2.0196
51	59.308	204.188	$C_{15}H_{24}$	(+)-aromadendrene[(+)- 香橙烯]	4.7944
52	59.563	204.188		naphthalene, decahydro-1,1,4*a*-trimethyl-5,6-*bis*(methylene)-,(4*aS*-*trans*)-	**5.8091**
53	59.889	204.188	$C_{15}H_{24}$	1(5),6-guaiadiene（愈创木二烯）	1.5420
54	60.136	204.188	$C_{15}H_{24}$	*α*-farnesene（*α*- 法尼烯）	1.1930
55	60.665	204.188		*γ*-himachalene（*γ*- 雪松烯）	**6.3527**
56	60.947	204.151		(2-methylcyclopent-1-enyl)(4,4-dimethyl-3-oxocyclopent-1-enyl)methane	**8.7331**
57	61.221	204.188		selin-4,7(11)-diene	2.6606
58	61.705	204.188	$C_{15}H_{24}$	naphthalene，1,2,3,4,4*a*，7- hexahydro-1,6-dimethyl-4-(1-methylethyl)-	2.2144
59	61.935	204.188	$C_{15}H_{24}$	*γ*-cadinene（*γ*- 荜澄茄烯）	2.3095
60	62.481	222.198		(–)-elemol（榄香醇）	0.4579

续表

峰号	保留时间 /min	分子量	分子式	化合物名称	含量 /%
61	63.001	202.172	$C_{15}H_{26}O$	1,2,3,4-tetrahydro-1,1,4,4,6-pentamethylnaphthalene	0.2221
62	63.539	204.188	$C_{15}H_{24}$	tricyclo[4.4.0.0(2,7)]dec-3-ene,1,3-dimethyl-8-(1-methylethyl)-,stereoisomer	0.3857
63	63.927	138.104		2-butyl-2-cyclopenten-1-one	0.2465
64	64.077	220.183	$C_{15}H_{24}O$	spathulenol（桉油烯醇）	0.1939
65	64.394	220.183		5,6-epoxy-4,11,11-trimethyl-8-methylidenebicyclo[7.2.0]undecxane	0.7449
66	64.526	204.188	$C_{15}H_{24}$	eremophilene (7CI)（佛术烯）	0.2074
67	66.333	200.084		3-acetyl-2-methyl-4-phenylfuran	0.1845
68	66.66	202.172	$C_{15}H_{22}$	1,9-aristoladiene（1,9- 马兜铃二烯）	0.2448
69	66.871	204.188	$C_{15}H_{24}$	alloaromadendrene（香树烯）	0.1568
70	67.224	222.198	$C_{15}H_{26}O$	2-naphthalenemethanol,1,2,3,4,4*a*,5,6,7-octahydro-*α*,*α*,4*a*,8-tetramethyl-,(2*R*-*cis*)-	0.2662
71	67.515	204.188	$C_{15}H_{24}$	*β*-guaiene（*β*- 愈创木烯）	0.0733
72	67.779	204.188		bicyclo[4.4.0]dec-1-ene，2-isopropyl-5-methyl-9-methylene-	0.5139
73	68.317	204.188	$C_{15}H_{24}$	guaia-1(5)，7(11)-diene	0.0371
74	68.528	222.198	$C_{15}H_{26}O$	*α*-eudesmol（桉叶醇）	0.2990
75	68.722	164.157	$C_{12}H_{20}$	1,3-cyclododecadiene，(*E*,*Z*)-	0.1747
76	69.428	198.141		naphthalene，1,6-dimethyl-4-(1-methylethyl)-	0.3274
77	70.274	210.235	$C_{15}H_{30}$	1-pentadecene（十五烯）	0.2297
78	70.679	205.038	$C_{10}H_7NO_4$	xanthurenic acid（4,8- 二羟基喹啉 -2-甲酸）	0.1959
79	73.491	203.058		1,4,5,8-tetrahydro-4A,8-halenedicarboximide	0.4349
80	74.849	198.141	$C_{15}H_{18}$	azulene,1,4-dimethyl-7-(1-methylethyl)-（愈创蓝油烃）	0.1745
81	81.434	268.313	$C_{19}H_{40}$	nonadecane（十九烷）	0.0159
82	81.91	276.079		1,2,3,4-tetrahydrobenz[a]anthracene-4,7,12-trione	0.0301
83	82.703	270.256	$C_{17}H_{34}O_2$	methyl palmitate（棕榈酸甲酯）	0.0169
84	116.166	204.987	$C_6H_7NO_3S_2$	*N*-carboxyethylrhodanine（罗丹宁 -3- 丙酸）	0.7330

1-enyl)(4,4-dimethyl-3-oxocyclopent-1-enyl)methane、长叶烯、*γ*-雪松烯、naphthalene, decahydro-1,1,4*a*-trimethyl-5,6-bis(methylene)-,(4*aS*-*trans*)-，含量分别为9.8024%、8.7331%、8.0040%、6.3527%、5.8091%。

② 紫穗槐果实石油醚精油总离子流图及化学成分鉴定。紫穗槐石油醚提取精油总离子流见图4-2，获得112种主要化学成分见表4-2，分别如下：3-甲基庚烷、顺-1,3-二甲基环己烷、苯乙烯、左旋-*α*-蒎烯、*α*-萜品烯、巴伦西亚橘烯、反式-石竹烯、胆甾二烯、双环榄香烯、*β*-荜澄茄油萜、异喇叭烯、*g*-蛇床烯、*α*-杜松烯、*α*-紫穗槐烯、衣兰烯、去氢白菖烯、*α*-古芸烯、十七酸甲酯、月桂烯、4-异丙基甲苯、*β*-罗勒烯、油酸甲酯、双戊烯、十四酸甲酯、白菖油萜、反式-*γ*-红没药稀、鱼藤醇酮、愈创蓝油烃、马兜铃烯、*β*-芹子烯、硬脂酸甲酯等。其中含量较高的亚油酸甲酯、愈创木二烯、*α*-紫穗槐烯、*γ*-依兰油烯、*α*-古芸烯，含量分别为8.3532%、5.9467%、4.4190%、4.1444%、4.1153%。

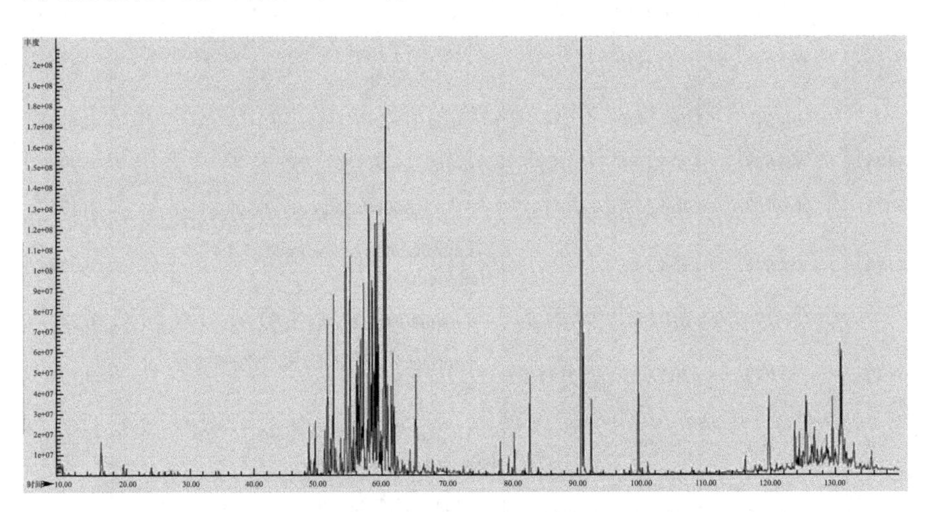

图4-2 石油醚提取紫穗槐精油总离子流图

表4-2 石油醚提取紫穗槐果实精油的化学成分

峰号	保留时间/min	分子量	分子式	化合物名称	含量/%
1	9.607	114.141	C_8H_{18}	3-methylheptane（3-甲基庚烷）	0.2648
2	9.907	112.125	C_8H_{16}	cyclohexane，1,3-dimethyl-，*cis*-（顺-1,3-二甲基环己烷）	0.3245

续表

峰号	保留时间 /min	分子量	分子式	化合物名称	含量 /%
3	10.956	114.141	C_8H_{18}	octane（辛烷）	0.0941
4	16.069	124.125	C_9H_{16}	geraniol（香叶醇）	0.8852
5	16.562	104.063	C_8H_8	styrol（苯乙烯）	0.1336
6	19.507	136.125	$C_{10}H_{16}$	(1*S*)-(−)-*α*-pinene（左旋 -*α*- 蒎烯）	0.2304
7	23.844	136.125	$C_{10}H_{16}$	*β*-myrcene（*β*- 月桂烯）	0.1911
8	25.016	136.125	$C_{10}H_{16}$	l-phellandrene（*α*- 水芹烯）	0.0708
9	25.845	136.125	$C_{10}H_{16}$	*α*-terpinene（*α*- 萜品烯）	0.0593
10	26.788	136.125	$C_{10}H_{16}$	dl-limonene（双戊烯）	0.0546
11	26.85	136.125	$C_{10}H_{16}$	*β*-phellandrene（*β*- 水芹烯）	0.1087
12	28.207	136.125	$C_{10}H_{16}$	*β*-ocimene（*β*- 罗勒烯）	0.0730
13	34.343	136.125	$C_{10}H_{16}$	alloocimene（2,6- 二甲基 -2,4,6- 辛三烯）	0.1150
14	47.954	204.188	$C_{15}H_{24}$	bicycloelemene（双环榄香烯）	0.5718
15	48.861	204.188	$C_{15}H_{24}$	*δ*-elemene（*δ*- 榄香烯）	0.1808
16	49.655	204.188	$C_{15}H_{24}$	1*H*-cyclopenta[1,3]cyclopropa[1,2]benzene，3*a*,3*b*,4,5,6,7-hexahydro-3,7-dimethyl-4-(1-methylethyl)-，[3*aS*-(3*aα*,3*bβ*,4*β*,7*α*,7*aS**)-(−)-	0.5846
17	51.101	204.188	$C_{15}H_{24}$	ylangene（衣兰烯）	0.5365
18	51.559	204.188	$C_{15}H_{24}$	*α*-cubebene（*α*- 荜澄茄油烯）	1.7310
19	52.344	204.188	$C_{15}H_{24}$	1*H*-cyclopenta[1,3]cyclopropa[1,2]benzene,2,3,3*aα*,3*bα*	0.7759
20	52.485	204.188	$C_{15}H_{24}$	*β*-elemene（*β*- 榄香烯）	2.1355
21	52.758	204.188	$C_{15}H_{24}$	1*H*-cyclopenta[1,3]cyclopropa[1,2]benzene，3*aα*	0.3093
22	53.384	204.188	$C_{15}H_{24}$	valencene（巴伦西亚橘烯）	0.1236
23	53.798	204.188	$C_{15}H_{24}$	(+)-aromadendrene[(+)- 香橙烯]	0.2253
24	54.115	204.188	$C_{15}H_{24}$	*α*-cedrene（*α*- 柏木烯）	0.0859
25	54.371	204.188	$C_{15}H_{24}$	*α*-amorphene（*α*- 紫穗槐烯）	**4.4190**
26	54.45	204.188	$C_{15}H_{24}$	*trans*-caryophyllene（反式 - 石竹烯）	2.2632
27	54.671	204.188	$C_{15}H_{24}$	*β*-chamigrene（*β*- 花柏烯）	0.1261
28	54.829	204.188	$C_{15}H_{24}$	*β*-guaiene（*β*- 愈创木烯）	0.1068
29	55.05	204.188	$C_{15}H_{24}$	*β*-cubebene（*β*- 荜澄茄油烯）	3.0372
30	55.279	204.188	$C_{15}H_{24}$	germacrene D（香叶烯）	0.4777
31	55.535	204.188	$C_{15}H_{24}$	1*H*-cycloprop[e]azulene，decahydro-1,1,7-trimethyl-4-methylene-，[1*aR*-(1*aα*,4*aα*,7*α*,7*aα*,7*bα*)]-	0.5901

续表

峰号	保留时间 /min	分子量	分子式	化合物名称	含量 /%
32	55.737	204.188	$C_{15}H_{24}$	aristolene（马兜铃烯）	0.1251
33	55.914	204.188	$C_{15}H_{24}$	germacrene D（香叶烯）	0.3543
34	56.037	204.188	$C_{15}H_{24}$	*δ*-cadinene（*δ*- 荜澄茄烯）	2.9690
35	56.346	204.188	$C_{15}H_{24}$	naphthalene,1,2,3,5,6,8*a*-hexahydro-4,7-dimethyl-1-(1-methylethyl)-，(1*S*-*cis*)-	0.7165
36	56.645	204.188	$C_{15}H_{24}$	*α*-caryophyllene（*α*- 石竹烯）	2.3005
37	56.883	204.188	$C_{15}H_{24}$	1*H*-cycloprop[e]azulene,1*aβ*,2,3,4,4*aα*,5,6,7*bβ*-octahydro-1,1,4*β*,7-tetramethyl-	1.0734
38	57.077	204.188	$C_{15}H_{24}$	isoledene（异喇叭烯）	2.7008
39	57.28	202.172	$C_{15}H_{22}$	calamenene（去氢白菖烯）	0.2622
40	57.43	204.188	$C_{15}H_{24}$	1*H*-cyclopenta[1,3]cyclopropa[1,2]benzene，octahydro-7-methyl-3-methylene-4-(1-methylethyl)-，[3*aS*-(3*aα*,3*bβ*.,4*β*,7*α*,7*aS**)]-	0.1779
41	57.668	204.188	$C_{15}H_{24}$	(1*R*)-1,2,4,5-tetrahydro-1,4-dimethyl-7-(1-methylethyl)-3*H*，6*H*-azulene	0.8816
42	57.932	204.188	$C_{15}H_{24}$	*γ*-muurolene（*γ*- 依兰油烯）	**4.1444**
43	58.25	204.188	$C_{15}H_{24}$	1*H*-cyclopenta[1,3]cyclopropa[1,2]benzene，2,3,3*aα*，3*bα*	2.1468
44	58.435	204.188	$C_{15}H_{24}$	*γ*-selinene（*γ*- 芹子烯）	2.6836
45	58.743	204.188	$C_{15}H_{24}$	*β*-selinene（*β*- 芹子烯）	1.5814
46	58.929	204.188		cadina-1,4-diene	3.7576
47	59.175	204.188	$C_{15}H_{24}$	*α*-gurjunene（*α*- 古芸烯）	**4.1153**
48	59.343	204.188	$C_{15}H_{24}$	naphthalene,1,2,4*a*,5,6,8*a*-hexahydro-4，7-dimethyl-1-(1-methylethyl)-，(1*α*,4*aα*,8*aα*)-	1.6665
49	59.572	204.188	$C_{15}H_{24}$	*δ*-cadinene（*δ*- 荜澄茄烯）	0.6432
50	59.942	204.188	$C_{15}H_{24}$	*β*-bisabolene（*β*- 红没药烯）	0.3049
51	60.083	204.188	$C_{15}H_{24}$	copaene（*α*- 蒎烯）	0.4977
52	60.26	204.188	$C_{15}H_{24}$	*γ*-cadinene（*γ*- 荜澄茄烯）	3.6085
53	60.603	204.188	$C_{15}H_{24}$	1(5),6-guaiadiene（愈创木二烯）	**5.9467**
54	60.815	204.188	$C_{15}H_{24}$	epizonarene	1.6663
55	61.027	204.188	$C_{15}H_{24}$	*trans*-*γ*-bisabolene（反式 -*γ*- 红没药烯）	0.1633
56	61.362	204.188	$C_{15}H_{24}$	naphthalene,1,2,3,4,4*a*,7-hexahydro-1，6-dimethyl-4-(1-methylethyl)-	1.0725
57	61.608	204.188	$C_{15}H_{24}$	*α*-cadinene（*α*- 荜澄茄烯）	1.3798
58	62.331	222.198	$C_{15}H_{26}O$	(–)-elemol（榄香醇）	0.4110

续表

峰号	保留时间 /min	分子量	分子式	化合物名称	含量 /%
59	63.054	188.046		ethanol,2-(5-amino-6-chloropyrimidin-4-ylamino)-	0.2452
60	63.407	220.183		1,5-epoxysalvial-4(14)-ene	0.1831
61	63.971	220.183	$C_{15}H_{24}O$	(−)-spathulenol（桉油烯醇）	0.0871
62	64.861	220.183		salvial-4(14)-en-1-one	0.1443
63	65.478	220.183	$C_{15}H_{24}O$	oplopenone	0.0947
64	65.752	204.188	$C_{15}H_{24}$	eremophilene（佛术烯）	0.0653
65	66.087	202.172	$C_{15}H_{22}$	cadina-1(10),6,8-triene	0.0744
66	66.228	200.157		9-methyl-*S*-octahydrophenanathracene	0.1179
67	66.342	202.172	$C_{15}H_{22}$	l-calamenene（去氢白菖烯）	0.1868
68	67.021	150.104		3,5-heptadienal,2-ethylidene-6-methyl-	0.1679
69	67.488	204.188	$C_{15}H_{24}$	valencene（巴伦西亚橘烯）	0.0538
70	67.7	204.188		bicyclo[4.4.0]dec-1-ene,2-isopropyl-5-methyl-9-methylene-	0.2961
71	68.802	204.188	$C_{15}H_{24}$	*β*-selinene（*β*- 芹子烯）	0.1126
72	69.366	198.141	$C_{15}H_{18}$	cadalin（4- 异丙 -1,6- 二甲萘）	0.1892
73	69.78	238.266		3-heptadecene，(*Z*)-	0.1068
74	70.089	204.188	$C_{15}H_{24}$	(+)-1(10)-Aristolene（马兜铃烯）	0.0807
75	70.256	210.235	$C_{15}H_{30}$	1-pentadecene（十五烯）	0.1167
76	71.014	240.282	$C_{17}H_{36}$	heptadecane（十七烷）	0.3097
77	72.451	196.219		1-heptene,2-isohexyl-6-methyl-	0.1094
78	72.98	204.188	$C_{15}H_{24}$	naphthalene,1,2,3,4,4*a*,5,6,8*a*-octahydro-7-methyl-4-methylene-1-(1-methylethyl)-，(1*α*，4*aβ*,8*aα*)-	0.0722
79	74.823	198.141		guaiazulene（愈创蓝油烃）	0.0576
80	78.155	278.297	$C_{20}H_{38}$	neophytadiene（新植二烯）	0.5296
81	80.314	296.308	$C_{20}H_{40}O$	3,7,11,15-tetramethyl-2-hexadecen-1-ol	0.4798
82	81.531	268.24	$C_{18}H_{38}O_4SNa$	9-hexadecenoic acid，methyl ester，(*Z*)-（十六烯酸甲酯）	0.0841
83	81.857	272.25	$C_{20}H_{32}$	(*E*,*E*)-7,11,15-trimethyl-3-methylene-hexadeca-1，6，10，14-tetraene	0.0693
84	82.651	270.256	$C_{17}H_{34}O_2$	methyl palmitate（棕榈酸甲酯）	1.1903
85	83.955	278.152	$C_{16}H_{22}O_4$	dibutyl phthalate（邻苯二甲酸二丁酯）	0.1549
86	90.628	294.256	$C_{19}H_{34}O_2$	methyl linoleate（亚油酸甲酯）	**8.3532**

续表

峰号	保留时间 /min	分子量	分子式	化合物名称	含量 /%
87	90.858	296.272	$C_{19}H_{36}O_2$	methyl oleate（油酸甲酯）	1.9340
88	92.083	298.287	$C_{19}H_{38}O_2$	methyl stearate（硬脂酸甲酯）	0.8589
89	97.108	280.24	$C_{18}H_{32}O_2$	methyl-9,12-heptadecadienoate（十七碳二烯酸甲酯）	0.0566
90	99.285	296.105		14*β*-3-methoxy-6-oxaestra-1,3,5(10),8,15-pentaen-7,17-dione	1.9439
91	99.567	324.303	$C_{21}H_{40}O_2$	11-eicosenoic acid, methyl ester（顺式 -11-二十碳烯酸甲酯）	0.0926
92	100.722	326.318	$C_{21}H_{42}O_2$	eicosanoic acid, methyl ester（二十酸甲酯）	0.1428
93	104.424	354.277	$C_{21}H_{38}O_4$	*β*-monolinolein（亚油酸甘油酯）	0.0536
94	107.633	352.407	$C_{25}H_{52}$	pentacosane（二十五烷）	0.0761
95	111.477	282.329	$C_{20}H_{42}$	eicosane（二十烷）	0.0505
96	115.955	380.438	$C_{27}H_{56}$	heptacosane（二十七烷）	0.2973
97	117.55	296.344	$C_{21}H_{44}$	heneicosane（二十一烷）	0.2012
98	121.103	308.344	$C_{22}H_{44}$	1-docosene（1- 二十二烯）	0.0667
99	123.571	408.376		*α*-neoursa-3(5),12-diene	0.7559
100	124.065	368.344	$C_{27}H_{44}$	cholestadiene（胆甾二烯）	0.2193
101	125.334	408.47	$C_{29}H_{60}$	nonacosane（二十九烷）	0.9587
102	125.898	221.051		3-phenylthiomethyl-5-hydroxymethylisoxazole	0.4468
103	126.612	408.121		aglycone, hemiacetal, carboxylic acid derivative of ravidomycin	0.7132
104	127.071	394.454	$C_{28}H_{58}$	octacosane（二十八烷）	0.4364
105	127.688	408.121		aglycone, hemiacetal, carboxylic acid derivative of ravidomycin	0.8760
106	128.508	394.36		stigmastan-3,5,22-trien	0.5814
107	128.631	408.376		A:D-neooleana-12,14-diene，(3.xi.,5*α*)-	0.7583
108	129.724	410.137	$C_{23}H_{22}O_6$	rotenalone（鱼藤醇酮）	0.2757
109	130.482	396.136		2,8-diisopropyl-peri-xanthenoxanthene-4,10-quinone	0.7958
110	130.712	456.397		25-epiaplysterylacetate-2	2.3868
111	130.906	274.23		androstan-4-one，(5*β*)-	2.0638
112	132.131	296.344	$C_{21}H_{44}$	heneicosane（二十一烷）	0.2182

③ 紫穗槐果实二氯乙烷精油总离子流图及化学成分鉴定。紫穗槐二

氯乙烷提取精油总离子流见图 4-3，获得 75 种主要化学成分见表 4-3，分别如下：丙酸香叶酯、左旋-α-蒎烯、β-月桂烯、β-水芹烯、δ-榄香烯、α-荜澄茄油烯、衣兰烯、α-古巴烯、β-波旁烯、β-荜澄茄油烯、β-榄香烯、α-古芸烯、β-古芸烯、反式-β-石竹烯、δ-荜澄茄烯、香橙烯、γ-荜澄茄烯、马兜铃烯、反式-β-法尼烯、表双环倍半水芹烯、去氢白菖烯、γ-依兰油烯、新植二烯、γ-芹子烯、α-衣兰油烯、α-法尼烯、β-芹子烯、四甲基环癸二烯甲醇、亚油酸甲酯、二十八烷等。其中含量较高的 δ-荜澄茄烯、β-古芸烯、γ-依兰油烯、β-荜澄茄油烯、γ-荜澄茄烯，含量分别为 7.3074%、5.7015%、5.0443%、4.7969%、4.5501%。

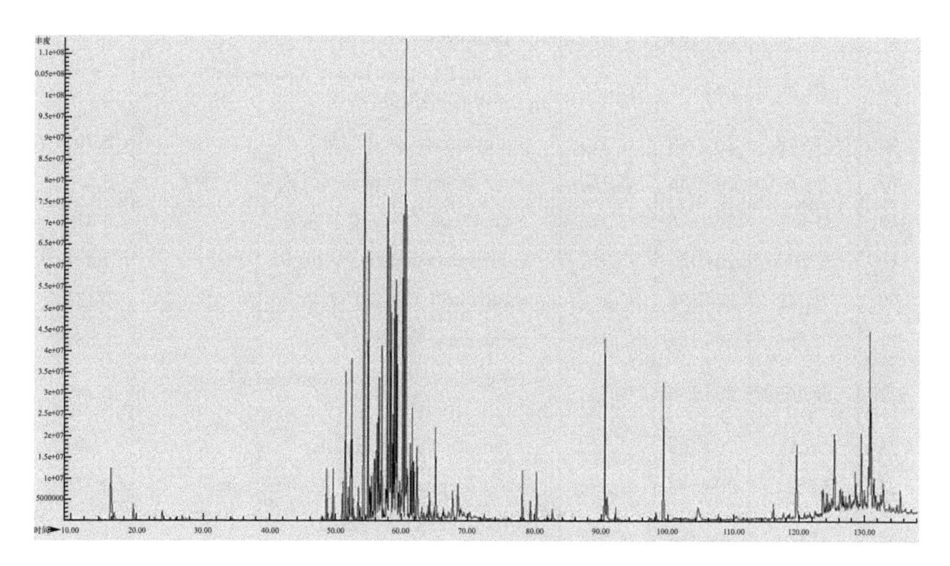

图 4-3　二氯乙烷提取紫穗槐精油总离子流图

表 4-3　二氯乙烷提取紫穗槐果实精油的化学成分

峰号	保留时间 /min	分子量	分子式	化合物名称	含量 /%
1	16.069	124.125	C_9H_{16}	geraniolene(6CI)（丙酸香叶酯）	1.6977
2	19.498	136.125	$C_{10}H_{16}$	1*S*-*α*-pinene（左旋 -*α*- 蒎烯）	0.4291
3	23.852	136.125	$C_{10}H_{16}$	*β*-myrcene（*β*- 月桂烯）	0.3365
4	26.85	136.125	$C_{10}H_{16}$	*β*-phellandrene（*β*- 水芹烯）	0.1851
5	48.632	178.136		5,9,9-trimethyl-spiro[3.5]non-5-en-1-one	0.6744
6	48.853	204.188	$C_{15}H_{24}$	*δ*-elemene（*δ*- 榄香烯）	0.1346

续表

峰号	保留时间 /min	分子量	分子式	化合物名称	含量 /%
7	49.637	204.188	$C_{15}H_{24}$	α-Cubebene（α- 荜澄茄油烯）	0.6783
8	51.092	204.188	$C_{15}H_{24}$	ylangene（衣兰烯）	0.5732
9	51.524	204.188	$C_{15}H_{24}$	α-copaene（α- 古巴烯）	1.9866
10	52.035	204.188	$C_{15}H_{24}$	β-bourbonene（β- 波旁烯）	0.6082
11	52.326	204.188	$C_{15}H_{24}$	β-cubebene（β- 荜澄茄油烯）	1.1424
12	52.449	204.188	$C_{15}H_{24}$	β-elemene（β- 榄香烯）	2.2043
13	52.731	204.188	$C_{15}H_{24}$	1*H*-cyclopenta[1,3]cyclopropa[1,2]benzene，3*a*,3*b*,4,5,6,7-hexahydro-3,7-dimethyl-4-(1-methylethyl)-，[3*aS*-(3*aα*,3*bβ*,4*β*,7*α*,7*aS**)-(−)-	0.3093
14	53.542	204.188	$C_{15}H_{24}$	α-gurjunene（α- 古芸烯）	0.4869
15	53.78	204.188	$C_{15}H_{24}$	bicyclo[4.4.0]dec-1-ene，2-isopropyl-5-methyl-9-methylene-	0.2117
16	54.318	204.188	$C_{15}H_{24}$	β-gurjunene（β- 古芸烯）	**5.7015**
17	54.38	204.188	$C_{15}H_{24}$	*trans*-β-caryophyllene（反式 -β- 石竹烯）	3.5702
18	55.006	204.188	$C_{15}H_{24}$	β-cubebene（β- 荜澄茄油烯）	3.8193
19	55.517	204.188	$C_{15}H_{24}$	(+)-aromadendrene（香橙烯）	0.6447
20	55.72	204.188	$C_{15}H_{24}$	aristolene（马兜铃烯）	0.1339
21	55.896	204.188	$C_{15}H_{24}$	germacrene D（香叶烯）	1.6807
22	56.205	204.188	$C_{15}H_{24}$	1*H*-cyclopenta[1,3]cyclopropa[1,2]benzene，3*aα*	0.7499
23	56.31	204.188	$C_{15}H_{24}$	γ-cadinene（γ- 荜澄茄烯）	1.4042
24	56.522	204.188	$C_{15}H_{24}$	*trans*-β-farnesene（反式 -β- 法尼烯）	0.7243
25	56.601	204.188	$C_{15}H_{24}$	4,7,10-cycloundecatriene，1,1,4,8-tetramethyl-，cis, cis, cis-	1.9410
26	56.76	204.188	$C_{15}H_{24}$	1*H*-cycloprop[e]azulene，1*aβ*,2,3,4,4*aα*,5,6,7*bβ*-octahydro-1,1,4	0.8796
27	57.016	204.188	$C_{15}H_{24}$	(+)-*epi*-bicyclosesquiphellandrene（表双环倍半水芹烯）	2.6262
28	57.254	202.172	$C_{15}H_{22}$	l-calamenene（去氢白菖烯）	0.2006
29	57.642	204.188	$C_{15}H_{24}$	cadina-1(10),4-diene	0.6401
30	57.871	204.188	$C_{15}H_{24}$	γ-muurolene（γ- 依兰油烯）	**5.0443**
31	58.223	204.188	$C_{15}H_{24}$	β-cubebene（β- 荜澄茄油烯）	**4.7969**
32	58.382	204.188	$C_{15}H_{24}$	γ-selinene（γ- 芹子烯）	2.9681
33	58.699	204.188	$C_{15}H_{24}$	β-selinene（β- 芹子烯）	1.7715
34	58.876	204.188	$C_{15}H_{24}$	(−)-α-cubebene（α- 荜澄茄油烯）	3.9256

续表

峰号	保留时间 /min	分子量	分子式	化合物名称	含量 /%
35	59.29	204.188	$C_{15}H_{24}$	*α*-muurolene（*α*- 衣兰油烯）	2.1555
36	59.537	204.188	$C_{15}H_{24}$	naphthalene,1,2,3,5,6,8*a*-hexahydro-4,7-dimethyl-1-(1-methylethyl)-, (1*S*-*cis*)-	0.6738
37	59.695	204.188	$C_{15}H_{24}$	*α*-farnesene（*α*- 法尼烯）	0.5628
38	59.889	204.188	$C_{15}H_{24}$	*β*-bisabolene（*β*- 红没药烯）	0.3268
39	60.03	204.188	$C_{15}H_{24}$	*α*-copaene（*α*- 古巴烯）	0.5005
40	60.189	204.188	$C_{15}H_{24}$	*γ*-cadinen（*γ*- 荜澄茄烯）	**4.5501**
41	60.515	204.188	$C_{15}H_{24}$	*δ*-cadinene（*δ*- 荜澄茄烯）	**7.3074**
42	60.683	202.172	$C_{15}H_{24}$	naphthalene,1,2,3,4-tetrahydro-1,6-dimethyl-4-(1-methylethyl)-, (1*S*-*cis*)-	0.4326
43	60.824	204.188	$C_{15}H_{24}$	*β*-sesquiphellandrene（倍半水芹烯）	1.1420
44	61	204.188	$C_{15}H_{24}$	*trans*-*γ*-bisabolene（反式 -*γ*- 红没药烯）	0.1579
45	61.318	204.188	$C_{15}H_{24}$	naphthalene,1,2,3,4,4*a*,7-hexahydro-1，6-dimethyl-4-(1-methylethyl)-	1.1465
46	61.564	204.188	$C_{15}H_{24}$	*α*-cadinene（*α*- 荜澄茄烯）	1.5950
47	62.305	222.198	$C_{15}H_{26}O$	hedycaryol（四甲基环癸二烯甲醇）	1.4875
48	63.398	220.183		1,5-epoxysalvial-4(14)-ene	0.1399
49	63.953	220.183	$C_{15}H_{24}O$	(+) spathulenol（斯巴醇）	0.2932
50	64.852	220.146	$C_{15}H_{24}$	3,4,4-trimethyl-3-(3-oxo-but-1-enyl)-bicyclo[4.1.0]heptan-2-one	0.1455
51	66.175	204.188	$C_{15}H_{24}$	*α*-gurjunene（*α*- 古芸烯）	0.1853
52	67.127	222.198	$C_{15}H_{26}O$	machilol（桢楠醇）	0.2523
53	67.691	222.198	$C_{15}H_{26}O$	*α*-cadinol（*α*- 毕橙茄醇）	0.7111
54	68.458	222.198	$C_{15}H_{26}O$	*α*-eudesmol（桉叶醇）	0.9416
55	68.802	204.188		eudesma-4(14),11-diene	0.1461
56	69.375	198.141	$C_{15}H_{18}$	cadalin（4- 异丙 -1,6- 二甲萘）	0.2432
57	70.265	222.198	$C_{15}H_{26}O$	3-cyclohexene-1-methanol,*α*,4-dimethyl-*α*-(4-methyl-3-pentenyl)-, [*R*-(*R*@,*R*@)]-	0.1178
58	78.146	278.297	$C_{20}H_{38}$	neophytadiene（新植二烯）	0.8634
59	80.306	296.308	$C_{20}H_{40}O$	3,7,11,15-tetramethyl-2-hex	0.6856
60	82.668	270.256	$C_{17}H_{34}O_2$	methyl palmitate（棕榈酸甲酯）	0.2742
61	90.47	294.256	$C_{19}H_{34}O_2$	methyl linoleate（亚油酸甲酯）	2.7994
62	90.805	296.272	$C_{19}H_{36}O_2$	8-octadecenoic acid，methyl ester	0.4763
63	92.092	298.287	$C_{19}H_{38}O_2$	methyl stearate（硬脂酸甲酯）	0.2389

续表

峰号	保留时间 /min	分子量	分子式	化合物名称	含量 /%
64	99.25	296.105		14β-3-methoxy-6-oxaestra-1,3,5(10),8,15-pentaen-7,17-dione	2.1495
65	104.539	296.178		3-methoxy-2-(3-methylbut-2-enyl)-5-(2-phenylethyl)phenol	0.8801
66	110.375	424.371		3-keto-urs-12-ene	0.2514
67	115.937	380.438	$C_{27}H_{56}$	heptacosane（二十七烷）	0.3395
68	117.524	282.329	$C_{20}H_{42}$	eicosane（二十烷）	0.1836
69	123.545	408.376		α-neoursa-3(5)，12-diene	0.5046
70	124.576	408.47	$C_{29}H_{60}$	2-methyloctacosane（异二十九烷）	0.4020
71	125.317	394.454	$C_{28}H_{58}$	octacosane（二十八烷）	1.4360
72	127.053	394.454	$C_{28}H_{58}$	octacosane（二十八烷）	0.5220
73	128.481	394.36		stigmastan-3,5,22-trien	1.1270
74	130.667	456.397		25-epiaplysterylacetate-1	3.7962
75	130.853	274.084		karenin	2.3477

④ 紫穗槐果实正己烷精油总离子流图及化学成分鉴定。紫穗槐正己烷提取精油总离子流见图 4-4，获得 93 种主要化学成分见表 4-4，分别如下：1,5- 庚二烯,3,3- 二甲基 -, (*E*)-、左旋 -α- 蒎烯、β- 月桂烯、双戊烯、反式 -β- 罗勒烯、2,6- 二甲基 -2,4,6- 辛三烯、γ- 吡喃酮烯、双环榄香烯、

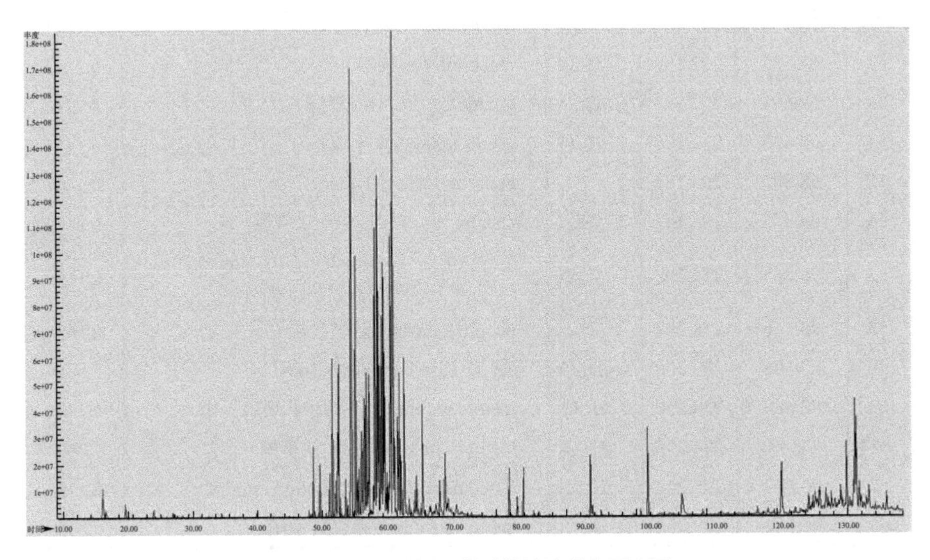

图 4-4　正己烷提取紫穗槐精油总离子流图

表4-4　正己烷提取紫穗槐果实精油的化学成分

峰号	保留时间/min	分子量	分子式	化合物名称	含量/%
1	16.077	124.125		1,5-heptadiene,3,3-dimethyl-, (*E*)-[1,5- 庚二烯 ,3,3- 二甲基 -,(*E*)-]	0.9049
2	16.571	104.063	C_8H_8	styrene（苯乙烯）	0.2418
3	19.498	136.125	$C_{10}H_{16}$	1*S*-*α*-pinene（左旋 -*α*- 蒎烯）	0.3388
4	23.844	136.125	$C_{10}H_{16}$	*β*-myrcene（*β*- 月桂烯）	0.2082
5	26.797	136.125	$C_{10}H_{16}$	dl-Limonene（双戊烯）	0.1697
6	28.225	136.125	$C_{10}H_{16}$	*trans*-*β*-ocimene（反式 -*β*- 罗勒烯）	0.0700
7	34.334	136.125	$C_{10}H_{16}$	alloocimene（2,6- 二甲基 -2,4,6- 辛三烯）	0.1180
8	47.954	136.125	$C_{10}H_{16}$	*γ*-pyronene（*γ*- 吡喃酮烯）	0.0979
9	48.632	204.188	$C_{15}H_{24}$	bicycloelemene（双环榄香烯）	0.8514
10	48.853	204.188	$C_{15}H_{24}$	*δ*-elemene（*δ*- 榄香烯）	0.1157
11	51.092	204.188	$C_{15}H_{24}$	ylangene（衣兰烯）	0.5833
12	51.541	204.188	$C_{15}H_{24}$	*α*-cubebene（*α*- 荜澄茄油烯）	2.0153
13	52.035	204.188	$C_{15}H_{24}$	*β*-bourbonene（*β*- 波旁烯）	0.6036
14	52.335	204.188	$C_{15}H_{24}$	*β*-cubebene（*β*- 荜澄茄油烯）	1.1256
15	52.458	204.188	$C_{15}H_{24}$	*β*-elemene（*β*- 榄香烯）	1.9608
16	52.74	204.188	$C_{15}H_{24}$	1*H*-cyclopenta[1,3]cyclopropa[1,2]benzene,3*aα*	0.2623
17	52.917	204.188		cycloisolongifolene	0.0691
18	53.542	204.188	$C_{15}H_{24}$	*α*-gurjunene（*α*- 古芸烯）	0.5154
19	54.353	204.188	$C_{15}H_{24}$	*α*-amorphene（*α*- 紫穗槐烯）	**7.0558**
20	54.424	204.188	$C_{15}H_{24}$	*trans*-caryophyllene（反式 - 石竹烯）	2.5708
21	54.821	204.188	$C_{15}H_{24}$	*γ*-maaliene（*γ*- 马阿里烯）	0.0774
22	55.032	204.188	$C_{15}H_{24}$	6*α*-cadina-4,9-diene，(−)-	3.8243
23	55.526	204.188	$C_{15}H_{24}$	(+)-aromadendrene（(+)- 香橙烯）	0.6470
24	55.729	204.188	$C_{15}H_{24}$	epizonaren	0.1367
25	55.905	204.188	$C_{15}H_{24}$	germacrene D（香叶烯）	1.1027
26	56.002	204.188	$C_{15}H_{24}$	(+)-*epi*-bicyclosesquiphellandrene（表双环倍半水芹烯）	0.5929
27	56.222	204.188	$C_{15}H_{24}$	1*H*-cyclopenta[1,3]cyclopropa[1,2]benzene，3*a*,3*b*,4,5,6,7-hexahydro-3,7-dimethyl-4-(1-methylethyl)-，[3*aS*-(3*aα*,3*bβ*,4*β*,7*α*,7*aS**)-(−)-	0.5181

续表

峰号	保留时间/min	分子量	分子式	化合物名称	含量/%
28	56.328	204.188	$C_{15}H_{24}$	naphthalene,1,2,3,4,4*a*,5,6,8*a*-octahydro-7-methyl-4-methylene-1-(1-methylethyl)-,(1*α*,4*aα*,8*aα*)-	1.6328
29	56.619	204.188	$C_{15}H_{24}$	*α*-caryophyllene（*α*- 石竹烯）	2.6993
30	56.751	204.188	$C_{15}H_{24}$	*α*-gurjunene（*α*- 古芸烯）	0.1934
31	57.033	204.188	$C_{15}H_{24}$	germacrene D（香叶烯）	2.1378
32	57.271	202.172	$C_{15}H_{22}$	l-calamenene（去氢白菖烯）	0.1302
33	57.659	204.188	$C_{15}H_{24}$	isoledene（异喇叭烯）	0.5905
34	57.915	204.188	$C_{15}H_{24}$	*γ*-muurolene（*γ*- 依兰油烯）	**4.8450**
35	58.065	204.188	$C_{15}H_{22}$	*γ*-curcumene（*γ*- 姜黄烯）	0.3956
36	58.267	204.188	$C_{15}H_{24}$	*β*-cubebene（*β*- 荜澄茄油烯）	**5.6655**
37	58.417	204.188	$C_{15}H_{24}$	*γ*-selinene（*γ*- 芹子烯）	2.8634
38	58.717	204.188	$C_{15}H_{24}$	*β*-selinene（*β*- 芹子烯）	1.5469
39	58.893	204.188	$C_{15}H_{24}$	*α*-cubebene（*α*- 荜澄茄油烯）	3.5443
40	59.14	204.188	$C_{15}H_{24}$	zingiberene（姜烯）	4.1913
41	59.316	204.188	$C_{15}H_{24}$	*α*-muurolene（*α*- 衣兰油烯）	2.2500
42	59.546	204.188	$C_{15}H_{24}$	*β*-cadinene（*β*- 荜澄茄烯）	0.6125
43	59.722	204.188	$C_{15}H_{24}$	*α*-farnesene（*α*- 法尼烯）	0.5961
44	59.916	204.188	$C_{15}H_{24}$	*β*-bisabolene（*β*- 红没药烯）	0.3473
45	60.048	204.188	$C_{15}H_{24}$	*α*-copaene（*α*- 古巴烯）	0.5067
46	60.224	204.188	$C_{15}H_{24}$	*γ*-cadinene（*γ*- 荜澄茄烯）	**4.2872**
47	60.551	204.188	$C_{15}H_{24}$	1(5),6-guaiadiene（愈创木二烯）	**8.2044**
48	60.709	202.172	$C_{15}H_{22}$	calamenene（去氢白菖烯）	0.4668
49	60.842	204.188	$C_{15}H_{24}$	*β*-sesquiphellandrene（倍半水芹烯）	1.4434
50	61.009	204.188	$C_{15}H_{24}$	*trans*-*γ*-bisabolene（反式 -*γ*- 红没药烯）	0.1903
51	61.335	204.188		naphthalene,1,2,3,4,4*a*,7-hexahydro-1,6-dimethyl-4-(1-methylethyl)-	1.3732
52	61.582	204.188		*α*-cadinene（*α*- 荜澄茄烯）	1.8631
53	62.322	222.198	$C_{15}H_{26}O$	elemol（榄香醇）	2.7143
54	63.953	220.183	$C_{15}H_{24}O$	(+) spathulenol（斯巴醇）	0.5061
55	64.218	164.157	$C_{12}H_{20}$	1,*Z*-5,*E*-7-dodecatriene（1,*Z*-5,*E*-7- 十二碳三烯）	0.5705
56	64.447	204.188	$C_{15}H_{24}$	eudesma-4(14),11-diene	0.1669

续表

峰号	保留时间 / min	分子量	分子式	化合物名称	含量 /%
57	66.166	204.188	$C_{15}H_{24}$	*α*-gurjunene（*α*- 古芸烯）	0.2159
58	66.554	220.183	$C_{10}H_8BrN$	4-bromo-1-naphthalenamine（4- 溴 -1- 萘胺）	0.0830
59	67.127	222.198	$C_{15}H_{26}O$	machilol（桢楠醇）	0.4951
60	67.691	222.198	$C_{15}H_{26}O$	*α*-cadinol（*α*- 毕橙茄醇）	0.8079
61	67.947	204.188		bicyclo[4.4.0]dec-1-ene,2-isopropyl-5-methyl-9-methylene-	0.1475
62	68.458	222.198	$C_{15}H_{26}O$	*α*-eudesmol（桉叶醇）	1.5240
63	68.934	222.198	$C_{15}H_{26}O$	viridiflorol（绿花白千层醇）	0.4366
64	69.357	198.141	$C_{15}H_{18}$	cadalin（4- 异丙 -1,6- 二甲萘）	0.3257
65	69.763	204.188	$C_{15}H_{24}$	1*H*-cycloprop[e]azulene，decahydro-1,1,-7-trimethyl-4-methylene-，(1*aR*,4*aR*,7*R*,7*aR*,7	0.0989
66	70.142	222.198	$C_{15}H_{26}O$	levomenol（没药醇）	0.2072
67	71.014	240.282	$C_{17}H_{36}$	heptadecane（十七烷）	0.1475
68	78.146	278.297	$C_{20}H_{38}$	neophytadiene（新植二烯）	0.8334
69	80.306	296.308	$C_{20}H_{40}O$	3,7,11,15-tetramethyl-2-hexadecen-1-ol	0.6533
70	82.659	270.256	$C_{17}H_{34}O_2$	methyl palmitate（棕榈酸甲酯）	0.1157
71	90.461	294.256	$C_{19}H_{34}O_2$	methyl linoleate（亚油酸甲酯）	0.8668
72	90.805	296.272	$C_{19}H_{36}O_2$	8-octadecenoic acid，methyl ester	0.2009
73	92.074	298.287	$C_{19}H_{38}O_2$	methyl octadecanoate（硬脂酸甲酯）	0.0851
74	98.148	279.137		1-benzyl-4-methyl-5-cyano-6-methoxy-7-azaindoline	0.1092
75	99.241	296.105		14*β*-3-methoxy-6-oxaestra-1,3,5(10),8,15-pentaen-7,17-dione	1.2447
76	102.635	424.371	$C_{30}H_{48}O$	lup-20(29)-en-3-one（羽扇烯酮）	0.0832
77	104.46	296.178		3-methoxy-2-(3-methylbut-2-enyl)-5-(2-phenylethyl)phenol	1.1520
78	107.624	352.407	$C_{25}H_{52}$	pentacosane（二十五烷）	0.0721
79	115.937	380.438	$C_{27}H_{56}$	heptacosane（二十七烷）	0.1515
80	117.524	282.329	$C_{20}H_{42}$	eicosane（二十烷）	0.1775
81	118.476	362.152		1,4-dimethoxy-2-(2′-methylprop-2′-enyl)-3-(prop-2″-enyl)anthraquinone	0.0842
82	119.789	310.36	$C_{22}H_{46}$	3-methylheneicosane	0.1382
83	121.614	410.391	$C_{30}H_{50}$	squalene（角鲨烯）	0.0990

续表

峰号	保留时间 / min	分子量	分子式	化合物名称	含量 /%
84	122.381	410.391	$C_{30}H_{50}$	diploptene（绵马三萜）	0.0889
85	123.545	408.376		*α*-Neoursa-3(5),12-diene	0.2982
86	123.827	408.376		*α*-neoursa-3(5),12-diene	0.1446
87	124.056	368.344	$C_{27}H_{44}$	cholestadiene（胆甾二烯）	0.1695
88	125.308	408.47	$C_{29}H_{60}$	nonacosane（二十九烷）	0.4172
89	126.586	408.121		naphtho[1,8-bc]pyran，benzoic acid deriv.	0.2762
90	127.053	296.344	$C_{21}H_{44}$	heneicosane（二十一烷）	0.4260
91	128.481	454.381		stigmasta-5,22-dien-3-ol, acetate，(3*β*,22*Z*)-	0.5193
92	130.861	274.07		iron，(.eta.5-2,4-cyclopentadien-1-yl) hydrobis(trimethylphosphine)-	1.8980
93	131.628	281.078		pyridine-3-carboxamide, oxime, *N*-(2-trifluoromethylphenyl)-	0.5352

δ- 榄香烯、*α*- 荜澄茄油烯、*β*- 波旁烯、*β*- 荜澄茄油烯、*β*- 榄香烯、*α*- 古芸烯、*α*- 紫穗槐烯、反式 - 石竹烯、*γ*- 马阿里烯、香橙烯、香叶烯、表双环倍半水芹烯、*α*- 石竹烯、去氢白菖烯、异喇叭烯、*γ*- 依兰油烯、*γ*- 姜黄烯、绿花白千层醇、*γ*- 芹子烯、*β*- 芹子烯、*α*- 衣兰油烯、*β*- 荜澄茄烯、*α*- 法尼烯、*β*- 红没药烯、*α*- 古巴烯、*γ*- 荜澄茄烯、倍半水芹烯、愈创木二烯、新植二烯、斯巴醇、榄香醇、1，*Z*-5，*E*-7- 十二碳三烯等。其中含量较高的愈创木二烯、*α*- 紫穗槐烯、*β*- 荜澄茄油烯、*γ*- 依兰油烯、*γ*- 荜澄茄烯，含量分别为 8.2044%、7.0558%、5.6655%、4.8450%、4.2872%。

4.1.3 小结

对比 4 种不同溶剂提取紫穗槐精油的成分发现，水蒸气精油较高含量的化学成分与有机溶剂精油相差比较大。有机溶剂提取的精油较高成分都含有 *γ*- 依兰油、*β*- 荜澄茄油烯、*γ*- 荜澄茄烯。此外，4 种精油相同的化学成分有左旋 -*α*- 蒎烯、*β*- 月桂烯、双戊烯、反式 -*β*- 罗勒烯、*α*- 荜澄茄油烯、*β*- 荜澄茄油烯、*β*- 榄香烯、*α*- 古芸烯、香橙烯、香叶烯、表双环倍半水芹烯、去氢白菖烯、异喇叭烯、*γ*- 依兰油烯、*γ*- 芹子烯、*β*- 芹子烯、

α- 衣兰油烯、β- 荜澄茄烯、γ- 荜澄茄烯、倍半水芹烯、愈创木二烯、斯巴醇、榄香醇、亚油酸甲酯等。由此可见，紫穗槐果实精油成分比较多，数量稳定。

4.2　紫穗槐果实杀虫活性成分分离与鉴定

4.2.1　材料与方法

（1）试虫　苹果黄蚜（*Aphis citricola*）、小菜蛾（*Plutella xylostella*）3 龄幼虫和菜青虫（*Pieris rapae*）3 龄幼虫，均采自沈阳农业大学后山试验田；淡色库蚊（*Culex pipiens pallens*）4 龄幼虫及溪流摇蚊（*Chironomus riparius*）4 龄幼虫，采集于沈阳农业大学附近。

（2）试验方法

① 紫穗槐果实 4 种精油对苹果黄蚜的室内毒力测定。采用浸渍法，测定 4 种精油毒杀活性。首先根据预实验结果，用 10% 丙酮 +5% 吐温 80 水溶液分别将水蒸气、石油醚、二氯乙烷和正己烷精油分别配制成浓度梯度为 10μg/mL、5μg/mL、2.5μg/mL、1.25μg/mL 和 0.625μg/mL 的药液，再将供试蚜虫（每处理 10 头）分别在上述各浓度药液中浸渍 10s，自然晾干后放入培养皿中，苹果叶端用蘸水脱脂棉包裹保湿，清水 +10% 丙酮 + 5% 吐温 80 作对照，置于恒温光照培养箱内。每处理重复 3 次，于 24h 和 48h 后检查试虫，以毛笔尖轻触蚜虫腹部，足部不动则视为死亡，统计死亡数，计算死亡率。对淡色库蚊幼虫，首先根据预实验结果，将 4 种精油以 10% 丙酮 +5% 吐温 80 水溶液配制成浓度为 80μg/L、60μg/L、40μg/L、20μg/L 和 10μg/L 的药液，然后取 100mL 上述药液分别放入烧杯中，每烧杯接入室内人工传代饲养的 4 龄淡色库蚊幼虫 10 头，每处理重复 3 次，于 24h 和 48h 后检查试虫，统计死亡数，计算死亡率。

② 紫穗槐果实杀虫活性成分的分离。取 1kg 紫穗槐果实用 95% 乙醇浸提 3 次，每次 3d，合并提取液，减压蒸馏浓缩得乙醇浸膏 144.88g。取 50g 浸膏与硅胶搅拌后柱色谱分离，洗脱溶剂为氯仿 / 甲醇

[（20：1）～（3：1）（体积比）]。所得馏分 TLC 点样后合并，并结合活性测定，以常压硅胶柱色谱分离、高压液相制备及重结晶等技术，对浸膏中活性成分分离纯化。

③ 紫穗槐果实杀虫活性成分的结构鉴定。分离得到的单体化合物经熔点测定、TLC 薄层色谱分离及液相色谱检测其纯度；通过测定紫外光谱（UV）、红外光谱（IR）、核磁共振氢谱（^{1}H NMR）以及质谱（MS）等光谱数据，并与文献报道的数据对比，鉴定其化学结构。

④ 紫穗槐果实杀虫活性成分的生物活性测定。对活性成分及对照药剂鱼藤酮以苹果黄蚜、小菜蛾 3 龄幼虫、菜青虫 3 龄幼虫以及淡色库蚊 4 龄幼虫为供试昆虫测定其生物活性；同时为评价两种化合物对水生非靶标生物的影响，以淡色库蚊的共栖水生昆虫溪流摇蚊 4 龄幼虫为供试昆虫测定其对非靶标生物的毒力影响。测试中首先根据预实验结果配制化合物系列浓度药液，然后测定两种化合物对苹果黄蚜、淡色库蚊 4 龄幼虫及溪流摇蚊 4 龄幼虫的毒杀活性。对小菜蛾 3 龄幼虫和菜青虫 3 龄幼虫，配制好化合物系列浓度药液后，采用波特喷雾法处理试虫。

⑤ 数据分析。试验结果用 SPSS 18.0 统计分析，将死亡率和浓度进行转化，然后进行线性回归计算 LC_{50} 和回归方程。运用单因素方差分析法（Duncan's multiple range test，DMRT）多重比较，$P < 0.05$ 为具有显著差异性。同时计算相对毒力中位数，比较差异。

4.2.2 结果与分析

（1）紫穗槐果实 4 种精油室内毒力测定　紫穗槐果实 4 种精油对苹果黄蚜的室内毒力测定结果见表 4-5，从表中可以看出，紫穗槐 4 种精油对苹果黄蚜均具有毒杀活性，且随着质量浓度的增大，苹果黄蚜的校正死亡率升高，杀虫活性以石油醚提取精油最高，正己烷精油次之。处理 24h，水蒸气、石油醚、二氯甲烷、正己烷对苹果黄蚜的 LC_{50} 分别为 5.117μg/mL、3.041μg/mL、4.451μg/mL、3.724μg/mL；处理 48h 后的 LC_{50} 分别为 2.828μg/mL、1.498μg/mL、2.602μg/mL、1.948μg/mL，说明紫穗槐石油醚精油的杀虫活性较为显著。

表4-5　紫穗槐果实不同溶剂提取精油对苹果黄蚜的毒力测定

处理	时间 /h	回归方程	相关系数	LC_{50} /（μg/mL）	95% 置信区间 /（μg/mL）
水蒸气	24	y =4.3350+1.4729x	0.9854	5.117	2.454 ～ 10.667
	48	y =1.4951+2.2637x	0.9789	2.828	0.920 ～ 8.693
石油醚	24	y=3.4953+2.9249x	0.9473	3.041	0.942 ～ 9.819
	48	y=4.6305+2.1070x	0.9767	1.498	0.135 ～ 16.600
二氯甲烷	24	y=3.7772+1.8858 x	0.9773	4.451	2.004 ～ 9.887
	48	y= 4.4137+1.4118x	0.9384	2.602	0.746 ～ 9.071
正己烷	24	y=4.1611+1.5610x	0.9605	3.724	1.122 ～ 10.584
	48	y=4.5150+1.6754x	0.9835	1.948	0.478 ～ 7.941

紫穗槐 4 种精油对淡色库蚊幼虫活性测定结果见表 4-6，从表中可以看出，紫穗槐 4 种精油对淡色库蚊幼虫均具有毒杀活性，杀虫活性以石油醚精油和正己烷精油较高。处理 24h，水蒸气、石油醚、二氯甲烷、正己烷对淡色库蚊幼虫的 LC_{50} 分别为 48.347μg/mL、33.020μg/mL、45.921μg/mL、29.190μg/mL；处理 48h 后的 LC_{50} 分别为 35.345μg/mL、21.067μg/mL、34.040μg/mL、21.626μg/mL。这说明紫穗槐果实精油的杀虫活性成分主要集中在石油醚提取精油和正己烷提取精油中。

表4-6　紫穗槐果实不同溶剂提取精油对淡色库蚊的毒力测定

处理	时间 /h	回归方程	相关系数	LC_{50} /（μg/mL）	95% 置信区间 /（μg/mL）
水蒸气	24	y=0.8795+2.4463x	0.967	48.347	30.498 ～ 76.642
	48	y=1.4951+2.2637x	0.969	35.345	21.440 ～ 58.268
石油醚	24	y=1.7008 + 2.1723x	0.995	33.020	19.732 ～ 55.273
	48	y=−0.6595+4.2758x	0.964	21.067	13.162 ～ 33.721
二氯甲烷	24	y=−2.0483+4.2409x	0.974	45.921	20.419 ～ 103.272
	48	y=1.2249+2.4642x	0.974	34.040	18.295 ～ 63.334
正己烷	24	y=−0.8091+3.9646x	0.979	29.190	16.063 ～ 53.045
	48	y=1.0506+2.9584x	0.967	21.626	13.315 ～ 35.125

（2）紫穗槐果实杀虫活性成分的结构鉴定　将高压制备液相纯化后的物质经热甲醇重结晶后产生乳白色针状化合物，其熔点为 183℃。苯甲醇

（9∶1）TLC 薄层色谱分离得 R_f 值为 0.45 的单点。液相色谱检测为一单峰（图 4-5）。紫外光谱（图 4-6）显示，在甲醇溶液中的最大吸收波长为 205.0nm、237.0nm 和 294.1nm。

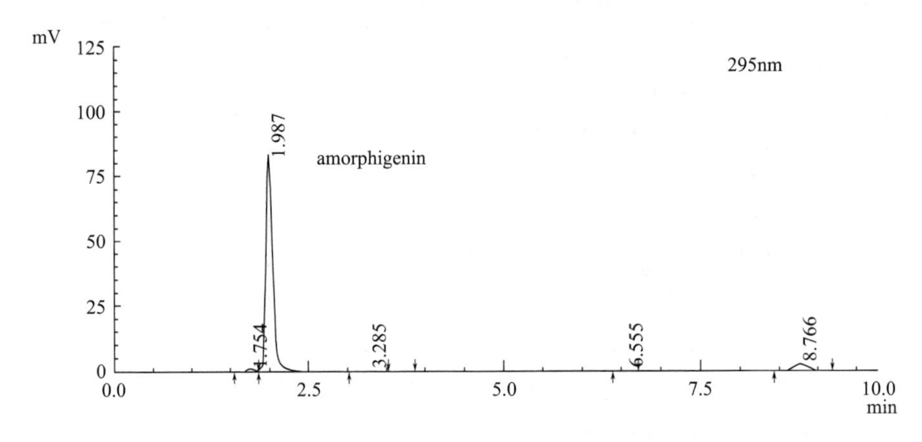

图 4-5 amorphigenin 的液相色谱图

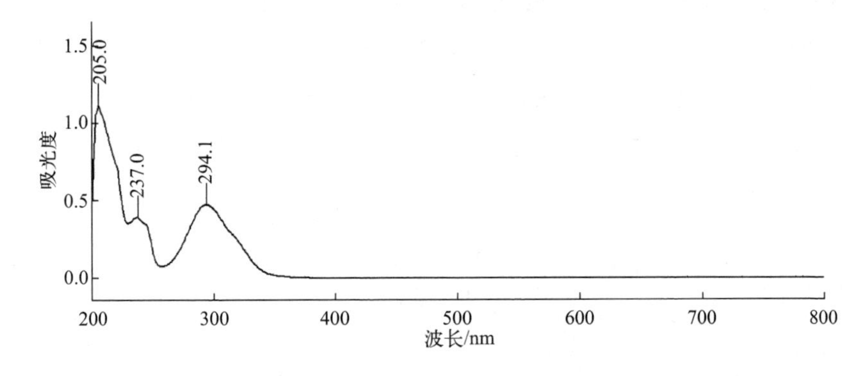

图 4-6 amorphigenin 的紫外吸收光谱

红外光谱（图 4-7）显示，在 $3500cm^{-1}$ 和 $3300cm^{-1}$ 处，具有一个增强型吸收，提示化合物具有羟基基团。

采用 ZQ4000 质谱仪测定的质谱数据见图 4-9，从图可以看出，质谱 M+H 数据为 411.07，结果与 amorphigenin 分子量相吻合。

上述紫外、红外、氢谱以及质谱数据与文献报道相符。确定分离所得化合物为 amorphigenin，其结构式如图 4-10 所示。

（3）紫穗槐果实 amorphigenin 成分杀虫活性测定　amorphigenin 和鱼

藤酮对苹果黄蚜、菜青虫、小菜蛾和淡色库蚊幼虫 24h 的毒力作用结果见表 4-7，从表中可以看出，amorphigenin 对苹果黄蚜、菜青虫幼虫以及淡

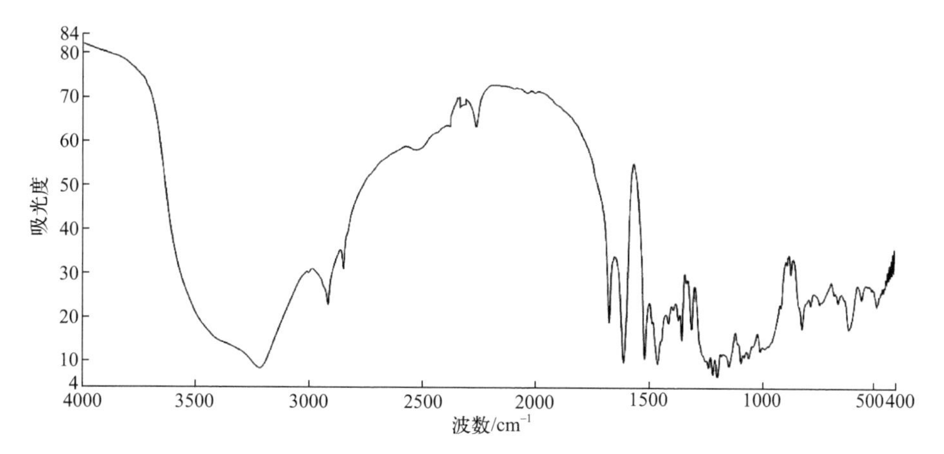

图 4-7　amorphigenin 的红外吸收光谱

^{1}H NMR 数据（δ，$CDCl_3$，600MHz，图 4-8）显示各氢的位移分别为：6.75（1H，s，H-1），6.46（1H，s，H-4），4.19（1H each，dd，J = 12.6 and 2.4，H-6），4.63（1H each，dd，J = 12.6and 3，H-6），4.94（1H，m，H-6a），6.52（1H，d，J = 8.4，H-10），7.85（1H，d，J= 8.4，H-11），3.09（1H each，dd，J = 15.6 and 8.4，H-4′），3.45（1H each，dd，J = 15.6 and 9.6，H-4′），5.44（1H，t，J = 7.8，H-5′），5.29（1H，s (br)，H-7′），4.27（1H，s (br)，H-8′），3.76 and 3.85（both 3H，s，Ome），1.43（1H，s(br)，8′-OH）

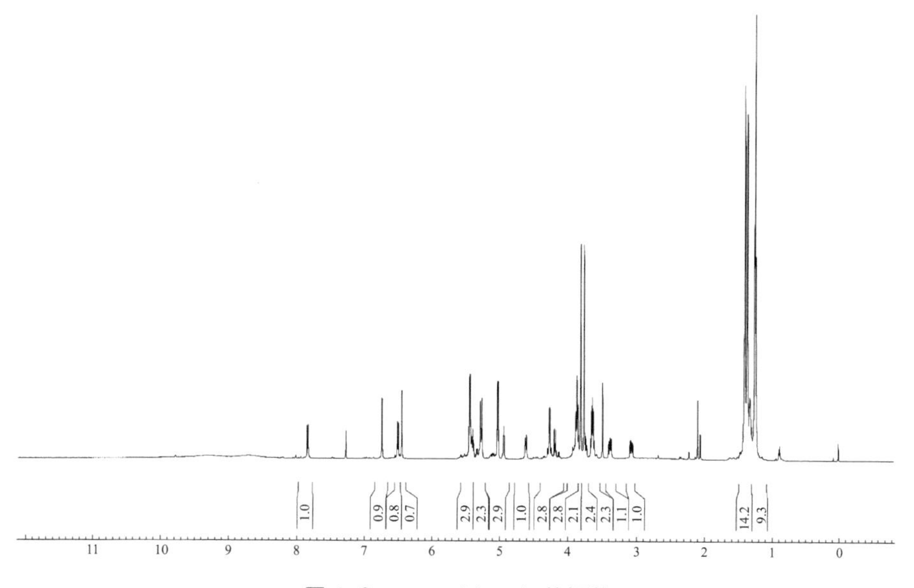

图 4-8　amorphigenin 的氢谱

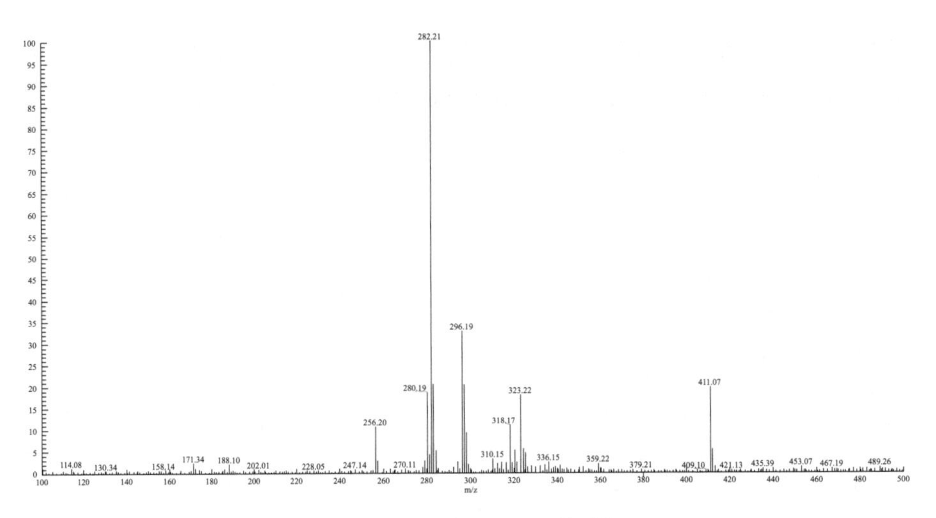

图 4-9　amorphigenin 的质谱

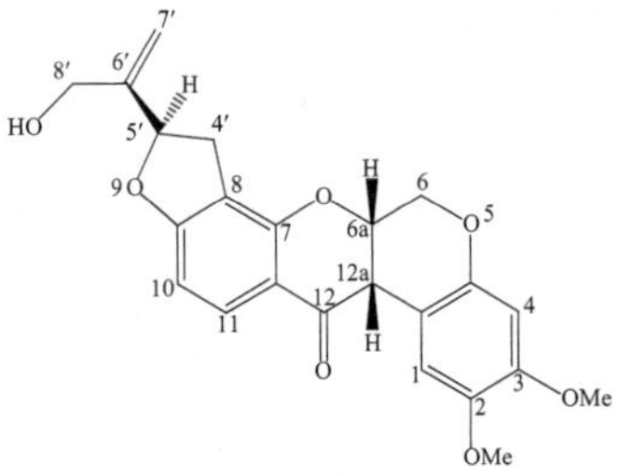

图 4-10　amorphigenin 的化学结构式

色库蚊幼虫的 LC_{50} 分别为 0.213μg/mL、131.531μg/mL、4.290μg/mL，鱼藤酮对于 3 种幼虫的 LC_{50} 分别为 0.346μg/mL、142.117μg/mL、4.692μg/mL，分析可知 amorphigenin 对苹果黄蚜、菜青虫幼虫以及淡色库蚊幼虫的毒杀活性均大于鱼藤酮。对于小菜蛾的毒杀活性 amorphigenin 较鱼藤酮差。分析两者化学结构，由于 amorphigenin 比鱼藤酮多一个羟基，部分增加了其水溶性，从而改变整个化合物的亲水亲油平衡状态，因此其杀虫活性大于鱼藤酮。此外，amorphigenin 对溪流摇蚊幼虫的 LC_{50} 为 36.172μg/mL，说明其对水生非靶标生物具有一定的毒性。

表 4-7　amorphigenin 和鱼藤酮对苹果黄蚜、菜青虫、小菜蛾、淡色库蚊和溪流摇蚊幼虫 24h 的毒力测定

供试昆虫	处理	回归方程	相关系数	LC_{50} /（μg/mL）	95% 置信区间 /（μg/mL）
苹果黄蚜	amorphigenin	y=5.5542+0.8249x	0.967	0.213	0.018 ～ 2.575
	鱼藤酮	y=5.4566+0.9895x	0.966	0.346	0.057 ～ 2.089

续表

供试昆虫	处理	回归方程	相关系数	LC_{50} /（μg/mL）	95% 置信区间 /（μg/mL）
小菜蛾	amorphigenin	y=2.2152+1.2131x	0.912	197.530	42.641 ～ 915.052
	鱼藤酮	y=2.0560+1.3024x	0.908	182.150	42.984 ～ 771.873
菜青虫	amorphigenin	y = 2.0360+1.3988x	0.940	131.531	34.745 ～ 497.917
	鱼藤酮	y=2.0587+1.3664x	0.924	142.117	35.931 ～ 562.106
淡色库蚊	amorphigenin	y =3.0665+3.0576x	0.993	4.290	3.221 ～ 5.723
	鱼藤酮	y =2.9259+3.0887x	0.999	4.692	3.584 ～ 6.152
溪流摇蚊	amorphigenin	y =1.4748+2.2621x	0.961	36.172	15.450 ～ 84.685

4.2.3 小结

提取的 4 种精油经 GC-MS 分析与鉴定结果表明：从水蒸气、石油醚、二氯甲烷和正己烷精油中分别获得 84 种、112 种、75 种、93 种化学成分，其中石油醚精油成分相对较多。由于石油醚是多种沸程化合物的组合体，结合相似相溶原理，得知其提取的精油化学成分种类和数量相对较多。

对比四种不同溶剂提取紫穗槐精油的成分发现，水蒸气精油含量较高的化学成分与有机溶剂精油相差比较大。有机溶剂提取精油含量较高的成分都是 γ- 依兰油烯、β- 荜澄茄油烯、γ- 荜澄茄烯。此外，4 种精油相同的化学成分大约在 30 种以上，基本都是萜类化合物。

采用活性追踪，运用不同的分离手段，从紫穗槐果实乙醇提取黄酮类物质中，分离纯化得到性状为乳白色针状晶体的杀虫活性物质。根据紫外光谱、红外光谱、核磁共振氢谱以及质谱分析，并与鱼藤酮标准品进行对比，最终确定了活性物质，即 amorphigenin。

紫穗槐果实生物活性研究发现，4 种精油对苹果黄蚜和淡色库蚊幼虫均具有杀虫活性，随着处理浓度的增大，苹果黄蚜和淡色库蚊幼虫的校正死亡率升高，其中紫穗槐石油醚精油的杀虫活性更为显著，正己烷精油杀虫活性次之，水蒸气提取的精油杀虫活性相对较差，说明紫穗槐果实精油的杀虫活性成分主要集中在石油醚提取精油和正己烷提取精油中。以上结论可以为紫穗槐果实精油的研究提供重要的参考依据。

测定 amorphigenin 和鱼藤酮对苹果黄蚜、菜青虫、小菜蛾、淡色库蚊和溪流摇蚊幼虫 24h 的生物活性的结果显示，两种化合物对苹果黄蚜、小菜蛾、菜青虫、淡色库蚊和溪流摇蚊幼虫均具有毒杀作用。amorphigenin 对苹果黄蚜、菜青虫、淡色库蚊幼虫的杀虫效果优于鱼藤酮，而鱼藤酮对小菜蛾的杀虫效果优于 amorphigenin。

参考文献

[1] 廖蓉苏，柴慧瑛．紫穗槐种籽油及种皮挥发油化学成分的研究 [J]. 北京林业大学学报，1989, 11(1): 99-103.

[2] 陈素文，毛长斌．紫穗槐果实有效组分的分析与利用 [J]. 北京林业大学学报，1995, 17 (2): 41-46.

[3] 王笳，赵联甲，韩基民，等．紫穗槐精油的提取及化学成分研究 [J]. 中国野生植物资源，1996(3): 35-37.

[4] Stoyanova A, Georgiev E, Lis A, et al. Essential Oil from Stored Fruits of *Amorpha fruticosa* L[J]. Journal of Essential Oil Bearing Plants, 2003,6 (3): 195-197.

[5] 白丽萍．紫穗槐果实生药学研究 [D]. 沈阳：辽宁中医学院，2004.

[6] 姜泓，白丽萍，张建逵，等．紫穗槐果实化学成分（Ⅲ）[J]. 中药材，2007, 30(10): 1261-1262.

[7] 梁亮，蔡石坚，伍艳，等．紫穗槐槐角精油的超临界 CO_2 萃取及其成分分析 [J]. 吉首大学学报（自然科学版），2006, 27 (4): 99-102.

[8] 刘畅．植物源黄酮类化合物提取及其杀虫活性研究 [D]. 沈阳：沈阳农业大学，2011.

[9] 陈月华，智亚楠，陈利军，等．紫穗槐果实挥发油化学组分 GC-MS 分析 [J]. 化学研究与应用，2017, 29(09): 1402-1405.

[10] 梁亚萍．紫穗槐果实杀虫活性物质及其作用机理研究 [D]. 沈阳：沈阳农业大学，2015.

第5章

不同产地紫穗槐果实总黄酮及紫穗槐格宁含量测定

5.1 不同产地紫穗槐果实总黄酮含量测定

目前对于紫穗槐果实成分及其含量、杀菌杀虫活性的研究已经有了一定的基础，有关其果实不同溶剂提取物对多种为害作物的害虫、病菌的作用效果的相关研究已经深入[1-5]。经调研发现，辽宁省内紫穗槐数量颇多，且分布于不同地区，因此本节聚焦不同生长地区的紫穗槐，旨在测定不同地区紫穗槐果实内总黄酮含量，探究不同地区、不同经纬度紫穗槐总黄酮量的差异，为紫穗槐杀虫、杀菌活性及其他方面的研究提供更有效的数据支撑。采集辽宁省 16 个不同地区的紫穗槐果实，运用超声波浸提的方法，提取紫穗槐中的总黄酮，利用紫外分光光度计测量其最大吸收波长；配制不同浓度的鱼藤酮溶液，测定其吸光值，绘制标准曲线，测量在最大吸收波长下总黄酮提取液的吸光值，通过标准曲线计算总黄酮含量。此方法经过稳定性和精密度测试，取相同的鱼藤酮和总黄酮提取液在设定波长下测吸光值，结果的 RSD（相对标准偏差）值合理，多次测试表明了该方法切实可行，并且具有良好的准确度和精密度，可作为实验提取测定紫穗槐果实总黄酮的有效方法。

5.1.1 材料与方法

采自辽宁省 5 个市 16 个采集点的紫穗槐，处理好放入密封袋备用。辽宁省 16 个不同地区紫穗槐采集地点以及 GPS 如表 5-1。

表5-1 辽宁省16个采集地区的GPS

编号	地区	GPS		
1	沈水东路	辽宁省沈阳市沈河区泉园街道沈水东路 92 号	123.516540	41.784522
2	五食堂后	辽宁省沈阳市沈阳农业大学五食堂	123.580750	41.834023
3	富友果实	辽宁省沈阳市沈河区东陵路 139-1 号	123.570845	41.840038
4	沈抚新城	辽宁省沈阳市浑南区浑南东路与金枫路交汇处	123.606356	41.803353
5	浦河收费站	辽宁省沈阳市沈北新区辉山大街浦河收费站	123.591757	41.961944
6	恒大绿茵小镇	辽宁省沈阳市沈北新区蒲河路 177-6 号蒲河北桥	123.591691	41.962022
7	21 舍后山坡	辽宁省沈阳市沈阳农业大学 21 舍后山东一门	123.581461	41.834126
8	本溪	本溪市明山区徐家铺子	123.828321	41.405999

续表

编号	地区	GPS		
9	盘锦	辽宁省盘锦市高速出口	122.211686	41.364959
10	高坎大桥	辽宁省沈阳市浑南区四环路高坎大桥	123.672769	41.838974
11	开原	辽宁省铁岭市开原市西场村	124.245655	42.259497
12	桑提亚纳	辽宁省沈阳市浑南区高坎双园路36号	123.683652	41.856889
13	浑河西峡谷	辽宁省浑河西峡谷	123.225043	41.687052
14	满堂街道	辽宁省沈阳市浑南区满堂街道四环路	123.659829	41.891732
15	东陵高速口	辽宁省沈阳市沈河区G1501沈阳绕城高速	123.567643	41.815467
16	灯塔张台子	辽宁省沈阳市张台子镇S101（沈营线）	123.319914	41.396577

（1）紫穗槐总黄酮提取液的制备　分别称取不同地区采集的紫穗槐果实20g，将木棍、树叶等杂质挑出后，放入高速粉碎机粉碎1min，每份称取8g粉碎后的粉末，加入20mL 95%乙醇，混匀后超声20min，取出抽滤2次，合并滤液，得到约8～12mL的滤液，记录体积。遮光、低温、密封保存备用。

（2）最大吸收波长测定　取适量的总黄酮提取液，用合适的甲醇稀释至适合的浓度，利用紫外分光光度计，以甲醇为内参，选择波长扫描模式，得到总黄酮提取液在200～500nm下的吸收曲线。

（3）鱼藤酮标准溶液的配制　用分析天平准确称取2mg鱼藤酮粉末，用适量甲醇完全溶解，转移至25mL容量瓶中用甲醇定容。

（4）鱼藤酮标准曲线的绘制　分别取配制好的鱼藤酮标准溶液3.0mL、4.0mL、5.0mL、6.0mL、7.0mL于10mL容量瓶中，用甲醇定容，上下颠倒混匀，配制成浓度分别为0.024mg/mL 、0.032 mg/mL、0.040 mg/mL、0.048mg/mL、0.056 mg/mL的待测液。以甲醇为空白对照，测量各待测液在最大吸收波长下的吸光值，以待测液浓度为横坐标，各吸光值为纵坐标绘制标准曲线。

（5）测量不同地区总黄酮提取液的吸光值　测量不同地区的紫穗槐果实提取液在最大吸收波长处的吸光值，每个地区测量三次取平均值，后根据标准曲线计算不同地区紫穗槐果实内的总黄酮含量。

（6）16个不同地区紫穗槐的千粒重的测定　每个采集点的果实取100粒，称重，记录。重复三次，计算平均值乘以10，即得该地区千粒重。

计算差异。

5.1.2 结果与分析

（1）最大吸收波长的测定　紫穗槐果实总黄酮提取液在 200 ～ 500nm 下波长扫描所得吸收曲线如图 5-1，250 ～ 339nm 不同波长下总黄酮提取液吸光值如表 5-2。

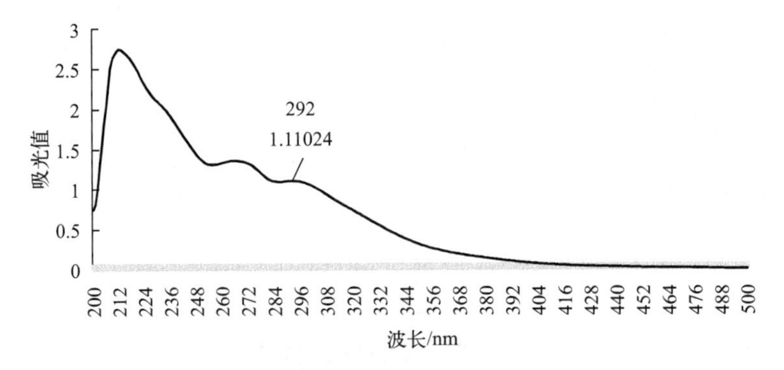

图 5-1　紫穗槐果实总黄酮提取液的吸收曲线

表 5-2　紫穗槐果实总黄酮提取液的吸光值

波长/nm	吸光值	（波长 / 透光强度）/%	波长/nm	吸光值	（波长 / 透光强度）/%	波长/nm	吸光值	（波长 / 透光强度）/%
250	1.380022	4.168479	265	1.360943	4.355692	280	1.159153	6.931823
251	1.355975	4.405806	266	1.361279	4.352323	281	1.139565	7.251622
252	1.337412	4.598199	267	1.359807	4.367097	282	1.123807	7.519568
253	1.324403	4.738026	268	1.356995	4.395471	283	1.111939	7.727890
254	1.316459	4.825482	269	1.352851	4.437608	284	1.103802	7.874054
255	1.312797	4.866351	270	1.347201	4.495718	285	1.099142	7.958983
256	1.312683	4.867621	271	1.339833	4.572639	286	1.097610	7.987112
257	1.315325	4.838100	272	1.330286	4.674273	287	1.098612	7.968706
258	1.319973	4.786601	273	1.318716	4.800468	288	1.101244	7.920565
259	1.326093	4.719620	274	1.304032	4.965558	289	1.104401	7.863196
260	1.333171	4.643319	275	1.283799	5.202363	290	1.107235	7.812053
261	1.340582	4.564765	276	1.259272	5.504629	291	1.109285	7.775257
262	1.347679	4.490776	277	1.23332	5.843600	292	1.110240	7.758185
263	1.353802	4.427904	278	1.207195	6.205909	293	1.109967	7.763059
264	1.358383	4.381444	279	1.182045	6.575899	294	1.108350	7.792012

续表

波长/nm	吸光值	（波长 / 透光强度）/%	波长/nm	吸光值	（波长 / 透光强度）/%	波长/nm	吸光值	（波长 / 透光强度）/%
295	1.105183	7.849052	310	0.899060	12.61655	325	0.657571	22.00034
296	1.100386	7.936234	311	0.880842	13.15704	326	0.641431	22.83330
297	1.093949	8.054735	312	0.863055	13.70709	327	0.625541	23.68422
298	1.085766	8.207940	313	0.845892	14.25961	328	0.609955	24.54963
299	1.075851	8.397484	314	0.829296	14.81508	329	0.594624	25.43176
300	1.064417	8.621508	315	0.813241	15.37301	330	0.579364	26.34123
301	1.051571	8.880333	316	0.797777	15.93027	331	0.564114	27.28261
302	1.037353	9.175866	317	0.782643	16.49519	332	0.548902	28.25514
303	1.021982	9.506435	318	0.767583	17.07720	333	0.533645	29.26541
304	1.005777	9.867858	319	0.752562	17.67820	334	0.518310	30.31728
305	0.988945	10.25782	320	0.737432	18.30492	335	0.503043	31.40200
306	0.971566	10.67662	321	0.721990	18.96749	336	0.487973	32.51072
307	0.953729	11.12425	322	0.706163	19.67149	337	0.473460	33.61554
308	0.935622	11.59788	323	0.690058	20.41467	338	0.459486	34.71478
309	0.917384	12.09529	324	0.673829	21.19196	339	0.445407	35.85856

根据曲线看出，紫穗槐果实的总黄酮提取液在 212nm 和 292nm 处都出现了典型吸收峰，说明紫穗槐的总黄酮提取液中含有芳香环结构，可以产生特征紫外吸收，因此采用紫外分光光度计测量紫穗槐果实中总黄酮含量的方法切实可行。以鱼藤酮为标准品，测量其在 292nm 处的吸光值，绘制标准曲线，测算出 16 个不同地区的紫穗槐果实中总黄酮含量。

（2）鱼藤酮标准曲线制作　制备不同浓度的鱼藤酮待测液，测量其在 292nm 下的吸光值，结果见表 5-3。以浓度为横坐标、吸光值为纵坐标，绘制的标准曲线如图 5-2。

表5-3　鱼藤酮溶液浓度和吸光值

母液含量 /mL	浓度 /(mg/mL)	吸光值（Abs）	母液含量 /mL	浓度 /(mg/mL)	吸光值（Abs）
0	0	0	5	0.040	1.529
3	0.024	0.938	6	0.048	1.792
4	0.032	1.260	7	0.056	2.143

标准曲线 y=37.812x+0.0166，相关系数 R^2=0.9989，R^2 接近 0.9999，数据具有良好的准确性。

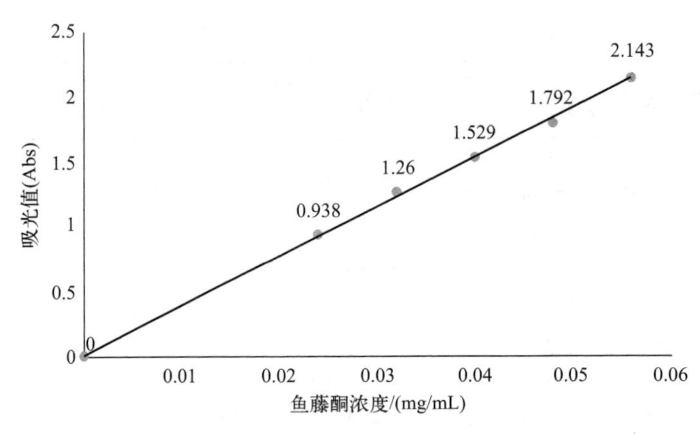

图 5-2 鱼藤酮标准曲线

（3）不同地区紫穗槐果实中总黄酮含量　用紫外分光光度计，以甲醇作为内参，测得 16 个地区的紫穗槐果实总黄酮提取液的吸光值，每个地区测量 3 次，取平均值作为最终结果，代入标准曲线计算总黄酮含量，结果见表 5-4。

表 5-4　16 个不同地区紫穗槐果实中总黄酮含量

地区	体积 /mL	吸光值（Abs）	比色液浓度 /（mg/mL）	提取液中总黄酮含量 /（mg/mL）	果实中总黄酮含量 /（mg/g）
沈水东路	8.5	1.507	0.0788	15.7664	16.76±1.44
五食堂后	9.0	1.284	0.0670	13.4074	15.08±0.86
富友果实	9.0	1.238	0.0646	12.9208	14.54±0.16
沈抚新城	8.5	1.640	0.0859	17.1734	18.25±1.23
浦和收费站	8.5	0.927	0.0482	9.6308	10.24±0.63
恒大绿茵小镇	8.5	0.916	0.0476	9.5144	10.11±0.08
21 舍后山坡	11.2	0.904	0.0469	9.3875	13.14±0.81
本溪	9.3	0.957	0.0497	9.9482	11.56±0.97
盘锦	9.8	1.152	0.0601	12.0110	15.58±1.25
高坎大桥	9.5	1.311	0.0685	13.6930	16.26±0.49
开原	10.5	0.809	0.0419	8.3825	11.00±0.20
桑提亚纳	10.5	1.412	0.0738	14.7615	19.37±1.32
浑河西峡谷	9.3	0.972	0.0505	10.1068	11.75±0.76
满堂街道	9.3	1.314	0.0686	13.7247	16.18±0.43
东陵高速口	10.5	1.302	0.0680	13.5978	17.85±0.84
灯塔张台子	9.9	0.781	0.0404	8.0863	9.19±0.55

根据表 5-4 所得总黄酮分别在提取液及果实中的含量，绘制图像对比 16 个不同地区紫穗槐中总黄酮含量的差异并分析原因，见图 5-3。

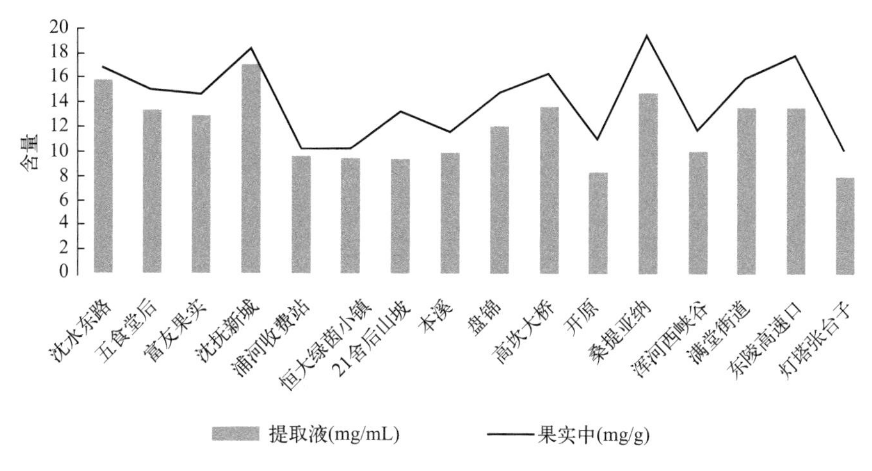

图 5-3　16 个地区紫穗槐总黄酮含量的差异

由图 5-3 可知，提取液中总黄酮含量沈抚新城最高，果实中总黄酮含量桑提亚纳最高，无论是提取液中还是果实中含量皆为灯塔张台子最低。五食堂后和 21 舍后山坡两地距离较近，而果实中总黄酮含量差异却较大，而恒大绿茵小镇与浦河收费站及 21 舍后山坡差异较小。另外，桑提亚纳的采集时间较晚，果实相对成熟一些，总黄酮含量也相应高出其他 15 个地区。可见，总黄酮含量受到气候、环境、成熟程度的影响。提取液中总黄酮含量和果实中总黄酮含量，根据 CORREL 公式计算相关系数为 r=0.92，具有强相关性，可见实验数据比较准确。

经过实验得到 16 个地区紫穗槐果实中总黄酮含量的 3 组重复数据，进行显著差异性分析，结果如表 5-5。对数据进行显著性差异分析，结果如表 5-6。

表 5-5　测得 3 组紫穗槐果实中总黄酮含量以及平均含量

地区	1 组 /（mg/g）	2 组 /（mg/g）	3 组 /（mg/g）	平均值 /（mg/g）	标准差 /（mg/g）	平均含量 /（mg/g）
沈水东路	16.8193	18.4828	14.9647	16.7556	1.4369	16.76±1.44
五食堂后	14.3930	14.5597	16.2972	15.0833	0.8610	15.08±0.86
富友果实	14.3573	14.7501	14.5002	14.5359	0.1623	14.54±0.16

续表

地区	1组/(mg/g)	2组/(mg/g)	3组/(mg/g)	平均值/(mg/g)	标准差/(mg/g)	平均含量/(mg/g)
沈抚新城	16.7631	19.7753	18.2018	18.2467	1.2302	18.25±1.23
浦河收费站	10.5025	9.3673	10.8397	10.2365	0.6299	10.24±0.63
恒大绿茵小镇	10.0079	10.1091	10.1990	10.1053	0.0781	10.11±0.08
21舍后山坡	13.7793	13.6460	12.0021	13.1425	0.8082	13.14±0.81
本溪	10.7162	11.0605	12.9175	11.5647	0.9668	11.56±0.97
盘锦	14.7524	17.4867	14.4932	15.5774	1.3542	15.58±1.25
高坎大桥	16.6122	15.5695	16.6122	16.2646	0.4915	16.26±0.49
开原	11.2798	10.8771	10.8493	11.0021	0.1967	11.00±0.20
桑提亚纳	17.6944	19.4994	20.9295	19.3744	1.3237	19.37±1.32
浑河西峡谷	11.9460	12.5732	10.7408	11.7533	0.7604	11.75±0.76
满堂街道	15.9304	15.8197	16.7913	16.1805	0.4342	16.18±0.43
东陵高速口	16.7225	18.0831	18.7496	17.8517	0.8436	17.85±0.84
灯塔张台子	8.7632	9.9675	8.8286	9.1864	0.5530	9.186±0.55

表5-6 显著差异性分析数据

地区	均值/(mg/g)	5%显著水平	1%极显著水平	地区	均值/(mg/g)	5%显著水平	1%极显著水平
桑提亚纳	19.3744	a	A	富友果实	14.5359	ef	DE
沈抚新城	18.2467	ab	AB	21舍后山坡	13.1425	fg	EF
东陵高速口	17.8517	abc	ABC	浑河西峡谷	11.7533	gh	FG
沈水东路	16.7556	bcd	BCD	本溪	11.5647	gh	FG
高坎大桥	16.2646	cde	BCD	开原	11.0021	hi	FG
满堂街道	16.1805	cde	BCD	浦河收费站	10.2365	hi	G
盘锦	15.5774	de	CDE	恒大绿茵小镇	10.1053	hi	G
五食堂后	15.0833	de	DE	灯塔张台子	9.1864	i	G

根据显著性差异分析可知，不同地区紫穗槐果实中总黄酮含量具有差异性，沈抚新城、桑提亚纳、东陵高速口这几个地区总黄酮含量高，果实中平均含量高于17mg/g，这3个地区在99%的置信水平无显著差异；沈水东路、高坎大桥、满堂街道、盘锦、五食堂后这5个地区总黄酮含量较高，平均含量在15～17mg/g，这5个地区在99%置信水平没有显著性差异；富友果实与21舍后山坡两地区总黄酮含量为中等水平，在

12 ～ 15mg/g 之间，这 2 个地区在 99% 的置信水平也无显著差异；本溪、开原、浑河西峡谷、恒大绿茵小镇、浦河收费站总黄酮含量较低，平均含量在 10 ～ 12mg/g 之间，这几个地区总黄酮含量在 99% 的置信水平也没有显著差异，灯塔张台子总黄酮含量低，平均含量在 10mg/g 以下。部分较低含量地区在 95% 置信水平上与低含量有显著差异，与高含量、较高含量都在 99% 置信水平存在显著性差异，与部分中等含量地区在 99% 置信区间有显著性差异。

经过显著差异分析对比，不同含量级别存在整体上的显著差异。其中，五食堂后和 21 舍后山坡、富友果实距离极近，却存在 95% 置信水平上的显著差异，五食堂后含量较高，21 舍后山坡含量较低。满堂街道与高坎大桥，两地距离较近，其在 99% 的置信水平无明显差异，两地含量都较高。平均含量最高的桑提亚纳和沈抚新城，与平均含量最低的灯塔张台子存在显著性差异。灯塔张台子与桑提亚纳、沈抚新城都距离较远。通过对比不同地区紫穗槐果实中总黄酮含量并结合 GPS 定位图，推断沈阳东陵一带紫穗槐果实黄酮含量较高，适合提取。另外，由于总黄酮的乙醇提取液体积不同导致吸光值的显著差异性不能完全等同于含量的差异性，但仍可以证明，不同地区、不同含量上存在差异性。

（4）千粒重及差异　计算 16 个地区紫穗槐果实千粒重并进行差异性分析，结果如表 5-7。

表5-7　16个不同地区紫穗槐果实平均千粒重数

地区	一组 /g	二组 /g	三组 /g	千粒重平均值 /g	标准差 /g	平均千粒重 /g
东陵高速口	1.1225	1.1102	1.0842	11.06	0.20	11.06±0.20
开原	1.0934	1.0862	1.0675	10.82	0.13	10.82±0.13
满堂街道	0.9592	1.0005	0.9743	9.78	0.21	9.78±0.21
高坎大桥	1.0450	0.9715	0.9785	9.98	0.41	9.98±0.41
五食堂后	0.9000	0.9210	0.8920	9.04	0.14	9.04±0.14
恒大绿茵小镇	0.9300	0.9260	0.9550	9.37	0.16	9.37±0.16
本溪	1.0450	1.0750	1.0740	10.65	0.17	10.65±0.17
沈抚新城	1.2980	1.3320	1.2430	12.91	0.45	12.91±0.45
浦河收费站	1.1181	1.1138	1.1254	11.19	0.06	11.19±0.06
21 舍后山坡	0.9728	0.9038	1.0184	9.65	0.58	9.65±0.58

续表

地区	一组 /g	二组 /g	三组 /g	千粒重平均值 /g	标准差 /g	平均千粒重 /g
沈水东路	1.0667	1.0509	1.0535	10.57	0.08	10.57±0.08
富友果实	1.1785	1.0940	1.1170	11.30	0.44	11.30±0.44
浑河西峡谷	1.3572	1.3403	1.3394	13.46	0.08	13.46±0.08
灯塔张台子	0.8519	0.8546	0.8524	8.54	0.16	8.54±0.16
盘锦	1.1860	1.3133	1.3022	13.11	0.30	13.11±0.30
桑提亚那	1.3140	1.3390	1.3460	13.33	0.24	13.33±0.24

结合16个不同地区紫穗槐果实千粒重及其总黄酮含量绘制折线图，结果如图5-4，经过对比发现，紫穗槐果实中的总黄酮含量和千粒重基本成正比，千粒重大，说明果实重量较大，其总黄酮含量也高。

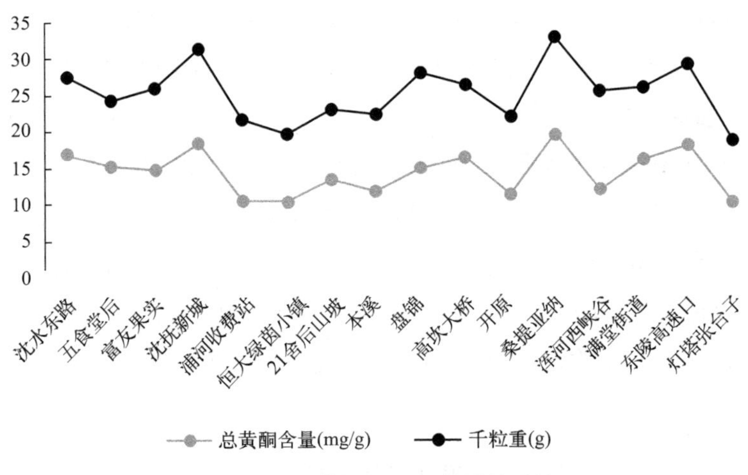

图5-4 总黄酮含量和千粒重关系图

5.1.3 小结

提取紫穗槐中总黄酮的方法有很多种，本节主要运用超声波辅助乙醇浸提的方法，除此之外还有微波提取法、超临界流体法、加压溶剂萃取法、酶解辅助法、脉冲电场法。微波提取法与传统方法主要区别是，里外同时加热，效率更高，但耗时长。超临界流体法提取黄酮速度快、收率高，但成本高，设备折旧大[6]。加压溶剂萃取法在提高温度和压力的情况下萃取，相对来说更加自动化，时间短，也很方便，但是提取过程中会有残留，回收比较麻烦。酶解辅助法提取效率高，但操作需要低温进行，有一定的安全要求。脉冲电场法提取彻底，效率高，成本低，但仪器设备较为复杂。本研究运用超声波辅助乙醇提取法，较为简单，易于操作，成本低，效率也较高[7]。

在利用紫外分光光度计测定吸光度时，经过不断尝试，浓度比为 0.0025，得到数据在标准曲线范围内。用无菌水清洗比色皿，后倒入废液缸，不久后废液缸出现了絮状物并分层，推测废液缸中的成分有总黄酮提取液、甲醇、乙醇、无菌水。水在甲醇中的溶解度大于提取液在甲醇中的溶解度，导致提取液析出并产生絮状物沉淀，因此在提取测定总黄酮的实验中，应保持实验仪器灭菌干燥，水的存在会导致析出出现误差。如果抽滤时出现析出分层，则无法正常测量吸光度，取上清液则会导致取样样品不均匀，数据不准确。

经实验测量与计算，得出结论：紫穗槐果实总黄酮含量在 10 ～ 20mg/g 不等，平均值为 14.1609mg/g，千粒重在 8 ～ 13g 不等，平均值为 10.762g；紫穗槐总黄酮含量与千粒重正相关；不同地区因为地理位置不同、环境不同、果实成熟程度不同，这些客观因素对于紫穗槐总黄酮含量造成了极大影响。紫穗槐多生长在道路两旁的坡上，不同的坡向因朝向不同，对于紫穗槐生长的影响效果也值得深入探究。据研究，坡面不同的朝向确实对紫穗槐的生长有一定的影响，不同朝向的坡所受到的风力、光照都不同[8]。紫穗槐生长初期主要受水分影响较大，后期因为坡面不同受到风向影响，其各种物质含量都会受到影响，具体影响有待进一步考证。

5.2　不同产地紫穗槐果实紫穗槐格宁含量测定

紫穗槐格宁是从紫穗槐果实中提取分离出来的杀虫活性物质，经研究发现可以对多种肿瘤细胞的增殖产生抑制作用和保肝等。研究发现，紫穗槐格宁会抑制线粒体复合酶Ⅰ，并且对紫穗槐格宁进行酶促动力学的研究发现其对线粒体复合酶Ⅰ的抑制方式是可逆性混合Ⅰ型抑制。紫穗槐格宁对小菜蛾、菜青虫幼虫、淡色库蚊幼虫以及苹果黄蚜都有毒杀活性，紫穗槐格宁能降低淡色库蚊幼虫体内的能荷和ATP的含量，其浓度越高，淡色库蚊体内的能荷和ATP的含量就越低。

测定不同地区紫穗槐果实中紫穗槐格宁含量，探究不同地区、不同经纬度紫穗槐格宁含量的差异，可为紫穗槐杀虫、杀菌活性及其他方面的研究提供数据，为辽宁产紫穗槐的种植、生产、采购、鉴定分析提供科学依据，为植物源杀虫剂的进一步研究做出贡献。

5.2.1 材料与方法

（1）试验材料 所需材料为紫穗槐果实，采集自辽宁省沈阳市8个不同地区，GPS如表5-8。采集后筛去尘土、木棍、叶子等无关部分，处理好放入密封袋备用。

表5-8 不同采集地区的GPS

编号	地区	GPS		
1	桑提亚纳	辽宁省沈阳市浑南区高坎双园路36号	123.683652	41.856889
2	东陵高速口	辽宁省沈阳市沈河区G1501沈阳绕城高速147号	123.567643	41.815467
3	满堂街道	辽宁省沈阳市浑南区满堂街道四环路	123.659829	41.891732
4	富友果实	辽宁省沈阳市沈河区东陵路139-1号	123.570845	41.840038
5	高坎大桥	辽宁省沈阳市浑南区四环路高坎大桥	123.672769	41.838974
6	五食堂后	辽宁省沈阳市沈阳农业大学五食堂	123.580750	41.834023
7	沈水东路	辽宁省沈阳市沈河区泉园街道沈水东路92号	123.516540	41.784522
8	21舍后山坡	辽宁省沈阳市沈阳农业大学21舍后山东一门	123.581461	41.834126

（2）试验方法

① 制备紫穗槐格宁提取液。分别称取从不同地区采集的紫穗槐果实20g，将木棍、树叶等杂质挑出后，放入高速粉碎机粉碎1min，每份称取2.5g粉碎后的粉末，加入25mL容量瓶中，使用色谱甲醇定容，混匀后超声20min，取出后，抽滤2次，合并滤液，得到约22～23mL的滤液，记录体积。遮光、低温、密封保存备用。

② 紫穗槐格宁标准溶液的配制。用分析天平准确称取5mg紫穗槐格宁标准品粉末，转移至100mL容量瓶中，用色谱甲醇定容，得到50mg/L

标准溶液作为母液。将其梯度稀释成40mg/L、30mg/L、20mg/L、10mg/L，得到5个浓度梯度标准溶液。

③ 紫穗槐格宁标准曲线的绘制。分别取浓度为50mg/L、40mg/L、30mg/L、20mg/L、10mg/L的紫穗槐格宁标准溶液过滤膜，过滤后置于液相小瓶中待用。使用高效液相色谱，色谱条件：流动相乙腈+水=70%+30%；流速1mL/min；检测波长295nm；进样量10μL；柱温25℃。测得紫穗槐格宁标准品色谱图。以标准品浓度为横坐标，所得有效成分峰面积为纵坐标，绘制标准曲线。

④ 测量不同地区紫穗槐格宁提取液的有效成分出峰时间及峰面积。测量不同地区的紫穗槐果实提取液在2.20min左右出峰的峰面积，根据标准曲线计算不同地区紫穗槐果实内的紫穗槐格宁含量。

⑤ 紫穗槐格宁标准曲线绘制。制备不同浓度的紫穗槐格宁标准品待测液，测量其在2.20min左右保留时间出峰峰面积，峰形图如图5-5，浓度及峰面积如表5-9，紫穗槐格宁标准曲线如图5-6。

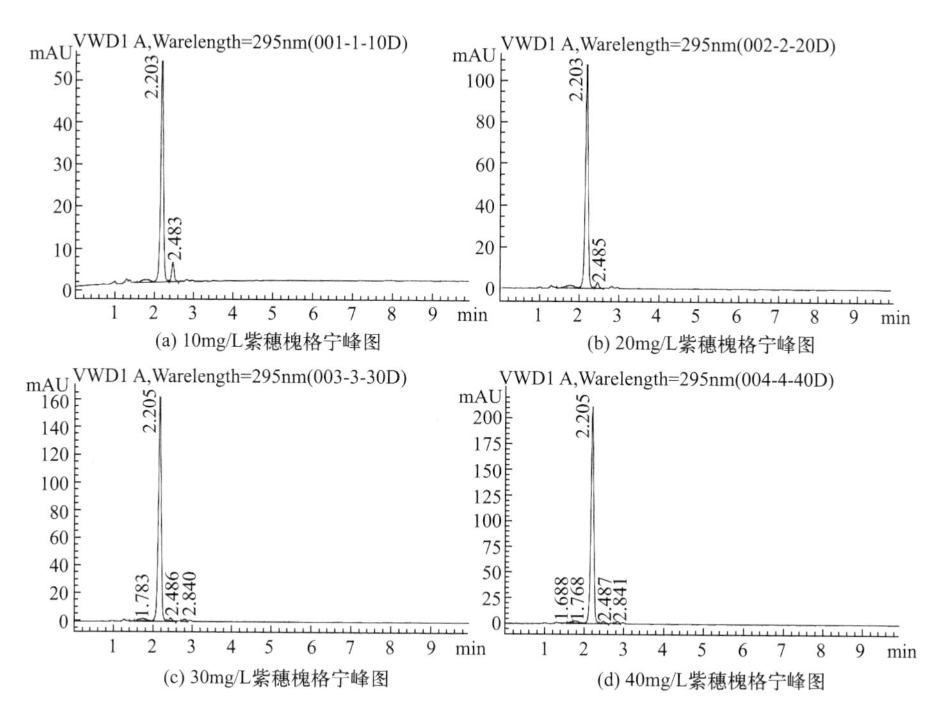

(a) 10mg/L紫穗槐格宁峰图

(b) 20mg/L紫穗槐格宁峰图

(c) 30mg/L紫穗槐格宁峰图

(d) 40mg/L紫穗槐格宁峰图

图5-5

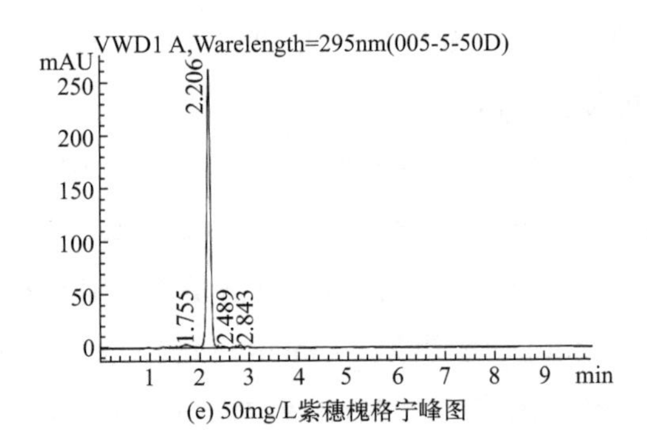

(e) 50mg/L紫穗槐格宁峰图

图 5-5 紫穗槐格宁 5 个浓度梯度峰图

表5-9 紫穗槐格宁溶液浓度和峰面积

浓度 /（mg/L）	峰面积 /（mAU · s）	浓度 /（mg/L）	峰面积 /（mAU · s）
0	0	30	819.2854
10	274.91425	40	1075.48938
20	565.87335	50	1335.17139

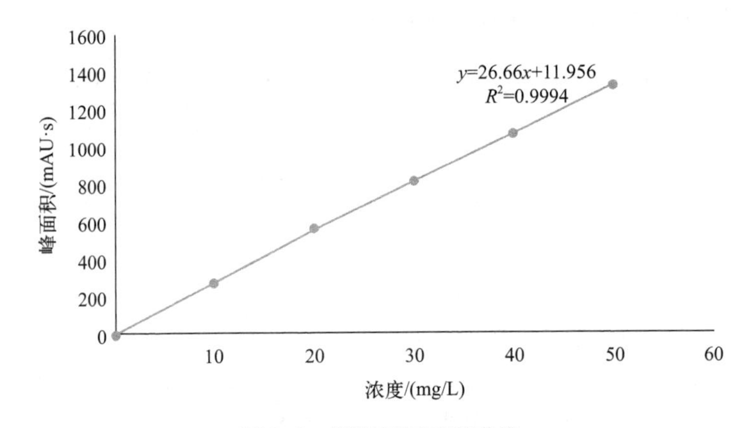

图 5-6 紫穗槐格宁标准曲线

以浓度为横坐标、峰面积为纵坐标，绘制的标准曲线如图 5-6，相关系数 R^2=0.9994，数据具有良好的准确性。

5.2.2 结果与分析

使用高效液相色谱仪器，以甲醇作为内参，测得采自 8 个地区的紫穗槐果实格宁提取液的峰面积，其中紫穗槐含量峰面积比较大的分别是五食堂后和沈水东路，如图 5-7 和图 5-8，代入标准曲线计算出紫穗槐格宁含量，如表 5-10。

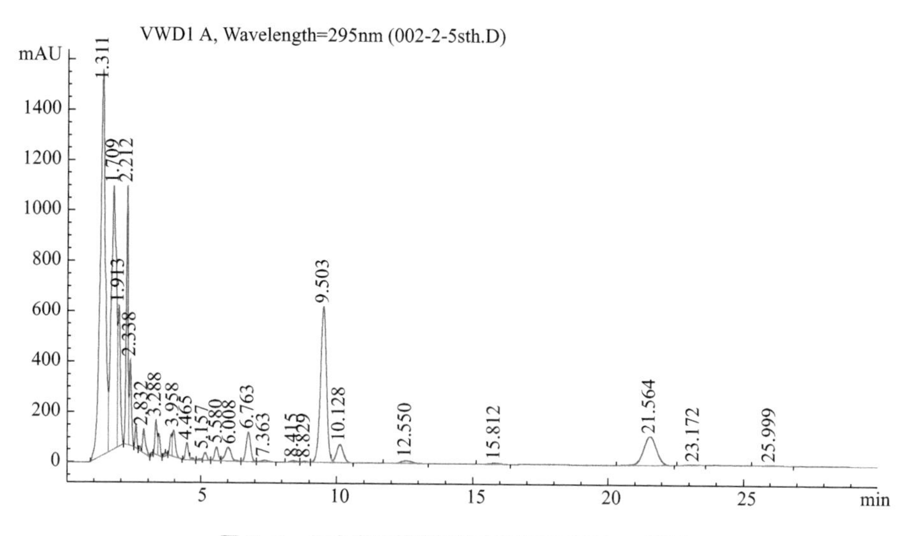

图 5-7　五食堂后紫穗槐格宁提取液 295nm 峰图

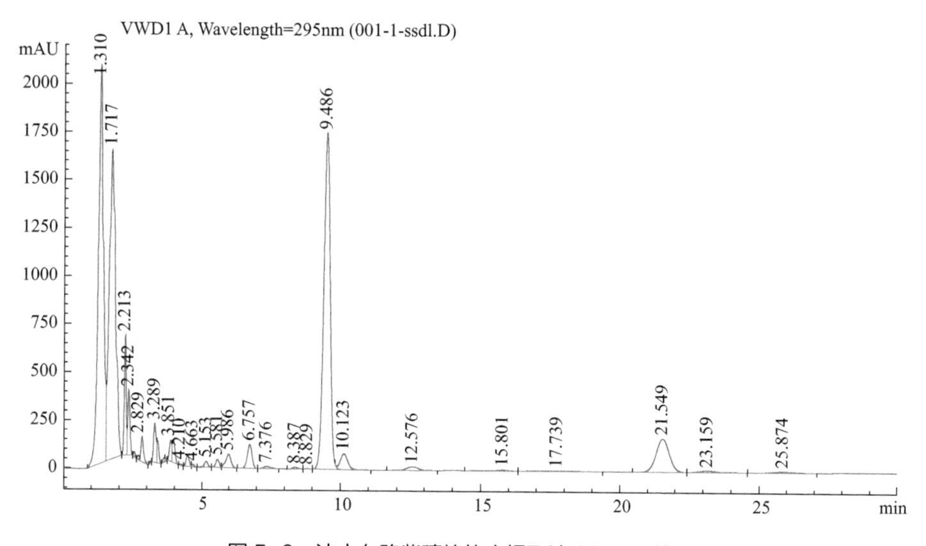

图 5-8　沈水东路紫穗槐格宁提取液 295nm 峰图

根据表 5-10 可知，紫穗槐格宁在提取液及果实中的含量，不同地区差异明显，五食堂后、沈水东路含量最高，东陵高速路口、桑提亚纳含量偏低。

表5-10 不同地区紫穗槐果实中紫穗槐格宁含量

地区	体积/L	峰面积/(mAU·s)	保留时间/min	提取液中紫穗槐格宁浓度/(mg/L)	果实中紫穗槐格宁含量/(mg/g)
桑提亚纳	0.0225	519.40918	2.197	19.03425281	0.171308275
东陵高速口	0.022	423.9295	2.199	15.45286947	0.135985251
满堂街道	0.0223	2106.032	2.183	78.54747712	0.700643496
富友果实	0.0222	1459.592	2.189	54.29991748	0.482183267
高坎大桥	0.0223	723.8536	2.204	26.70283721	0.238189308
五食堂后	0.0222	4984.119	2.212	186.5027251	1.656144198
沈水东路	0.0223	3016.346	2.213	112.6927963	1.005219743
21舍后山坡	0.0222	696.9966	2.194	25.69544561	0.228175557

5.2.3 小结

不同地区紫穗槐果实中紫穗槐格宁的含量存在差别，五食堂后紫穗槐种植时间较晚，树更新，可能是导致含量较高的原因。另外，桑提亚纳、东陵高速口的紫穗槐多为独颗生长，未连成树林，且靠近快速干道，来往车辆多，环境可能是导致含量低的原因。

按照其含量的高低可分为高含量（果实里紫穗槐格宁含量>1mg/g，包含五食堂后、沈水东路两个地区），中含量（果实里紫穗槐格宁含量>0.4mg/g，包含满堂街道、富友果实两个地区），低含量（果实里紫穗槐格宁含量<0.4mg/g，包含桑提亚纳、东陵高速口、高坎大桥、21舍后山坡四个地区），可选择含量较高的地区进行紫穗槐格宁提取和植物源杀虫剂加工等研究。

利用高效液相色谱测紫穗槐格宁浓度方法可行合理，序列每一针之间添加10min后处理，有利于峰图完整，排除上一针干扰的同时校准仪器。液相条件中使用乙腈替代甲醇可降低压力，防止瞬间压力过高，保护仪器。高效液相色谱法用于探究紫穗槐的成分和含量发挥了很大的作用，如对紫穗槐灰叶素含量的研究发现，果实中灰叶素的含量明显高于叶中的含量。紫穗槐格宁的价值较高，从紫穗槐根提取出的紫穗槐格宁，可诱导自噬介导的黑色素体降解。在分子层面，紫穗槐格宁杀虫机制研究表明，其对粘虫线粒体复合酶 I 中由线粒体编码的 7 个亚基因 NDUFV1、NDUFV2、NDUFS1、NDUFS2、NDUFS3、NDUFS7、NDUFS8 的基因表达量具有不同程度的影响，更多有关紫穗槐格宁杀虫作用的机制有待进一步研究。探究不同地区紫穗槐果实中紫穗槐格宁含量，有利于为相关更深入的分析与研究打下基础。

参考文献

[1] 李娜，薛晓霜，李彦猛，等．紫穗槐籽实主要营养成分含量的测定 [J]. 饲料研究，2016(19): 51-53.

[2] 赵昱玮，南敏伦，赫玉芳，等．紫穗槐化学成分及药理活性研究进展 [J]. 中国实验方剂学杂志，2015, 21(01): 224-227.

[3] 孙芸，刘艺，燕雪花，等．新疆沙枣总黄酮含量测定及提取工艺优化 [J]. 湖北农业科学，2012, 51(16): 3570-3571+3583.

[4] 王笳，赵联甲，韩基民，等．紫穗槐精油的提取及化学成分研究 [J]. 中国野生植物资源，1996(03): 35-37.

[5] 姜泓，孟舒，陈再兴，等．紫穗槐中黄酮类化学成分的体外抗癌活性研究 [J]. 中药材，2008(05): 736-738.

[6] Qu X, Diao Y, Zhang Z, et al. Evaluation of anti-bacterial and wound healing activity of the fruits of *Amorpha fruticosa* L[J]. Afr J Tradit Complement Altern Med, 2013,10(3):458-68.

[7] 焦姣，孙慧，兰杰，等．紫穗槐果实杀菌活性成分的提取、分离与鉴定 [J]. 农药，2012, 51(07): 491-493.

[8] 曹家仁，李东升．高速公路不同坡向对紫穗槐生长的影响 [J]. 现代园艺，2011(21): 11.

第6章

紫穗槐总黄酮及主要杀虫成分作用机理研究

6.1 HPLC 测定昆虫 ATP 等含量及能荷方法的建立

生物体代谢过程中，机体中的三种高能化合物 ATP、ADP 和 AMP 之间可以相互转化，这种转化作用能够引起机体中三种高能化合物的含量发生改变，最终使生物体的能量代谢产生变化[1]。在生物体细胞中，腺苷酸库的大小可以直接反映线粒体氧化呼吸的活性和生成高能磷酸化合物的能力，同时也能够反映细胞的能量储备状态[2]。能荷（EC）是细胞能量代谢状态的指标，而腺苷库中各成分的比例则由能荷的大小决定，因此，能荷的高低反映生物体能量代谢的状况。

相关研究已证明紫穗槐总黄酮提取物 amorphigenin 对苹果黄蚜、小菜蛾、菜青虫以及淡色库蚊幼虫均具有较好的生物活性，为了进一步探索其作用机理，本节采用高效液相色谱（HPLC）法测定淡色库蚊体内 ATP、ADP 和 AMP 的含量及 EC 水平的高低，从而验证紫穗槐总黄酮及 amorphigenin 对害虫体内能量代谢的影响。

6.1.1 材料与方法

（1）试验材料　淡色库蚊采自沈阳农业大学附近污水沟，挑出大小一致的 4 龄幼虫。

（2）试验方法

① 紫穗槐总黄酮制备方法参见 5.1。

② 对照品溶液和流动相的配制。精密称取 ATP、ADP、AMP 标准品各 10mg，分别加超纯水溶于 10mL 容量瓶，制成浓度分别为 1.0mg/mL 的标准品储备液。另取 ATP、ADP、AMP 标准品各 10mg 混合在一起，加超纯水溶于 10mL 容量瓶制得混合标准品，然后加超纯水稀释成浓度为 0.8mg/mL、0.6mg/mL、0.4mg/mL 的混合标准品溶液。各标准品溶液使用前用 0.45μm 滤膜过滤。精确称取 0.04mol 磷酸二氢钾和 0.06mol 的磷酸氢二钾，混合后加入容量瓶，先加少量去离子水超声助溶，然后定容至 1L，使用前采用溶剂过滤器过 0.22μm 滤膜。

③ 淡色库蚊药品处理及淡色库蚊 ATP、ADP、AMP 提取样品制备。精确称取紫穗槐总黄酮提取物、amorphigenin 和鱼藤酮溶于少量乙醇，以 0.1% 吐温 80 水稀释成母液待用。小烧杯中放入 4 龄淡色库蚊幼虫，然后添加药液，使得紫穗槐总黄酮在烧杯中浓度分别为 5mg/L、4mg/L、3mg/L、2mg/L；amorphigenin 在烧杯中浓度分别为 1mg/L、0.8mg/L、0.6mg/L、0.4mg/L；鱼藤酮在烧杯中浓度为 0.6mg/L。

处理 24h 后，挑取活着的淡色库蚊幼虫分别称重后置于预冷的离心管中，按质量 / 体积 1∶5 的比例加入预冷的 0.6mol/L $HClO_4$ 溶液，电动组织研磨器迅速研磨匀浆 1min，4℃低温 6000g 离心 10min。离心后吸取相当于加入 $HClO_4$ 体积 40% 量的上清液用 0.45μm 微孔滤膜过滤，立即检测含量，如不能检测置 −20℃冰箱保存备用。

④ ATP、ADP、AMP 的含量测定。采用梯度洗脱，流动相 A 为 pH 7.0 磷酸钾缓冲液，流动相 B 为乙腈；流速 1.2mL/min；检测波长 254nm；进样量 10μL；柱温 25℃。洗脱条件如表 6-1 所示。

表6-1 流动相梯度洗脱条件

洗脱时间 /min	流动相 A 比例 /%	流动相 B 比例 /%	洗脱时间 /min	流动相 A 比例 /%	流动相 B 比例 /%
0	100	0	5.3	75	25
2	95	5	6	100	0
4	80	20	10	100	0

⑤ 线性关系考察。精密吸取配制成的 ATP、ADP、AMP 系列浓度的标准品溶液，在色谱条件下进行测定，以峰面积积分值为纵坐标，ATP、ADP、AMP 进样量（μg）为横坐标进行线性回归。

⑥ 测试精密度与稳定性。吸取对照品 ATP、ADP、AMP 的标准品溶液，在色谱条件下重复进样 6 次，计算峰面积；吸取对照品 ATP、ADP、AMP 的标准品溶液，分别于 0h、2h、4h、6h、8h、12h 测定峰面积。

⑦ 加样回收率实验。取制备好的昆虫提取液 100μL，加入等体积的 1mg/mL、0.8mg/mL、0.6mg/mL、0.4mg/mL 的 ATP、ADP、AMP 混合标准品溶液，均匀混合后进样，按色谱条件测定峰面积。根据标准曲线换算

ATP、ADP、AMP 含量，计算加样回收率。

⑧ 样品测定。在色谱条件分析昆虫提取液，测得 ATP、ADP、AMP 的含量，采用式（6-1）、式（6-2）分别计算出能荷 EC 和总腺苷酸库，研究不同浓度紫穗槐总黄酮及 amorphigenin 处理下淡色库蚊 ATP、能荷的变化[3]。

$$EC=(ATP+1/2ADP)/(ATP+ADP+AMP) \quad (6\text{-}1)$$

$$总腺苷酸库=ATP+ADP+AMP \quad (6\text{-}2)$$

6.1.2　结果与分析

（1）HPLC 测定昆虫 ATP 等含量及能荷

① 腺苷酸线性关系考察。在上述色谱条件下，待仪器稳定后，注入数针标准品及样品溶液，考察线性关系、方法的精密度和稳定度。标准品色谱见图 6-1。由图可见，ATP、ADP、AMP 得到有效分离，保留时间分别为 3.497min、4.994min、6.307min。

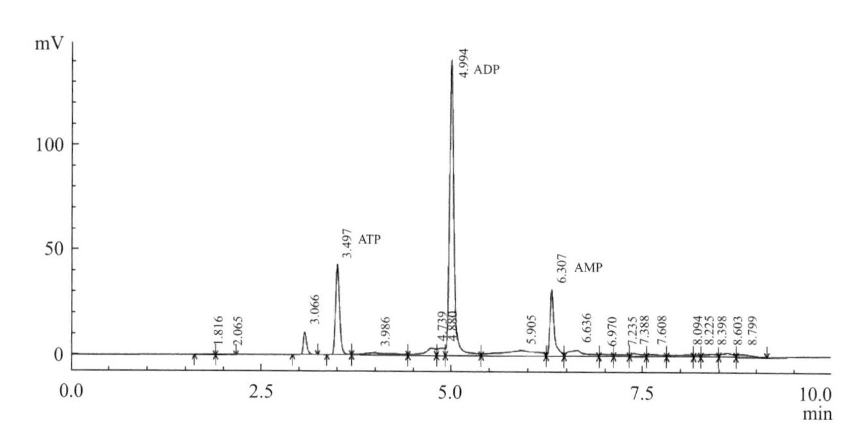

图 6-1　ATP、ADP、AMP 标准品色谱图

按照色谱条件进行测定，以峰面积积分值为纵坐标，ATP、ADP、AMP 进样量（μg）为横坐标进行线性回归。ATP、ADP、AMP 进样量、峰面积及回归方程见表 6-2。由表 6-2 可知，ATP 的线性回归方程为 y=49190x+7061.6，相关系数 R^2=0.9982；ADP 的线性回归方程为

y=120677x−25527，R^2=0.9847；AMP 的线性回归方程为 y=14577x−1415.2，R^2=0.9962。

表6-2　ATP、ADP、AMP进样量、峰面积、回归方程及相关系数数据

样品名	进样量/μg	峰面积	线性回归方程	相关系数 R^2
ATP	3.1096	208719	y=49190x+7061.6	0.9982
	4.6644	294732		
	6.2191	400835		
	7.7739	501286		
ADP	3.0828	474706	y=120677x−25527	0.9847
	4.6242	651002		
	6.1655	982392		
	7.7069	1168758		
AMP	3.6125	55066	y=14577x−1415.2	0.9962
	5.4188	87563		
	7.2250	117636		
	9.0313	142219		

② 腺苷酸精密度与稳定性测试。取对照品 ATP、ADP、AMP 的混合标准品溶液，在色谱条件下连续进样 5 次，测得 ATP、ADP、AMP 的 RSD（n=5）分别为 1.30%、1.57%、1.68%，结果表明，ATP、ADP、AMP 在此分析条件下具有较好的精密度。

由于仪器没有降温装置，且常温下 ATP、ADP、AMP 易分解，取对照品 ATP、ADP、AMP 的混含标准品溶液，分别于 0h、2h、4h、6h、8h、12h 测定峰面积，计算 RSD，结果 ATP、ADP、AMP 的 RSD（n=6）分别为 6.42%、7.06%、7.34%，各待测成分含量在 12h 内稳定性尚可，测试实验需在短时间内尽快进行。

③ 腺苷酸加样回收率实验。腺苷酸提取液色谱见图 6-2，由图可见，在此分析条件下，样品中 ATP、ADP、AMP 得到有效分离，保留时间分别为 3.391min、4.996min、6.324min，与标准品保留时间一致。ATP、ADP、AMP 的加样回收率数据见表 6-3。其中，ATP 的加样回收率平均值在 91.97% ～ 96.61% 之间，RSD 在 4.35% ～ 7.48% 之间；ADP 的加样回收率平均值在 96.74% ～ 98.51% 之间，RSD 在 2.32% ～ 6.29% 之间；AMP

的加样回收率平均值在92.74%～95.34%之间，RSD在4.58%～7.00%之间。加样回收率和RSD基本合格，能满足昆虫样本提取液中ATP、ADP、AMP的检测要求。

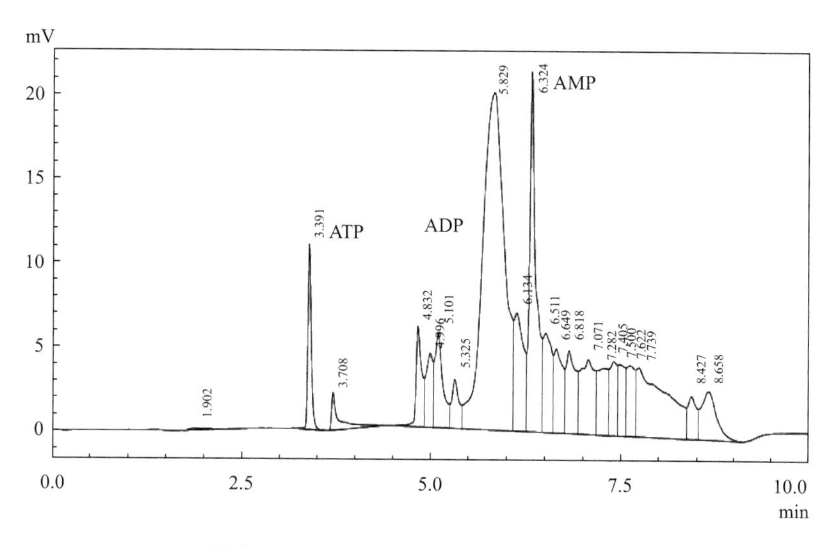

图6-2　ATP、ADP、AMP提取液色谱图

表6-3　ATP、ADP、AMP的加样回收率数据

样品名	添加量/mg	回收率/%				平均值/%	相对标准偏差/%
		1	2	3	4		
ATP	4	98.63	87.61	100.31	99.89	96.61	6.25
	6	94.65	99.76	89.69	95.40	94.88	4.35
	8	96.50	94.55	89.63	87.18	91.97	4.68
	10	97.83	89.47	102.58	87.59	94.37	7.48
ADP	4	96.29	101.45	93.66	95.57	96.74	3.44
	6	91.42	91.82	104.01	99.06	96.58	6.29
	8	101.09	98.54	100.25	94.16	98.51	3.13
	10	97.94	96.55	93.82	99.01	96.83	2.32
AMP	4	98.35	85.46	100.03	95.72	94.89	6.88
	6	89.64	98.81	89.96	92.54	92.74	4.58
	8	97.73	96.65	88.43	89.91	93.18	5.03
	10	99.98	89.49	102.15	89.74	95.34	7.00

（2）紫穗槐总黄酮对淡色库蚊ATP、ADP、AMP含量，总腺苷酸库，

能荷的影响　与空白对照相比，紫穗槐总黄酮能影响淡色库蚊 ATP 含量、能荷。不同浓度紫穗槐总黄酮处理 24h 后淡色库蚊体内 ATP、ADP、AMP 含量，总腺苷酸库，能荷见表 6-4。由表 6-4 可以看出，紫穗槐总黄酮及鱼藤酮均能减小淡色库蚊 ATP 含量和能荷，且与总黄酮浓度呈反比例关系，即浓度越大，ATP 含量越小，能荷也越小（见图 6-3）。用浓度分别为 2mg/L、3mg/L、4mg/L、5mg/L 的紫穗槐总黄酮处理淡色库蚊 24h 后，其 ATP 含量分别相当于对照的 56.74%、39.93%、36.04%、33.29%，能荷分别相当于对照的 78.21%、68.74%、63.07%、63.96%，而总腺苷酸库分别相当于对照的 95.35%、82.71%、81.62%、75.32%。与此同时，0.6mg/L 鱼藤酮处理淡色库蚊 24h 后，其 ATP 含量、能荷、总腺苷酸库分别相当于对照的 66.03%、84.42%、84.00%。

表6-4　紫穗槐总黄酮对淡色库蚊ATP、ADP、AMP含量，总腺苷酸库，能荷的影响

组别	ATP 含量 /(μg/g)	ADP 含量 /(μg/g)	AMP 含量 /(μg/g)	总腺苷酸库 /(μg/g)	能荷
2mg/L 总黄酮组	0.2407	0.34	0.3988	0.9795	0.4193
3mg/L 总黄酮组	0.1694	0.2875	0.3928	0.8497	0.3685
4mg/L 总黄酮组	0.1529	0.2611	0.4244	0.8385	0.3381
5mg/L 总黄酮组	0.1412	0.2483	0.3843	0.7738	0.3429
0.6mg/L 鱼藤酮组	0.2801	0.2209	0.3620	0.8629	0.4526
对照	0.4242	0.2530	0.3500	1.0273	0.5361

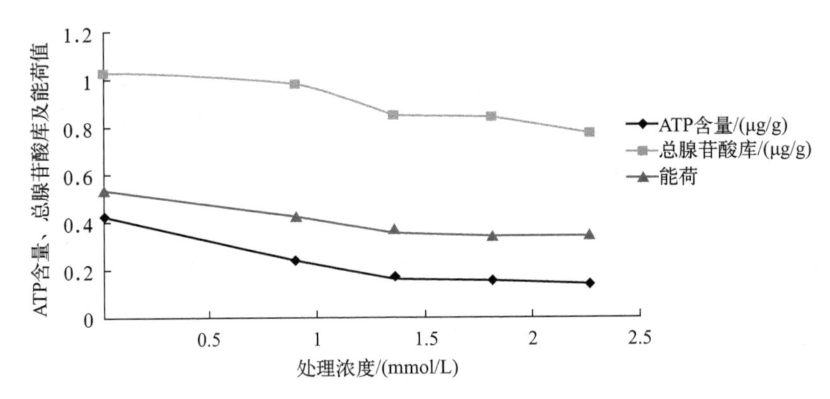

图 6-3　紫穗槐总黄酮对淡色库蚊 ATP 含量、总腺苷酸库及能荷的影响

6.2 紫穗槐总黄酮及 amorphigenin 对昆虫能量代谢的影响

6.2.1 材料与方法

同 6.1.1。

6.2.2 结果与分析

（1）测试 amorphigenin 对淡色库蚊 ATP、ADP、AMP 含量，总腺苷酸库，EC 的影响　实验测定 amorphigenin 对淡色库蚊 ATP、ADP、AMP 含量，总腺苷酸库，EC 的影响，与空白对照相比，amorphigenin 也能影响淡色库蚊 ATP 含量、能荷。不同浓度 amorphigenin 处理 24h 后淡色库蚊体内 ATP、ADP、AMP 含量，能荷，总腺苷酸库见表 6-5。由表 6-5 可以看出，amorphigenin 也能减小淡色库蚊 ATP 含量和能荷，且与总黄酮浓度呈反比例关系（见图 6-4）。用浓度分别为 0.9054mmol/L、1.3581mmol/L、1.8108mmol/L、2.2635mmol/L 的 amorphigenin 处理淡色库蚊 24h 后，其 ATP 含量分别相当于对照的 97.75%、72.23%、50.80%、37.11%，能荷分别相当于对照的 96.01%、78.55%、74.24%、64.93%，而总腺苷酸库分别相当于对照的 99.01%、105.81%、78.57%、95.42%。与此同时，1.4756mmol/L 的鱼藤酮处理淡色库蚊 24h 后，其 ATP 含量、能荷及总腺

表6-5　amorphigenin对淡色库蚊ATP、ADP、AMP含量，总腺苷酸库，能荷的影响

组别	浓度 /（mmol/L）	ATP 含量 /（μg/g）	ADP 含量 /（μg/g）	AMP 含量 /（μg/g）	总腺苷酸库 /（μg/g）	能荷
0.4mg/L amorphigenin 组	0.9054	0.4155	0.2160	0.3856	1.0171	0.5147
0.6mg/L amorphigenin 组	1.3581	0.3064	0.3028	0.4778	1.0870	0.4211
0.8mg/L amorphigenin 组	1.8108	0.2155	0.2116	0.3802	0.8072	0.3980
1mg/L amorphigenin 组	2.2635	0.1574	0.3678	0.4551	0.9803	0.3481
0.6mg/L 鱼藤酮组	1.4756	0.2801	0.2209	0.3620	0.8629	0.4526
对照	0	0.4242	0.2530	0.3500	1.0273	0.5361

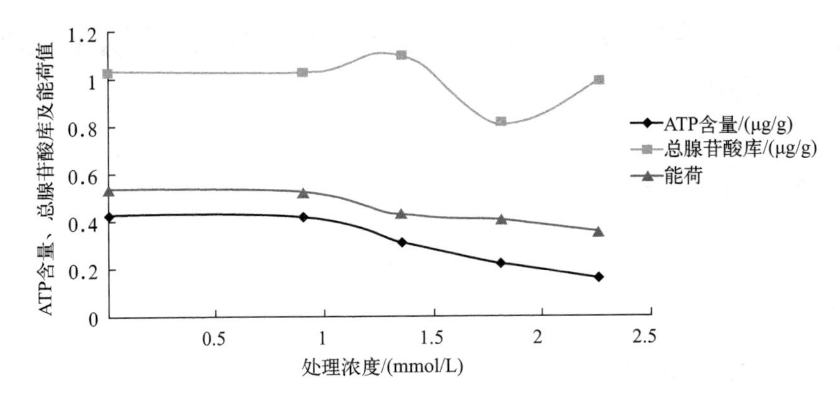

图 6-4 amorphigenin 对淡色库蚊 ATP 含量、总腺苷酸库及能荷的影响

苷酸库分别相当于对照的 66.03%、84.42% 及 84.00%。

（2）建立高效液相色谱方法

① 考察线性关系。实验结果表明，在色谱条件下，ATP、ADP、AMP 得到有效分离。ATP 的线性回归方程为 $y=49190x+7061.6$，相关系数 $R^2=0.9982$；ADP 的线性回归方程为 $y=120677x-25527$，$R^2=0.9847$；AMP 的线性回归方程为 $y=14577x-1415.2$，$R^2=0.9962$。

② 精密度与稳定性测试。实验发现，ATP、ADP、AMP 的 RSD（$n=5$）分别为 1.30%、1.57%、1.68%，结果表明，ATP、ADP、AMP 在此分析条件下具有较好的精密度。由于仪器没有降温装置，测得 ATP、ADP、AMP 的 RSD（$n=6$）分别为 6.42%、7.06%、7.34%，说明各待测成分含量在 12h 内稳定性尚可，测试实验需在短时间内尽快进行。

③ 加样回收率测试。实验结果表明，ATP 的加样回收率平均值在 91.97% ～ 96.61 之间，RSD 在 4.35% ～ 7.48% 之间；ADP 的加样回收率平均值在 96.74% ～ 98.51% 之间，RSD 在 2.32% ～ 6.29% 之间；AMP 的加样回收率平均值在 92.74% ～ 95.34% 之间，RSD 在 4.58% ～ 7.00% 之间。加样回收率和 RSD 基本合格，能满足昆虫样本提取液中 ATP、ADP、AMP 的检测要求。

（3）对淡色库蚊 ATP、ADP、AMP 含量，总腺苷酸库，能荷的影响　实验发现紫穗槐总黄酮及鱼藤酮均能减小淡色库蚊 ATP 含量和能荷，且与总黄酮浓度呈反比例关系，即浓度越大 ATP 含量越小，能荷也越小。与此同时，0.6mg/L 鱼藤酮处理淡色库蚊 24h 后，其 ATP 含量、能荷及总腺苷酸库分别相当于对照的 66.03%、84.42% 及 84.00%。

amorphigenin 也能减小淡色库蚊 ATP 含量和能荷，且与总黄酮浓度呈反比例关系。与此同时，1.4756mmol/L 的鱼藤酮处理淡色库蚊 24h 后，其 ATP 含量、能荷及总腺苷酸库分别相当于对照的 66.03%、84.42% 及 84.00%。

由以上结论可知，紫穗槐中总黄酮及 amorphigenin 对淡色库蚊 ATP、ADP、AMP 含量，EC，总腺苷酸库具有不同程度的影响，为紫穗槐果实杀虫活性的作用机理研究奠定了基础。

6.3　amorphigenin 对东方黏虫生物活性的测定

amorphigenin 是从紫穗槐果实中提取分离出来的杀虫活性物质。梁亚萍等研究发现，amorphigenin 对小菜蛾、菜青虫幼虫、淡色库蚊幼虫以及苹果黄蚜都有毒杀活性[4]。本节以东方黏虫为供试昆虫，采用浸叶法，探究 amorphigenin 对东方黏虫的室内毒力以及体重抑制效果。

6.3.1　材料与方法

（1）试验材料　挑选龄期大小一致的东方黏虫 3 龄幼虫。由沈阳化工院提供东方黏虫虫卵，在温度（26±1）℃，相对湿度（75±5）%，光周期 16L：8D 的培养箱内，幼虫使用人工饲料饲养多代，成虫以 10%（体积分数）的麦芽糖溶液饲养。东方黏虫人工饲料配方见表 6-6。

表6-6　东方黏虫人工饲料配方

组分	质量 /g	组分	质量 /g
豆粉	37.5	山梨酸	1
麦麸	37.5	肌醇	0.5
玉米粉	100	尼泊金甲酯	2
酵母粉	10	复合维生素	2
维生素 C	3	水	460
维生素 B_6	0.4	琼脂	12.5
维生素 B_5	0.3		

（2）试验方法

① 室内毒力测定。根据预试验筛选出48h时5个浓度梯度会使东方黏虫3龄幼虫的死亡率呈规律增长，室内毒力测定方法采用浸叶法，将amorphigenin用无水乙醇配制成母液，用无菌水加入0.1%吐温80稀释成5个浓度梯度（350 mg/L、500 mg/L、550 mg/L、600 mg/L、750 mg/L）的药液，摘取室内种植的新鲜玉米叶片，清水洗净擦干后，取适量的叶片浸入药液中10s，用镊子取出晾干后，放入对应的已经做好标记的放入保湿滤纸片的培养皿中，再挑取10头饥饿处理过的大小一致的3龄东方黏虫放入培养皿中，每个处理浓度做3次重复，以无菌水加入0.1%吐温80处理的玉米叶片作为对照组，也重复3次。放入培养箱中，适宜条件下培养48h后观察记录试虫的死亡数量及中毒症状，用镊子轻触虫体，东方黏虫不动则视为死亡，记录数据，通过Excel根据公式计算校正死亡率，用DPS软件计算amorphigenin的LC_{50}。

校正死亡率的计算公式如下：

$$\text{校正死亡率}=\frac{\text{处理组死亡率}-\text{对照组死亡率}}{1-\text{对照组死亡率}}\times 100\% \tag{6-3}$$

② amorphigenin对东方黏虫致毒症状。根据室内毒力测定实验结果，采用浸叶法，将amorphigenin用无水乙醇配制成母液，用无菌水加入0.1%吐温80稀释成350mg/L的药液，摘取室内种植的新鲜玉米叶片，清水洗净擦干后，取适量的叶片浸入药液中10s，用镊子取出晾干后，放入已经做好标记的放入保湿滤纸片的培养皿中，再挑取10头饥饿处理过的大小一致的3龄东方黏虫放入培养皿中，以无菌水加入0.1%吐温80处理的玉米叶片作为对照组。处理24h，观察致毒症状，并拍照。

③ amorphigenin对东方黏虫体重抑制实验。根据预实验筛选出对东方黏虫3龄幼虫具有体重抑制作用，且不会使试虫死亡的4个浓度梯度后进行体重抑制试验，实验方法同样采用浸叶法，将amorphigenin用无水乙醇配制成母液，用无菌水加入0.1%吐温80稀释成4个浓度梯度（2mg/L、8mg/L、20mg/L、25mg/L）的药液，摘取新鲜的玉米叶片，清水洗净擦干后，取适量的玉米叶片浸入药液10s，用镊子取出晾干后，放入做好标记的塑料小盒中，挑取10头大小一致且龄期相同的东方黏虫称重记录数据

后放入塑料小盒中，每个处理3次重复，以无菌水加入0.1%吐温80处理的玉米叶片为对照组，重复3次。空白对照的试虫也称重记录数据，放入培养箱中，适宜条件下培养，于24h和48h称量东方黏虫体重，记录数据，通过Excel根据公式计算东方黏虫体重抑制率。

体重抑制率计算公式如下：

$$体重抑制率=\frac{对照增长体重-处理增长体重}{对照增长体重}\times 100\% \quad (6\text{-}4)$$

6.3.2 结果与分析

（1）amorphigenin对东方黏虫的室内毒力测定 amorphigenin处理东方黏虫3龄幼虫48h后，经过HPLC纯度折算后，利用DPS软件计算LC_{50}，如表6-7所示。由表6-7可知，amorphigenin对东方黏虫3龄幼虫48h的LC_{50}为491.56mg/L，95%置信区间为440.07～549.06mg/L，毒力回归方程为$y=(3.93\pm0.89)x-(5.58\pm2.38)$，相关系数为0.9317。

表6-7 amorphigenin对东方黏虫3龄幼虫48h的毒力测定结果

药剂	回归方程	相关系数	LC_{50}/(mg/L)	95%置信区间/(mg/L)
amorphigenin	$y=(3.93\pm0.89)x-(5.58\pm2.38)$	0.9317	491.56	440.07～549.06

（2）amorphigenin对东方黏虫致毒症状 采用浸叶法，用amorphigenin处理东方黏虫3龄幼虫，观察处理过的试虫症状并拍照记录。amorphigenin处理东方黏虫3龄幼虫与空白对照相比取食量会变少，且行动缓慢，用镊子轻触虫体时反应也比较迟钝，死亡的虫体会变软，可以对折。由图6-5还可以看出，虫体中间部位发黑，具有明显的胃毒症状。

（3）amorphigenin处理24h后东方黏虫体重抑制率 采用浸叶法，以2mg/L、8mg/L、20mg/L、25mg/L amorphigenin处理东方黏虫3龄幼虫，24h体重抑制率结果见图6-6。由图6-6可以看出，amorphigenin处理24h后，当浓度为2mg/L时对东方黏虫3龄幼虫体重的抑制率为62.7%；当浓度为8mg/L时对东方黏虫3龄幼虫体重的抑制率为76.6%；当浓度为20mg/L时对东方黏虫3龄幼虫体重的抑制率为92.3%；当浓度为25mg/L

时对东方黏虫3龄幼虫体重的抑制率为97.1%。随着amorphigenin浓度的升高，amorphigenin对东方黏虫3龄幼虫体重的抑制率随之升高，即体重抑制率与药剂浓度成正比。

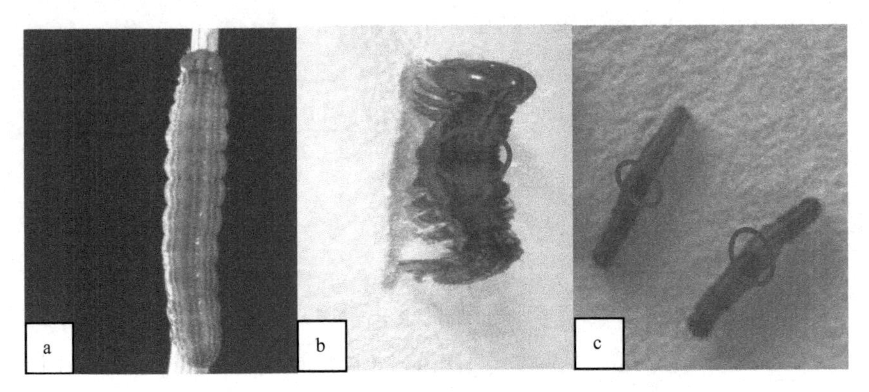

图6-5 amorphigenin处理后东方黏虫3龄幼虫中毒症状

a为对照组；b、c为amorphigenin处理组

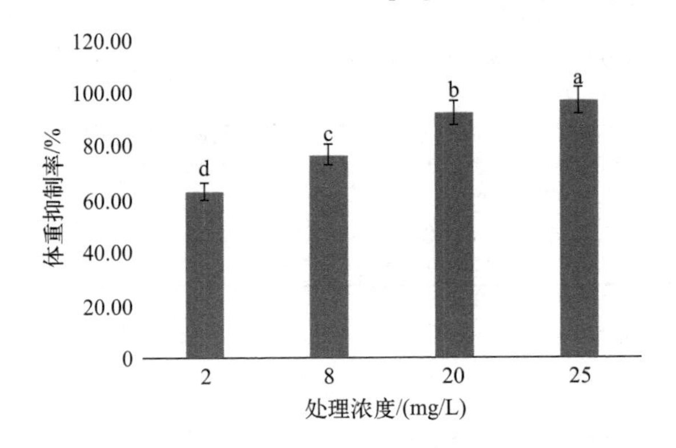

图6-6 amorphigenin处理东方黏虫3龄幼虫24h体重抑制率

（4）amorphigenin处理48h后东方黏虫体重抑制率 采用浸叶法，以2mg/L、8mg/L、20mg/L、25mg/L amorphigenin处理东方黏虫3龄幼虫，48h体重抑制率结果见图6-7。由图6-7可以看出，amorphigenin处理48h后，当浓度为2mg/L时对东方黏虫3龄幼虫体重的抑制率为32.8%；当浓度为8mg/L时对东方黏虫3龄幼虫体重的抑制率为57.4%；当浓度为20mg/L时对东方黏虫3龄幼虫体重的抑制率为68.6%；当浓度为25mg/L时对东方黏虫3龄幼虫体重的抑制率为79.4%。随着amorphigenin浓度的升高，amorphigenin对东方黏虫3龄幼虫体重的抑制率随之升高，即抑制

率与药剂浓度成正比。

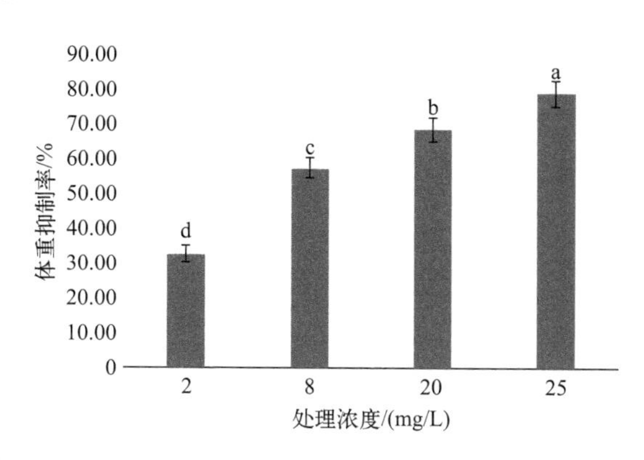

图 6-7 amorphigenin 处理东方黏虫 3 龄幼虫 48h 体重抑制率

室内毒力测定结果表明，amorphigenin 对东方黏虫 3 龄幼虫的 LC_{50} 为 491.56mg/L，经过 amorphigenin 处理的东方黏虫 3 龄幼虫取食量会减少，行动迟缓，死亡的东方黏虫 3 龄幼虫其虫体中间部位会变黑，具有明显的胃毒症状。通过预实验筛选出 4 个对东方黏虫具有体重抑制效果且不会使试虫死亡的浓度梯度（2mg/L、8mg/L、20mg/L、25mg/L）。amorphigenin 对东方黏虫 3 龄幼虫的体重抑制实验结果表明：amorphigenin 对东方黏虫 3 龄幼虫的体重具有抑制效果，2mg/L、8mg/L、20mg/L、25mg/L amorphigenin 处理 24h 后东方黏虫 3 龄幼虫体重抑制率为 62.7%、76.6%、92.3%、97.1%；2mg/L、8mg/L、20mg/L、25mg/L amorphigenin 处理 48h 后东方黏虫 3 龄幼虫体重抑制率为 32.8%、57.4%、68.6%、79.4%。amorphigenin 处理 24h 的东方黏虫 3 龄幼虫体重抑制率比 amorphigenin 处理 48h 的东方黏虫 3 龄幼虫体重抑制率高，可能是由于 amorphigenin 具有拒食活性，24h 取食少，东方黏虫体内的解毒酶发生了作用，东方黏虫为了生存 48h 比 24h 取食多。低浓度的 amorphigenin 对东方黏虫具有体重抑制作用，但是致死效果比较慢，由于其作用于线粒体复合酶 I 与供能有关，试虫慢慢受到影响，植物源农药发挥效果比较慢，后续可以使用低浓度的 amorphigenin 观察试虫的死亡时间等进行研究。

6.4 amorphigenin 抑制昆虫线粒体复合酶 Ⅰ 作用机制研究

amorphigenin 是从紫穗槐果实中提取分离出来的杀虫活性物质，其在医学领域经研究发现可以对多种肿瘤细胞的增殖产生抑制作用和保肝等活性[5]。先前研究发现 amorphigenin 会抑制线粒体复合酶 Ⅰ，并且对 amorphigenin 进行酶促动力学的研究发现其对线粒体复合酶 Ⅰ 的抑制方式是可逆性混合 Ⅰ 型抑制[6]。梁亚萍等研究发现 amorphigenin 对小菜蛾、菜青虫幼虫、淡色库蚊幼虫以及苹果黄蚜都有毒杀活性，amorphigenin 对菜青虫幼虫的 LC_{50} 是 131.531μg/mL，对小菜蛾的 LC_{50} 是 197.530μg/mL，对苹果黄蚜的 LC_{50} 是 0.213μg/mL，对淡色库蚊幼虫的 LC_{50} 是 4.290μg/mL。研究还发现了 amorphigenin 能降低淡色库蚊幼虫体内的能荷和 ATP 的含量，且与 amorphigenin 的浓度成反比，即 amorphigenin 的浓度越高，淡色库蚊体内的能荷和 ATP 的含量就越低[3]。

动植物进行呼吸作用的主要形式是有氧呼吸，在氧的参与下，细胞通过酶的催化作用将糖类等有机物彻底氧化分解，产生 CO_2 和 H_2O，同时释放出大量能量。细胞内的能量物质转换主要在线粒体进行，因此线粒体是细胞的能量“动力工厂”。线粒体的氧化磷酸化作用依靠线粒体上 5 个蛋白复合酶完成，其中复合酶 Ⅰ、Ⅱ、Ⅲ 和 Ⅳ 完成电子传递，形成膜内外电势差；而复合酶 Ⅴ 利用此电势差进行磷酸化作用，以 ADP 为原料合成 ATP[7]。电子传递及氧化磷酸化构成完整的呼吸链，其中任意一个酶被抑制，则整个呼吸受到抑制，最终导致有机体不能呼吸而死亡。

已有的研究表明，鱼藤酮可作为线粒体复合酶 Ⅰ 的抑制剂，能够阻断呼吸链递氢功能和氧化磷酸化过程，继而抑制细胞呼吸链对氧的利用，最终造成细胞内呼吸抑制，细胞窒息、死亡。

amorphigenin 是从紫穗槐果实中分离到的主要活性物质，具有优异的杀虫活性。以上研究证明，amorphigenin 和鱼藤酮一样均能抑制昆虫 ATP 的产生，影响腺苷酸库及能荷。这说明 amorphigenin 可能与鱼藤酮具有相似的作用机理。为明确 amorphigenin 对线粒体复合酶 Ⅰ 的抑制机理，本节通过分离昆虫线粒体复合酶Ⅰ，采用酶学的手段对比研究 amorphigenin 与鱼藤酮对淡色库蚊线粒体复合酶Ⅰ的影响，探讨其抑制机理。

6.4.1　材料与方法

（1）配制试剂

① 蛋白质含量测定工作母液制备。A 液：称取 1g BCA 二钠盐、1.71g Na_2CO_3、0.172g 酒石酸钠、0.4g NaOH、0.095g $NaHCO_3$ 溶于 100mL 双蒸水中即得到 A 液。B 液：称取 0.4g $CuSO_4 \cdot 5H_2O$ 溶于 100mL 双蒸水中即得到 B 液。取 50mL A 液和 1mL B 液混合得到工作母液，此液现配现用。

② 蛋白质标准液。称取 1.5mg 牛血清蛋白溶于 10mL 超纯水中得到 150μg/mL 的牛血清蛋白标准液。

③ 线粒体提取液。精确称取 120mmol 氯化钾、20mmol Hepes、2mmol 氯化镁、1mmol EGTA、5g 牛血清蛋白，溶于 1L 水中。

④ 线粒体保存液。精确称取 300mmol 蔗糖、2mmol Hepes、1mmol EGTA，溶于 1L 水中。

⑤ 25mmol/L（pH 7.2）磷酸缓冲液。将 720mL 25mmol/L K_2HPO_4 和 280mL 20mmol/LKH_2PO_4 混合，即得到 1L 25mmol/L 磷酸缓冲液，4℃保存备用。

⑥ 线粒体复合酶Ⅰ测定缓冲液。将 5mmol 氯化镁、2mmol 叠氮化钠、0.13mmol NADH 钠盐、65μmol 辅酶 Q、2.5g 牛血清蛋白溶于预冷的 1L 25mmol/L（pH 7.2）磷酸缓冲液即得，现用现配。

⑦ 其他。amorphigenin、鱼藤酮溶于无水乙醇；辅酶 Q 溶于丙酮，以无水乙醇稀释；NADH 磷酸缓冲液配制，现用现配。

（2）线粒体制备及蛋白质含量测定

① 线粒体制备及活化。挑取活泼、大小一致的 4 龄淡色库蚊幼虫，用滤纸将其身体水分吸干，称重，按照质量 / 体积 1：20 加入预冷的线粒体提取液，组织匀浆器研磨。研磨完毕后转至新的离心管，1000*g*、4℃离心 10min，过滤除去组织碎片及脂肪体；滤液置于新离心管，17000*g*、4℃离

心 10min，所得沉淀即为线粒体粗品。此线粒体粗品重悬于 10 倍体积线粒体提取液中，7000g、4℃离心 10min，所得线粒体重悬于线粒体保存液中，–70℃冷冻保存，待用。

测定制备好的线粒体复合酶 I 酶活性前需要活化，方法是取待测线粒体置于 25mmol/L（pH 7.2）磷酸缓冲液中，–20℃ /4℃反复冻融 3 次即可。

② 蛋白质标准曲线的制作及含量测定。采用 BCA 方法，使用酶标仪建立蛋白质标准曲线，然后采用相同的条件测定线粒体蛋白质含量。

按照表 6-8 在酶标板孔内加各反应液，每孔重复 3 次，在数显恒温水浴锅内 60℃温浴 30min，室温放置 5min，用酶标仪在 532nm 处读数，记录 OD 值。以牛血清蛋白含量（μg）为横坐标，OD 值为纵坐标制作标准曲线。按照表 6-8 将第 6 孔蛋白质标准液换成 10μL 的所制备的线粒体进行测定，根据标准曲线求出所提取线粒体蛋白质含量。

表6-8 牛血清蛋白标准曲线制作 单位：μL

酶标板	1 孔	2 孔	3 孔	4 孔	5 孔	6 孔
蛋白质标准液	0	2	4	6	8	10
蒸馏水	10	8	6	4	2	0
工作母液	200	200	200	200	200	200

（3）amorphigenin 及鱼藤酮对线粒体复合酶 I 抑制及酶促动力学研究

① amorphigenin 及鱼藤酮对线粒体复合酶 I 的抑制。将 10μL 活化好的线粒体提取物与 180μL 线粒体复合酶 I 测定缓冲液混合，37℃孵育 2 ~ 3min，然后迅速加入 10μL CK（无水乙醇）、amorphigenin 与鱼藤酮，分别于 340nm 处，以 425nm 作为参比波长，每隔 1min 测定吸光度的变化，共计数 5min，记录其 OD 值，每个样品设 3 次重复，具体测定按照表 6-9 进行。

表6-9 amorphigenin和鱼藤酮对淡色库蚊线粒体复合酶 I 酶活力的影响

试剂	（amorphigenin/ 鱼藤酮浓度）/（mg/L）					
	CK	2	4	6	8	10
酶液 /μL	10	10	10	10	10	10
测定缓冲液 /μL	180	180	180	180	180	180
amorphigenin/ 鱼藤酮 /μL	10	10	10	10	10	10

用酶标仪获得的数据依照以下公式计算酶活力：

线粒体复合酶 I 酶活力 (mmol/min)=($\Delta OD_{340}\upsilon$)/(εL)　　（6-5）

式中，ΔOD_{340} 为吸光度每分钟的变化值，ΔOD_{340}/min；υ 为酶促反应体积，mL；ε 为产物的消光系数，6.81/（mmol • cm）；L 为比色杯的光程，1cm。

比活力 [mmol/(min • mg pro)] = 酶活力单位 / 线粒体蛋白质含量　（6-6）

计算酶活力时将处理组的酶活力与对照组酶活力相比，得出相对剩余活力，然后作图计算求出 amorphigenin 及鱼藤酮的抑制中浓度（IC_{50}）。

② amorphigenin 及鱼藤酮对线粒体复合酶 I 动力学参数影响的测定。在测活体系中，固定酶的浓度，改变底物 NADH 浓度，测定不同浓度 amorphigenin 及鱼藤酮对酶活力的影响，具体参照表 6-10。在获得相关数据后，采用 Lineweaver-Burk 双倒数作图法判断化合物对酶的抑制类型。

获得双倒数图后，以各直线和纵轴截距对药物浓度分别作图，横轴截距的数值即为各药物对酶 - 底物络合物的抑制常数 K_I。

表6-10　amorphigenin和鱼藤酮存在下淡色库蚊线粒体复合酶 I 动力学测定

试剂	底物浓度 / (nmol/L)				
	CK	6.25	12.5	25	50
酶液 /μL	10	10	10	10	10
测定缓冲液 /μL	180	180	180	180	180
amorphigenin/ 鱼藤酮 /μL	10	10	10	10	10

6.4.2 结果与分析

（1）蛋白质标准曲线的制作　以牛血清蛋白为标准蛋白测得的蛋白质标准曲线如图 6-8，其回归方程为 y=0.3825x+0.02（其中，y 代表 OD 值；x 代表蛋白质含量，μg），相关系数 R^2 为 0.9996。根据蛋白质标准曲线和测得淡色库蚊线粒体的 OD 值，计算其蛋白质含量。

（2）amorphigenin 及鱼藤酮对线粒体复合酶 I 的抑制　酶的相对剩余活力与 amorphigenin 及鱼藤酮的浓度关系见图 6-9，当以 NADH 为底物，随着化合物浓度的增大，淡色库蚊线粒体复合酶Ⅰ的相对剩余活力逐渐降低。此外，由图可以看出两种化合物的抑制曲线均为双曲线型。

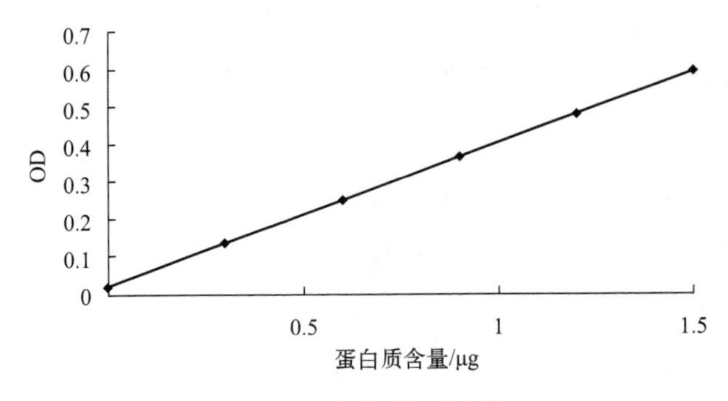

图6-8 蛋白质标准曲线

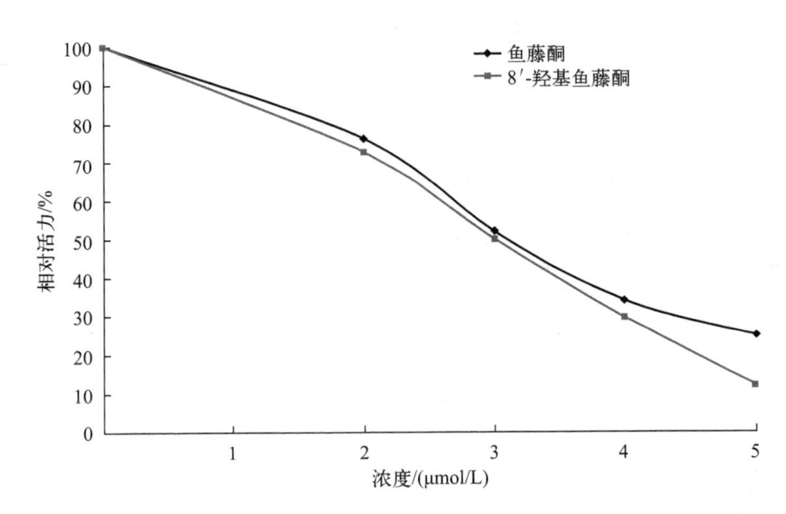

图6-9 amorphigenin与鱼藤酮对淡色库蚊线粒体复合酶Ⅰ酶活力的影响

酶的相对剩余活力与两种化合物的浓度关系见表6-11。由表6-11的回归方程计算得到amorphigenin与鱼藤酮对淡色库蚊线粒体复合酶Ⅰ的IC_{50}分别是2.8592μmol/L和3.1375μmol/L。

表6-11 amorphigenin及鱼藤酮对淡色库蚊线粒体复合酶Ⅰ抑制作用的回归方程

化合物	回归方程	相关系数 R^2	IC_{50}/(μmol/L)
amorphigenin	y=3.0076+4.3668x	0.9884	2.8592
鱼藤酮	y=3.2495+ 3.5250x	0.9982	3.1375

（3）amorphigenin 及鱼藤酮对淡色库蚊线粒体复合酶Ⅰ动力学参数影响的测定　在测活体系中，固定酶的浓度，改变底物 NADH 浓度，测定不同浓度 amorphigenin 及鱼藤酮对酶活力的影响。在获得相关数据后，采用 Lineweaver-Burk 双倒数作图法分别得到图 6-10（a）和图 6-11（a），由图可以看出 amorphigenin 及鱼藤酮对线粒体复合酶Ⅰ作用得到一组交于第二象限的直线，可知 amorphigenin 及鱼藤酮对线粒体复合酶Ⅰ的抑制均为混合Ⅰ型。分别以双倒数的斜率和纵轴截距对抑制浓度进行二次作图［amorphigenin 参见图 6-10（b）和图 6-10（c）；鱼藤酮参见图 6-11（b）和图 6-11（c）］，可以分别求出抑制常数 K_I 和对底物的抑制常数 K_{IS}。计算可得 amorphigenin 的 K_I 和 K_{IS} 分别为 20.58nmol/L 和 87.55nmol/L，鱼藤酮的 K_I 和 K_{IS} 分别为 14.04nmol/L 和 69.23nmol/L。两种化合物的 K_{IS} 均大于 K_I。

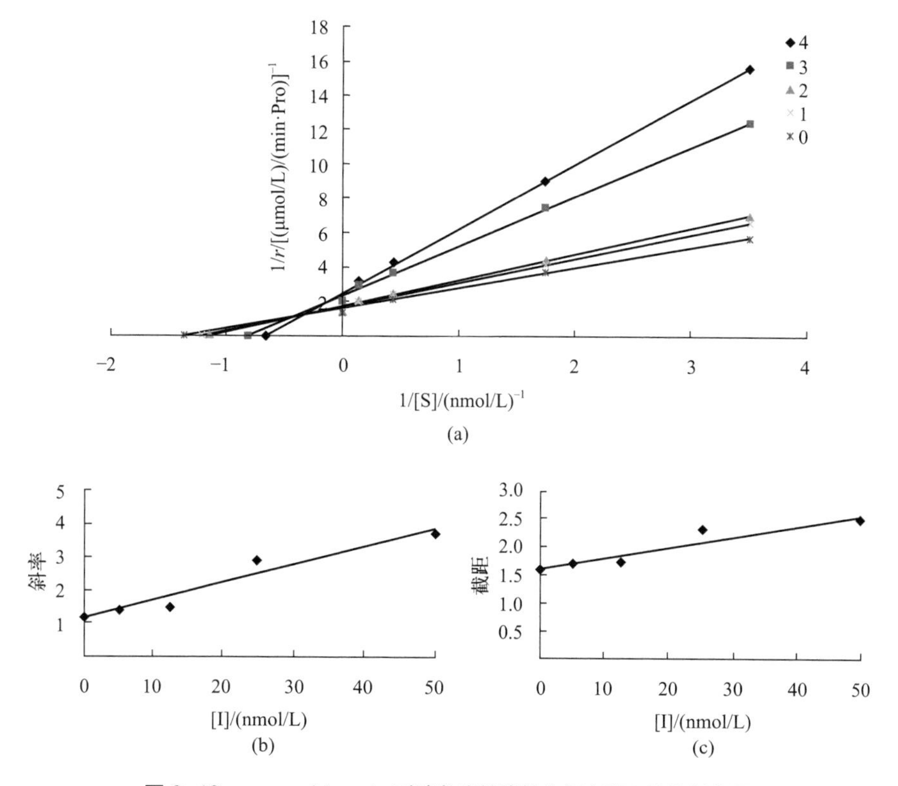

图 6-10　amorphigenin 对淡色库蚊线粒体复合酶Ⅰ的抑制作用

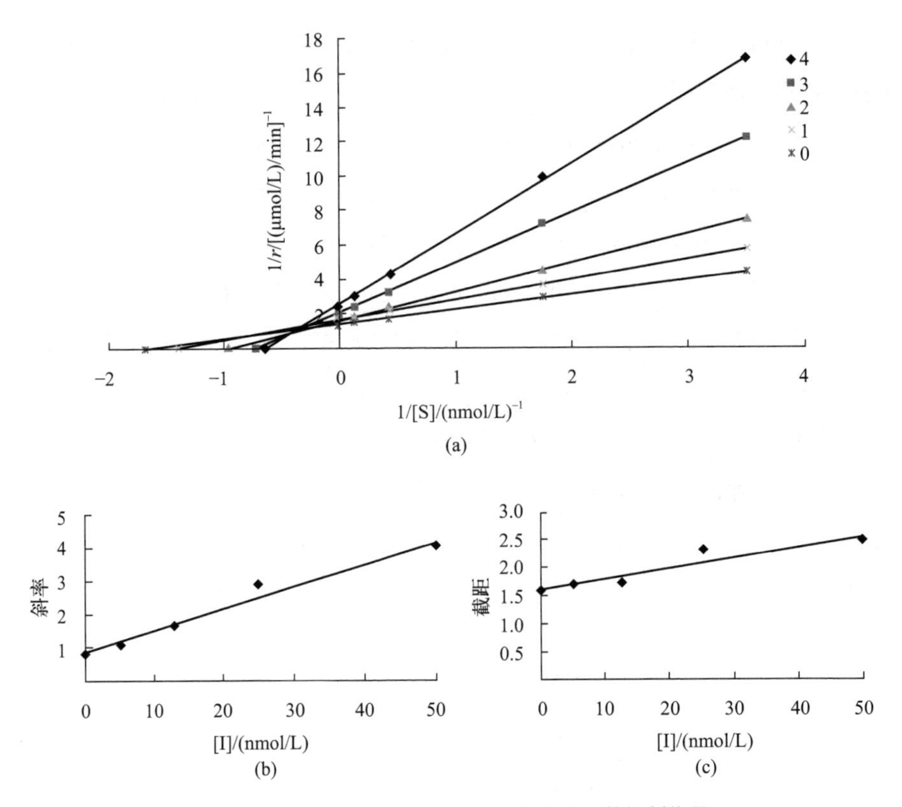

图 6-11　鱼藤酮对淡色库蚊线粒体复合酶 I 的抑制作用

不同浓度 amorphigenin 和鱼藤酮作用下，淡色库蚊线粒体复合酶 I 米氏方程的，米氏常数 K_m 和 V_{max} 见表 6-12 和表 6-13。由表可以看出在药物作用下，米氏方程的斜率和截距随着药物浓度增大而增大，最大反应速度（V_{max}）则减小；考虑到两种化合物对线粒体复合酶 I 的抑制为混合 I 型，在 $K_{IS}>K_I$ 的情况下，K_m 则随着抑制剂浓度的增大而增大。

表6-12　不同浓度amorphigenin作用下线粒体复合酶 I 的米氏方程、K_m和 V_{max}

药物浓度 / (mmol/L)	米氏方程	相关系数 R^2	K_m	V_{max}
0	y=1.599 +1.173x	0.9963	0.7336	0.6255
6.25	y=1.691 +1.412x	0.9941	0.8354	0.5915
12.5	y=1.720 +1.493x	0.9937	0.8681	0.5813
25	y=2.320 +2.900x	0.9984	1.2505	0.4311
50	y=2.458 +3.756x	0.9987	1.5282	0.4069

表6-13　不同浓度鱼藤酮作用下线粒体复合酶Ⅰ的米氏方程、K_m和V_{max}

药物浓度 / (mmol/L)	米氏方程	相关系数 R^2	K_m	V_{max}
0	y=1.445+0.866x	0.9995	0.599	0.6919
6.25	y=1.632+1.187x	0.9996	0.727	0.6126
12.5	y=1.595+1.698x	0.9999	1.065	0.6269
25	y=2.044+2.889x	0.9996	1.414	0.4893
50	y=2.493+4.080x	0.9991	1.637	0.4012

固定 NADH 浓度，改变加入的酶液量，测定不同抑制剂浓度下酶活力随酶液量变化的规律，以加入酶液量（E）对相对酶活力作图，从而判断化合物的抑制效应。如图 6-12，从图可以看出 amorphigenin 和鱼藤酮对线粒体复合酶Ⅰ的抑制为可逆性抑制。

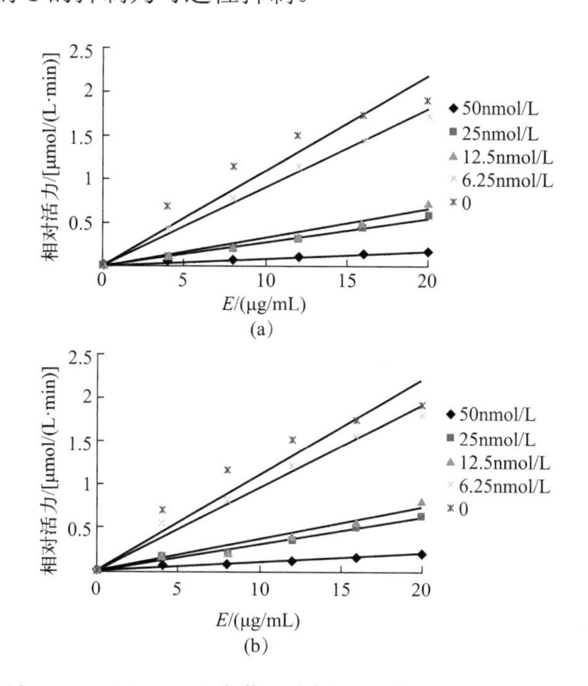

图 6-12　amorphigenin 和鱼藤酮对淡色库蚊线粒体复合酶Ⅰ的抑制效应

6.4.3　小结

线粒体复合酶Ⅰ即 NADH- 泛醌氧化还原酶，其底物有两种，一是 NADH，二是泛醌。本节主要研究了 NADH 为底物的情况下，amorphigenin

和鱼藤酮对淡色库蚊线粒体复合酶Ⅰ的抑制情况及酶促动力学参数，结果表明，amorphigenin和鱼藤酮一样，对线粒体复合酶Ⅰ均表现可逆性混合Ⅰ型抑制。

混合Ⅰ型抑制作用动力学具有如下特征：

当I存在时，V_m随[I]增大而减小；当$K_I<K_{IS}$时，K_m随[I]增大而增大；$K_I>K_{IS}$时，K_m随[I]增大而减小。

抑制程度随[I]增大而增大。当$K_I>K_{IS}$时，抑制程度随[S]增大而增大；当$K_I<K_{IS}$时，抑制程度随[S]增大而减小。

本节明确了amorphigenin对淡色库蚊线粒体复合酶Ⅰ的抑制类型，获得了酶促动力学的相关参数和抑制中浓度，为进一步深入研究和衍生合成amorphigenin提供了一定的信息支持，对其作用机理的进一步阐述具有指导意义。

6.5 紫穗槐果实提取物对昆虫解毒酶影响

6.5.1 材料与方法

（1）酶液制备　用不同提取物的LC_{50}作为处理浓度对小菜蛾2龄中期幼虫进行药剂处理，48h后取20头3龄中期活虫用1mL 0.1mol/L pH 7.6的磷酸钠缓冲液(含1mmol/L EDTA，1 mmol/L DTT，1mmol/L PTU，1mmol/L PMSF和20%甘油)在冰上进行匀浆处理。将匀浆液4℃、13000r/min离心30min，将上清液用玻璃棉过滤转移至新离心管，离心10min，获得测试用粗酶液。

（2）谷胱甘肽*S*-转移酶活力（GST）测定　将1-氯-2,4-二硝基苯（CDNB）和3,4-二氯硝基苯（DCNB）用乙醇配制成120mmol/L母液，再用0.1mol/L pH 7.6的磷酸缓冲液将其稀释成1.2 mmol /L的底物溶液。对CDNB，在96孔酶标板中每孔加入10μL稀释酶液（事先用0.1mol/L pH 7.6的磷酸缓冲液稀释10倍）、100μL 1.2mmol/L CDNB和100μL 6mmol/L还原型谷胱甘肽（GSH，用0.1mol/L pH 7.6的磷酸缓冲液现配现用）。对 DCNB，在 96 孔酶标板中每孔加入 25μL 酶液、100 μL 1.2mmol/L DCNB 和 100μL 6mmol/L 还原型谷胱甘肽。用 VERSAmax 型酶标仪在 340nm 下记录光密度值，酶促反应在 30℃下进行，每隔 15s 记录一次，反应 20min，数据记录和处理用 Softmax PRO 软件。

（3）酯酶活力（EST）测定　以 *α*- 乙酸萘酯（*α*-NA）作为底物，测定非特异性酯酶活力。在 10mL 0.2mol/L pH 6.0 的磷酸缓冲液中加入 20mg 固蓝 RR 盐和 0.2mL100 mmol/L *α*-NA 乙醇溶液，混合均匀后过滤得黄色澄清的底物和显色混合液。在 96 孔酶标板中每孔加入 20μL 稀释酶液和 205μL 上述底物和显色混合液。用 VERSAmax 型酶标仪在 450nm 下记录光密度值，酶促反应在 27℃下进行，每隔 30s 记录一次，反应 15min，数据记录和处理由 Softmax PRO 软件进行。

（4）数据统计分析　实验数据的统计分析采用差异显著性分析和新复极差多重比较（$P<0.05$）。

6.5.2　结果与分析

实验测定紫穗槐提取物对小菜蛾解毒代谢酶的影响，根据生物测定结果计算各萃取物 LC_{50} 值，以各萃取物 LC_{50} 处理小菜蛾 2 龄幼虫 48h，测定谷胱甘肽 *S*- 转移酶和酯酶活力，结果见表 6-14。结果表明，3 种萃取物处理后，谷胱甘肽 *S*- 转移酶活力均受到不同程度的抑制作用，以 CDNB 为底物进行测定，石油醚、乙酸乙酯、乙醇萃取物的活性比分别为 0.41、

表6-14　紫穗槐提取物处理后对小菜蛾解毒代谢酶活力测定

代谢酶	底物	处理	酶活	活性比
谷胱甘肽 *S*- 转移酶	1- 氯 -2,4- 二硝基苯	CK	18997±737a	1
		石油醚 LC_{50}	7810±799c	0.41
		乙酸乙酯 LC_{50}	11709±475b	0.62
		乙醇 LC_{50}	12383±373b	0.65
	二氯硝基苯	CK	677±29a	1
		石油醚 LC_{50}	581±6b	0.86
		乙酸乙酯 LC_{50}	372±5c	0.55
		乙醇 LC_{50}	510±7b	0.75

续表

代谢酶	底物	处理	酶活	活性比
酯酶	α- 乙酸萘酯	CK	8735±334a	1
		石油醚 LC_{50}	13905±537b	1.6
		乙酸乙酯 LC_{50}	13223±316b	1.5
		乙醇 LC_{50}	14000±344b	1.6

注：酶活力以平均值 ± 标准误表示。同一列数值后标有相同的字母表示两者差异不显著（$P>0.05$，Duncan's 新复极差检验）。

0.62、0.65。处理后，酯酶活力被激活，石油醚、乙酸乙酯、乙醇萃取物的活性比分别为 1.6、1.5、1.6。

6.5.3 小结

昆虫体内的解毒代谢酶可以参与对外源物质的初级、次级代谢。对于杀虫剂，昆虫解毒代谢酶可以参与对药剂的代谢，阻止药剂到达作用靶标，从而降低杀虫剂的毒力[8]。以往的研究中鉴定出紫穗槐提取物中含有鱼藤素等物质。莫美华等研究表明，鱼藤素可以抑制蔬菜害虫的多功能氧化酶，阻碍昆虫降解药剂[9]。本研究发现紫穗槐石油醚、乙酸乙酯、乙醇提取物处理可以抑制小菜蛾谷胱甘肽 *S*- 转移酶。谷胱甘肽 *S*- 转移酶可以催化药剂与还原型谷胱甘肽轭合，保护细胞免受药剂为害，抑制其活性会降低小菜蛾的解毒能力，增加药剂对小菜蛾的毒性。但是 3 种紫穗槐提取物对小菜蛾酯酶活力存在激活的现象。在生产应用过程中可以参考上述结果，通过解毒代谢酶的抑制作用，增强紫穗槐杀虫剂对小菜蛾的毒力。

在当前，发展绿色农业、注重环境安全的形势下，植物源杀虫剂作为一类生物农药备受人们关注。植物含有多种活性物质，具有杀虫、杀菌等活性[10]。基于以往的研究，紫穗槐中含有杀虫活性物质，且紫穗槐资源丰富，便于采集，适宜作为植物源农药的物质来源。本节以紫穗槐果实为研究对象，验证了果实萃取物具有生物活性，在植物源杀虫剂的生产中可以在不破坏植物资源的条件下进行生产。通过生物测定证实紫穗槐石油醚及乙酸乙酯萃取物对小菜蛾 2 龄幼虫具有良好杀虫效果，可以作为紫穗槐杀虫剂简易开发利用的依据，也可通过对石油醚、乙酸乙酯萃取物的成分组成分析，深入开发紫穗槐杀虫剂。

参考文献

[1] 高娜，杨勇，王世军，等 . HPLC 测定附子对大鼠肝组织中腺苷酸含量及能荷的影响 [J]. 中国实验方剂学杂志，2010, 16(15): 172-175.

[2] 许雅君，柳鹏，李勇 . 酒精对小鼠胚胎脑线粒体发育的影响 [J]. 卫生研究，2005, 34(1): 61-63.

[3] 梁亚萍 . 紫穗槐果实杀虫活性物质及其作用机理研究 [D]. 沈阳：沈阳农业大学，2015.

[4] 梁亚萍，郭红霞，纪明山，等 . 紫穗槐果实化学成分及生物活性研究进展 [J]. 湖北农业科学，2019, 58: 15-18+26.

[5] 钟红珍，左瑜芳，巫鑫，等 . Amorphigenin 联合顺铂对人肺腺癌 A549/DDP 细胞的协同抗肿瘤作用 [J]. 中国肺癌杂志，2016, 19(12): 805-812.

[6] Ji M, Liang Y, Gu Z. Inhibitory Effects of Amorphigenin on the Mitochondrial Complex I of *Culex pipiens pallens* Coquillett (Diptera: Culicidae) [J]. International Journal of Molecular Sciences,2015,16:19713-19727.

[7] 姚瑶 . Amorphigenin 抑制东方粘虫线粒体复合酶 I 分子机制研究 [D]. 沈阳：沈阳农业大学，2023.

[8] 姬兰柱，王桂清，刘艳，等 . 细辛精油对 2 种农业害虫保护酶和解毒酶活性的影响 [J]. 河南农业科学，2013, 42(12): 79-85.

[9] 莫美华，黄彰欣 . 鱼藤酮及其混剂对蔬菜害虫的毒效研究 [J]. 华南农业大学学报，1994(04): 58-62.

[10] 李倩，黄珊珊，袁汝强，等 . 紫穗槐果实提取物的抑菌活性研究 [J]. 中国微生态学杂志，2014,26(3): 279-283.

第7章

紫穗槐果实总黄酮提取工艺研究

紫穗槐提取物及相关化学成分的农用活性主要表现为杀虫和抑菌作用。紫穗槐果实提取物已被证实对多种农业害虫和卫生害虫具有驱避[1]和杀虫活性，紫穗槐果实的丙酮提取物对埃及伊蚊幼虫的毒性优于 1% 鱼藤酮[2]。白志诚等从紫穗槐叶中分离出 4 种杀虫化合物：6*α*,12*α*- 脱氢 - 灰叶酚，6*α*,12*α*- 脱氢 - 鱼藤素，灰叶素，6- 羟基 -6*α*,12*α*- 脱氢 - 灰叶酚[3]。前期研究发现，紫穗槐具有优异的杀虫效果，紫穗槐果实乙醇提取物及不同极性溶剂萃取物对麦二叉蚜具有毒杀和拒食活性[4]。化学成分活性追踪分离得到灰叶素、6*α*,12*α*- 去氢 -*α*- 毒灰叶酚、6*α*,12*α*- 去氢鱼藤素、7,2,4,5,- 四甲氧基异黄酮和 6*α*,12*α*- 去氢紫穗槐苷 5 种杀虫化合物[5]。对紫穗槐果实杀虫活性的全面系统研究显示，紫穗槐果实精油及乙醇提取物均具有杀虫活性[6]。植物化学成分研究首次从国产紫穗槐中分离得到高活性杀虫化合物 8′- 羟基鱼藤酮（amorphigenin）[7]。抑制机理研究显示，8′- 羟基鱼藤酮能显著抑制淡色库蚊线粒体复合酶 I 的酶活性[8]。紫穗槐不同部位提取物及相关化合物对植物病原真菌也表现出一定的杀菌作用。焦姣等发现紫穗槐果实提取物中鱼藤酮、11- 羟基灰叶素、异灰毛豆酚、异灰叶素均具有一定的杀菌活性[9]。

7.1 紫穗槐果实总黄酮提取与含量测定

紫穗槐植物资源丰富，且紫穗槐果实可重复获得。紫穗槐果实具有杀虫抗菌作用，综合价值较高，可对其进行大规模开发利用。利用超声波辅助乙醇溶液浸提法提取紫穗槐果实中总黄酮，并以鱼藤酮为标准品，采用紫外分光光度法测定了紫穗槐果实中总黄酮含量，方法简单方便、快速，重现性好，可作为检测紫穗槐果实中总黄酮含量的方法。

7.1.1 材料与方法

（1）试验材料 紫穗槐果实于 2016 年 4 月采集自沈阳农业大学校园附近。

（2）试验方法

① 紫穗槐果实总黄酮提取液的制备。称取1kg紫穗槐果实，挑选出杂质后，粉碎，先用60～90℃石油醚脱脂处理，烘干后用95%乙醇2500mL浸泡48h，进行抽滤，提取2次，合并滤液，得到滤液约1500mL，将滤液旋转蒸发至约700mL得到红棕色紫穗槐果实总黄酮提取液，密封、避光、冷藏保存。

② 大吸收波长的测定。取适量紫穗槐果实总黄酮提取液，用甲醇稀释到合适的浓度，以甲醇为空白对照，在200～400nm波长下扫描，其紫外吸收曲线见图7-1。

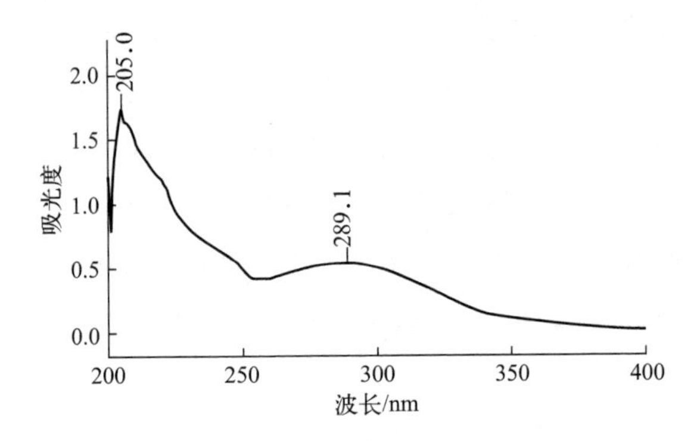

图7-1　紫穗槐果实总黄酮提取液紫外吸收曲线

由图7-1可知，紫穗槐果实总黄酮提取液的物质在205.0nm（吸收带Ⅱ）、289.1nm（吸收带Ⅰ）处有典型吸收峰，说明紫穗槐提取液中总黄酮含有芳环结构，能产生特征紫外吸收，故可以采用紫外分光光度法测定紫穗槐中的总黄酮含量。参考陈欣安等[10]的研究，以鱼藤酮标准品为参考在289.1nm下测定紫穗槐果实中总黄酮含量。

③ 鱼藤酮标准溶液的配制。准确称取0.002g的鱼藤酮粉末，加入适量甲醇溶解，加甲醇定容至25mL容量瓶，制成浓度为0.0096mg/mL的标准溶液。

④ 鱼藤酮标准曲线绘制。分别吸取3.0mL、4.0mL、5.0mL、6.0mL、7.0mL上述鱼藤酮标准溶液置于10mL的容量瓶，用甲醇定容至刻度线，摇匀。以甲醇为空白，测定其在波长289.1nm下的吸光度。以浓

度为横坐标，吸光度为纵坐标，绘制校准曲线。

⑤ 稳定性实验。分别取同一份鱼藤酮对照品溶液和紫穗槐果实总黄酮提取液，分别于 0 ～ 90min，间隔 10min 测定其在波长 289.1nm 下的吸光度，计算相对标准偏差（RSD）值，考查对照品溶液和样品溶液是否具有良好的稳定性。

⑥ 精密度实验。精密量取鱼藤酮对照品溶液和紫穗槐果实总黄酮提取液，以甲醇为空白，测定其在波长 289.1nm 下的吸光度，连续测试 6 次，计算所得结果的 RSD 值，考查该检测方法是否具有良好的精密度。

⑦ 加样回收实验。精密称取已知含量的供试品共 5 份，精密加入 0.06mg 鱼藤酮标准品，测试其吸光度，根据绘制的鱼藤酮标准曲线计算含量、回收率，考查方法的可行性。

⑧ 样品测定。精密称取 1g 紫穗槐果实，制备总黄酮提取液，以适量甲醇稀释后，测定其在 289.1nm 下的吸光度，根据标准曲线计算其总黄酮含量。

7.1.2　结果与分析

（1）鱼藤酮标准曲线绘制　以浓度为横坐标，吸光度为纵坐标，得鱼藤酮标准曲线 $y=102.18x-0.0486$，相关系数 R 为 0.9996，结果如图 7-2 所示。

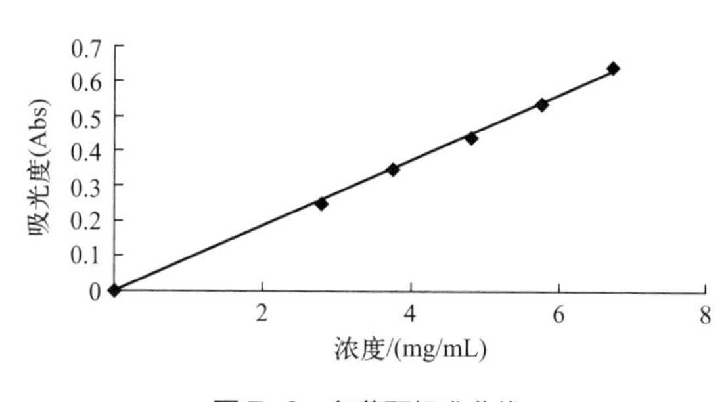

图 7-2　鱼藤酮标准曲线

（2）稳定性实验　在室温条件下，0 ～ 90min 内，鱼藤酮对照品溶液和紫穗槐果实总黄酮提取液的 RSD 分别是 0.7213% 和 0.2139%，均小于 2%，因此本实验选择的测定时间内鱼藤酮对照品溶液和紫穗槐果实总黄酮提取液是稳定的，经时稳定性符合一般分析时间要求。

（3）精密度实验　鱼藤酮对照品溶液和紫穗槐果实总黄酮提取液精密度实验结果见表 7-1。由表 7-1 可以看出，鱼藤酮对照品溶液和紫穗槐果实总黄酮提取液的 6 次测试平均值分别为 0.4741±0.0040 和 0.6708±0.0070，RSD 分别是 0.9485% 和 1.0789%，均小于 2%，说明本方法具有较好的精密度。

表7-1　精密度实验结果

名称	平均值	RSD/%
鱼藤酮对照品溶液	0.4741±0.0040	0.9485
紫穗槐果实总黄酮提取液	0.6708±0.0070	1.0789

（4）加样回收实验　采用加标回收法，取各已知总黄酮含量的紫穗槐果实总黄酮提取液，分别加入 0.06mg 鱼藤酮，分别测定吸光度。根据标准曲线计算回收率，结果见表 7-2。从表 7-2 中可知平均回收率为 (97.800±0.634)%，RSD 为 0.7485%。

表7-2　回收率实验结果

<table>
<tr><th>样品号</th><th>原含量 /mg</th><th>加入量 /mg</th><th>测定量 /mg</th><th>回收率 /%</th><th>平均回收率 /%</th><th>RSD/%</th></tr>
<tr><td>1</td><td>0.0713</td><td>0.06</td><td>0.1304</td><td>98.50</td><td rowspan="4">97.800±0.634</td><td rowspan="4">0.7485</td></tr>
<tr><td>2</td><td>0.0737</td><td>0.06</td><td>0.1322</td><td>97.67</td></tr>
<tr><td>3</td><td>0.0794</td><td>0.06</td><td>0.1375</td><td>96.83</td></tr>
<tr><td>4</td><td>0.0757</td><td>0.06</td><td>0.1346</td><td>98.20</td></tr>
</table>

（5）样品测定　准确称取 1g 紫穗槐果实，制备紫穗槐果实总黄酮提取液，测定吸光度，用线性回归方程计算供试品溶液中总黄酮含量（以鱼藤酮计）。由表 7-3 得知，总黄酮含量分别为 23.24mg/g、24.01mg/g 和 22.89mg/g，RSD 为 2.4507%。

表7-3　样品测定结果

<table>
<tr><th>序号</th><th>总黄酮含量 /（mg/g）</th><th>平均含量 /（mg/g）</th><th>RSD/%</th></tr>
<tr><td>1</td><td>23.24</td><td rowspan="3">23.380±0.573</td><td rowspan="3">2.4507</td></tr>
<tr><td>2</td><td>24.01</td></tr>
<tr><td>3</td><td>22.89</td></tr>
</table>

7.1.3 小结

一般的黄酮化合物中会有羟基与羰基相邻或羟基相邻的结构，这些结构可以和铝盐等金属盐类发生显色反应，可在可见光范围比色测定[11]。通常以芦丁为对照品，采用亚硝酸钠 - 硝酸铝 - 氢氧化钠显色，在 510nm 下测定吸光度，计算黄酮含量[12]。但紫穗槐的叶、果实及地上部分中分离得到的黄酮类化合物主要为拟鱼藤酮类和异戊烯基双氢黄酮类[13]以及二苯乙烯结构的芪类化合物。其化学结构不同于一般黄酮化学结构，大部分羟基已甲醚化，基本不存在羟基与羰基相邻的结构，因而不能和铝盐等金属盐类发生显色反应，那么就不宜在可见光范围比色测定。上述鱼藤酮类化合物和双氢黄酮具有能产生紫外吸收的基团，因此可以直接采用紫外分光光度法测定紫穗槐中的总黄酮含量。此外，紫穗槐果实富含油脂[14]，这些脂溶性物质会干扰测定。石油醚是弱极性物质，经过石油醚处理的提取液可以去除色素、脂质等可能影响含量测定的物质。所以前处理过程中需要先用石油醚脱去果实含有的油脂。

本节采用超声波辅助乙醇溶液提取紫穗槐果实中总黄酮，并建立了紫外分光光度法测定紫穗槐果实总黄酮含量的方法。以鱼藤酮为对照品，利用紫外分光光度法在 289.1nm 处测定紫穗槐果实乙醇提取液中总黄酮含量。标准曲线为 $y=102.18x-0.0486$，相关系数 R 为 0.9996。超声辅助提取法所得总黄酮含量以鱼藤酮计算为 23.38mg/g，平均回收率为 97.80%。建立的提取测定方法简单、准确，可用于紫穗槐果实总黄酮的测定。

7.2 响应面法优化提取紫穗槐果实总黄酮工艺

黄酮类化合物是一类重要的植物次生代谢物质，其在植物叶和果实中主要与不同类型的糖合成苷类，多以配基的形式存在，游离形式较少。大量研究发现，黄酮类化合物在医学上多具有消炎、清热解毒、镇静、清除氧自由基等作用；在农业方面则具有显著的杀虫、抑菌等农用活性，可作为植物源农药，防治病虫害[15]。黄酮类化合物已被广泛应用于农业、医药及食品加工等方面，因此获得高活性的黄酮类化合物具有极其重要的意义。

响应面法（RSM）作为一种函数估计的工具，其采用多元二次回归方法，研究因子与响应值之间、因子与因子之间的相互关系，通过分析回归方程寻求最佳工艺参数，解决多变量的问题。RSM 采用合理的实验设计，能对实验进行全面的研究，已被广泛应用于优化提取工艺领域[16]，但是，在紫穗槐果实总黄酮提取条件优化的研究中鲜有报道。

本节采用超声波辅助乙醇溶液浸提法提取紫穗槐果实中黄酮类化合物，采用分光光度法进行含量测定。在单因子实验的基础上，应用响应面法（RSM）对紫穗槐果实中总黄酮的超声波辅助提取条件进行优化，并建立了影响提取量的关键因子的二次多项式数学模型，以期为提高紫穗槐果实中总黄酮的产出率提供参考依据。

7.2.1　材料与方法

（1）试验材料

① 芦丁样品。实验室自制，原材料为槐米。

② 紫穗槐样品。采自沈阳农业大学天柱山，将紫穗槐果实粉碎成粉，用密封袋装好备用。

（2）试验方法

① 标准溶液的制备。称取芦丁对照品 40mg 置于小烧杯中，加入适量乙醇置水浴中微热溶解，冷却后，加乙醇定容至 100mL 容量瓶中，摇匀，得浓度为 0.4mg/mL 的标准溶液。

② 供试品溶液的制备。参考孟庆繁等[17]（有改动），精密称取 1g 的紫穗槐粉末，加入定量一定浓度的乙醇，采用超声处理，然后抽滤，将滤液转入容量瓶中，并用乙醇反复洗涤抽滤瓶，洗涤液也转入容量瓶中，定容至 25mL。

③ 总黄酮含量的测定。

a. 波长的选择：已有研究发现，黄酮类化合物在无水乙醇介质中的吸收光谱如图 7-3，其最大吸收波长 λ_{max} 为 510.0nm，选择该波长下进行测定。

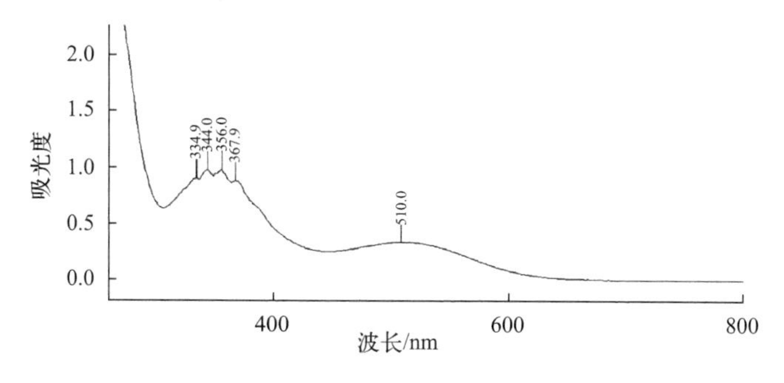

图 7-3　黄酮类化合物的吸收光谱

b. 试剂的选择：黄酮类化合物一般易溶于水、乙醇、甲醇，而且乙醇毒性较小可以回收，故选择乙醇作提取溶剂。

c. 标准曲线的绘制：准确量取上述对照品溶液 0mL、1mL、2mL、3mL、4mL、5mL，分别置于 10mL 量筒中，各加水至 6mL，加入 5% 亚硝酸钠 1mL，摇匀，放置 6min，加 10% 硝酸铝溶液 1mL，摇匀放置 6min，加 4% 氢氧化钠试液 10mL，加水至刻度，摇匀，放置 15min。以对应试剂为空白，在波长 510nm 处测定吸光度，以吸光度为纵坐标，浓度为横坐标，制作标准曲线，得到回归方程为 $y=1.2026x-0.0479$（x 为溶液中总黄酮的浓度，mg/L；y 为对应溶液的吸光度），相关系数 R^2 为 0.9991。总黄酮标准曲线的数据见表 7-4 和图 7-4。

表 7-4　总黄酮标准曲线的数据

黄酮量 /（mg/mL）	0.016	0.032	0.048	0.064	0.080
吸光度	0.1589	0.3285	0.5182	0.7120	0.9292

④ 单因素实验。实验因素包括提取紫穗槐果实总黄酮的乙醇浓度、超声波功率、提取时间、料液比。

实验指标为提取液中总黄酮浓度，然后分别做单因素实验，分析各因素对总黄酮提取的影响。

⑤ 响应面实验。在单因素的基础上，选取乙醇浓度、超声波功率、提取时间、料液比为实验因素，以总黄酮提取所得液的浓度为响应指标，设计 Box-Behnken 中心组合实验。

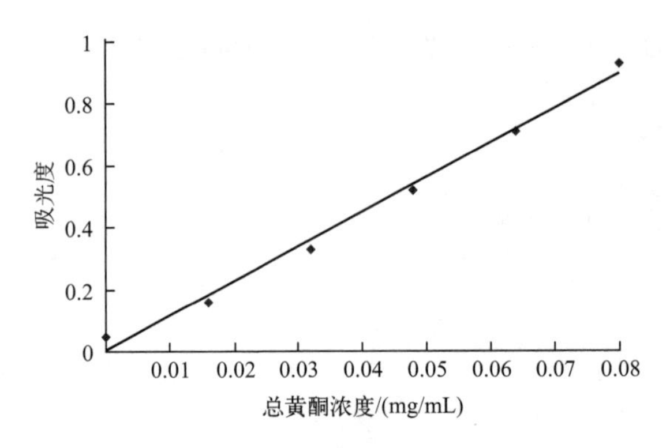

图 7-4　总黄酮标准曲线图

7.2.2　结果与分析

（1）不同反应条件对总黄酮提取率的影响

① 乙醇浓度。在料液比为 1：10（g：mL）、提取时间均为 30min、超声波功率为 300W 条件下，利用不同浓度乙醇进行提取，分析乙醇浓度对提取工艺的影响，结果见表 7-5。由表可以看出，开始总黄酮的提取率随乙醇浓度的增加而提高，当乙醇浓度为 80% 时，总黄酮的提取所得率最大，随后总黄酮的提取所得率反而缓慢下降。因此可以得出 80% 的乙醇提取时总黄酮的得率最高。分析原因，当溶液中乙醇体积大时，溶于醇和酯的物质溶出量增多，这些物质与黄酮类化合物相互竞争，影响总黄酮的溶出，从而导致总黄酮提取率下降。

表7-5　乙醇浓度对总黄酮提取的影响

乙醇浓度 /%	60	70	80	90
吸光度	1.3725	1.6925	1.7425	1.1914

② 超声波功率。提取时间为 30min，料液比采用 1：10，乙醇浓度为 80%，考察超声波功率对总黄酮提取率的影响，结果见表 7-6。由表可以看出，总黄酮提取率随着超声波功率的增大而增高，功率在 350W 时，总黄酮提取率最大，所以断定最佳提取功率为 350W。原因是超声换能器为变幅杆型，辐射能量比较集中，当超声波功率增强时，提取液的流动速度

加快，物料在超声场中停留的时间缩短，受超声破壁作用随之减弱，总黄酮溶出速率减小，从而有效的总黄酮含量减少。

表7-6　超声波功率对总黄酮提取的影响

超声波功率/W	250	300	350	400
吸光度	1.6030	1.7727	1.9439	1.7463

③ 料液比。超声波功率为300W，提取时间为30min，采用浓度为80%的乙醇时，考察料液比对提取效果的影响，结果见表7-7。由表可以明显看出，随着料液比的增大，总黄酮提取率明显提高。当料液比大于1：20时，总黄酮提取率开始缓慢下降。因此，本实验选择的料液比为1：20。分析原因，可能是料液比过小，溶液中浓度差小，影响总黄酮的溶出，当料液比增大到一定程度后，总黄酮已充分溶出，故总黄酮提取率将不会再次升高。

表7-7　料液比对总黄酮提取的影响

料液比	1：10	1：15	1：20	1：25
吸光度	1.4947	1.8718	2.0405	1.8183

④ 提取时间。超声波功率为300W，料液比1：10，乙醇浓度为80%，考察提取时间对总黄酮提取率的影响，结果见表7-8。从表可以得出，总黄酮提取率随着提取时间的延长而逐步增加，当提取时间达到30min时，提取率最高，之后提取率缓慢下降。分析原因，可能是由于初始时随着提取时间的延长，超声波对细胞膜的破坏作用较大，溶出物多，总黄酮提取率提高，当提取时间超过30min，提取物中总黄酮部分分解，从而使总黄酮提取率下降。因此，为了确保从紫穗槐果实中充分提取到总黄酮，且保持有效成分的结构完整，选择最佳提取时间为30min。

表7-8　提取时间对总黄酮提取的影响

提取时间/min	10	20	30	40
吸光度	1.6364	1.7526	2.4256	2.3299

（2）响应面法优化超声波法提取紫穗槐中总黄酮的条件

① 响应面分析因素水平的选取。根据Box-Behnken中心组合实验设

计原理，以单因素对提取实验影响的结果作为依据，采用 4 因素、3 水平的响应面方法进行分析。选择乙醇浓度、料液比、提取时间和超声波功率 4 个对总黄酮提取影响显著的因素进行优化实验，4 个因素与 3 个水平详见表 7-9。

表7-9　超声波提取紫穗槐中总黄酮响应面分析的因素与水平

因素	水平		
	−1	0	+1
X_1 乙醇浓度 /%	70	80	90
X_2 提取时间 /min	20	30	40
X_3 料液比 /(g/mL)	15	20	25
X_4 超声波功率 /W	300	350	400

② 实验方案设计与结果。参考刘文杰的研究（略有改动），选用中心复合模型，做 4 因素 3 水平共 29 个实验点（5 个中心点）的响应面分析实验[18]。这 29 个实验点分为两类：a. 析因点，自变量取值在各因素所构成的三维顶点，共有 24 个析因点；b. 零点，为区域的中心点，零点实验重复 5 次，用以估计实验误差，总黄酮提取量为响应值。采用 DesignExpert 软件分析实验数据，求出影响因素的一次效应、二次效应及其交互效应的关联方程，作出响应面图，从而对超声波辅助提取紫穗槐总黄酮进行条件优化。通过多元回归，拟合分析数据，从而得到总黄酮提取率与各因素变量的二次方程模型，即

$$Y=2395.52-174.88X_1+45.48X_2+109.02X_3+91.59X_4-155.58X_1X_2-124.05X_1X_3+27.20X_1X_4+26.10X_2X_3+43.37X_2X_4-66.50X_3X_4-429.38X_{12}-379.57X_{22}-276.14X_{32}-245.68X_{42} \quad (7\text{-}1)$$

式中，Y 为紫穗槐提取液中总黄酮的浓度值，mg/L；X_1 为乙醇浓度，%；X_2 为提取时间，min；X_3 为料液比，g/mL；X_4 为超声功率，W。数据见表 7-10。

③ 回归方程方差分析。从表 7-11 可以看出，回归方程描述各 4 个因素与响应值之间的关系，其因变量和所有自变量之间的线性关系显著，模型的显著水平远远小于 0.01，此时 Qua-dratic 回归方差模型极显著。从回归方程中各项的方差分析结果还可以看出，方程的失拟项较小，表明该回

归方程对实验数据拟合好、误差小，因此可用该回归方程代替实验真实点对实验结果进行分析和预测。

表7-10　超声波提取紫穗槐中总黄酮响应面分析实验设计及结果

实验号	X_1 乙醇浓度 /%	X_2 提取时间 /min	X_3 料液比 /（g/mL）	X_4 超声波功率 /W	Y 响应 /（mg/L）
1	1	−1	0	0	1474.5
2	0	0	0	0	2419.2
3	0	0	−1	1	1922.9
4	0	1	0	1	2140.2
5	0	−1	0	1	1570.2
6	0	0	0	0	2438.8
7	−1	1	0	0	1928.5
8	0	−1	1	0	2008.3
9	0	0	0	0	2425.6
10	1	0	0	−1	1565.3
11	1	0	1	0	1558.7
12	1	0	0	1	1750.1
13	−1	0	−1	0	1463.2
14	0	0	0	0	2338.6
15	0	1	1	0	1913.5
16	1	1	0	0	1100
17	1	0	−1	0	1496.2
18	0	0	−1	−1	1650.6
19	0	0	1	1	1882.5
20	−1	0	0	1	2012.5
21	0	1	0	−1	1773.6
22	0	−1	0	−1	1377.1
23	0	−1	−1	0	1809.6
24	−1	−1	0	0	1680.7
25	0	0	1	−1	1876.2
26	0	1	−1	0	1610.4
27	−1	0	1	0	2021.9
28	−1	0	0	−1	1936.5
29	0	0	0	0	2355.4

表7-11 各因素方差分析表

方差来源	自由度	平方和	均方	F值	P值
模型	14	7310.9914	522.2136	47.1533	<0.0001
X_1	1	4684.7008	4684.7008	423.0055	**<0.0001**
X_2	1	192	192	17.3366	**0.0010**
X_3	1	0.48	0.48	0.0433	0.8381
X_4	1	14.3008	14.3008	1.2912	0.2749
X_1X_2	1	67.24	67.24	6.0714	0.0273
X_1X_3	1	30.25	30.25	2.7314	0.1206
X_1X_4	1	1.1025	1.1025	0.0995	0.7570
X_2X_3	1	16	16	1.4447	0.2493
X_2X_4	1	309.76	309.76	27.9698	**0.0001**
X_3X_4	1	176.89	176.89	15.9723	0.0013
X_1^2	1	1253.5546	1253.5546	113.1898	**<0.0001**
X_2^2	1	710.2623	710.2623	64.1332	**<0.0001**
X_3^2	1	339.9277	339.9277	30.6938	**<0.0001**
X_4^2	1	372.3624	372.3624	33.6225	**<0.0001**
残差	14	155.0471	11.0747		
失拟项	10	122.7391	12.2739	1.5196	0.3652
纯误差	4	32.308	8.077		
总误差	28	7466.0386			

注：$P < 0.01$，差异极显著；$P < 0.05$，差异显著。

通过对方程各项进行 F 检验，P 越小的项影响就越显著，$P \leqslant 0.05$ 为显著项，$P \leqslant 0.01$ 为极显著项。从表 7-11 可以看出，X_1 和 X_2 的 $P \leqslant 0.01$，说明这两项对总黄酮提取率影响为极显著，X_1^2、X_2^2、X_3^2 和 X_4^2 的 $P \leqslant 0.001$，对总黄酮提取率影响极显著。而乙醇浓度和提取时间交互项（X_1X_2），料液比和功率的交互项（X_3X_4）的 P 值均小于 0.05，对总黄酮提取率影响显著，提取时间和功率的交互项（X_2X_4）的 $P \leqslant 0.001$，对总黄酮提取率影响极显著；乙醇浓度和料液比的交互项（X_1X_3）、乙醇浓度和功率的交互项（X_1X_4）、提取时间和料液比的交互项（X_2X_3）的 P 值均大于 0.05，说明各因素之间的交互作用不显著。从表 7-11 还可以看出，对提取率影响的大小依次为乙醇浓度（X_1）、提取时间（X_2）、超声波功率

（X_4）、料液比（X_3）。

从表 7-12 方差分析结果可以看出，模型是极显著的（$P<0.01$，R^2=0.9792，调整后的 R^2=0.9584。模型变异系数为 0.8621%，精密度为 22.3079，说明该模型准确度和精密度都比较高，用该模型进行分析和预测是合理的。

表 7-12　模型方差分析表

项目	数值	项目	数值
标准差	3.3278	R^2	0.9792
平均值	386.0068	调整后的 R^2	0.9584
变异系数 /%	0.8621	预测的 R^2	0.8985
预测残差平方和	757.4588	精密度	22.3079

④ 响应面曲面分析。响应面法的图形是特定的响应面（Y）与对应的因素 X_1、X_2、X_3、X_4 构成的三维空间在二维平面上的等高图，每个响应面对其中两个因素进行分析，而另外两个因素固定在零水平。从响应面分析图上可以直观地看出各因素对响应值的影响，从而可以找到它们在提取过程中的相互作用。在保持两个因素编码值为零时，可通过其他两个因素与响应值关系的三维响应面图和等高线图，直观地描述这两个因素对响应值的影响和因素间的交互作用。响应面图均是响应曲面开口向下的凸面，等高线近似为圆形，其中心若位于所考察区域内，可说明在考察的区域范围内存在响应值的极大值，同时响应面是高度卷曲的曲面，简单的一次线性方程难以对其进行解析。实验所得的回归优化响应面图分别见图 7-5 ～图 7-10。

图 7-5 是乙醇浓度和提取时间对总黄酮提取的影响，由图可知，当提取时间不变时，总黄酮提取率呈现先增高后降低的趋势，在乙醇浓度达到 80% 左右时，总黄酮提取率达到最大，与单因素考察结果一致。同理，在提取时间低于 30min 时，总黄酮提取率随着提取时间的增大而增大；当乙醇浓度达到 80%，提取时间为 30min 时，总黄酮提取率达到最高，继续延长提取时间或者增大乙醇的浓度，总黄酮提取率反而下降，出现这种情况的原因前文已经分析过。

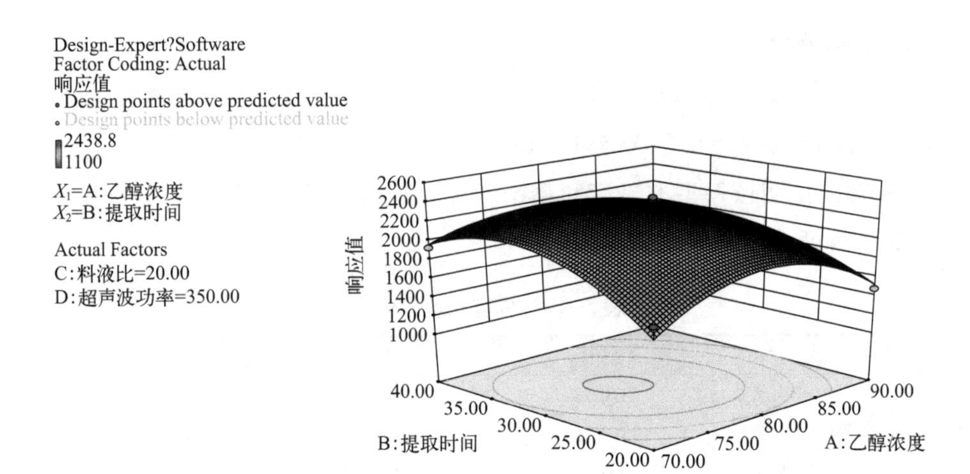

图 7-5 乙醇浓度和提取时间对总黄酮提取的影响

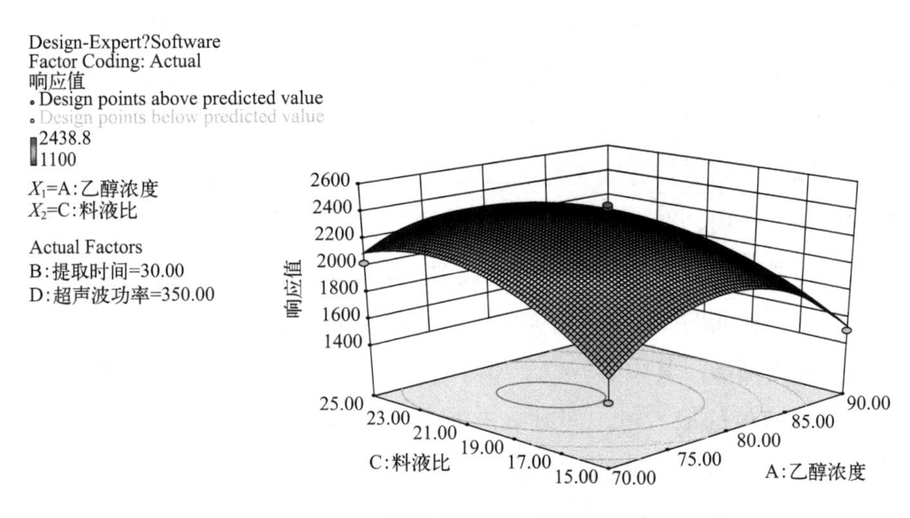

图 7-6 乙醇浓度和料液比对提取的影响

由图 7-6 可知，当料液比低于 1∶20 时，总黄酮提取率随着料液比的增高而相应增高。当料液比增大到 1∶20 后，再继续增大料液比，总黄酮提取率增加不明显。

由图 7-7 可知，超声波功率与总黄酮提取率并不是呈简单的线性关系。当超声波功率达到 350W 时，总黄酮提取率最大。之后，继续增加超声波功率，总黄酮提取率反而下降，其结果与单因素实验结果基本一致。

由图 7-8 可知，料液比为 1∶20，提取时间为 30min 时总黄酮提取率

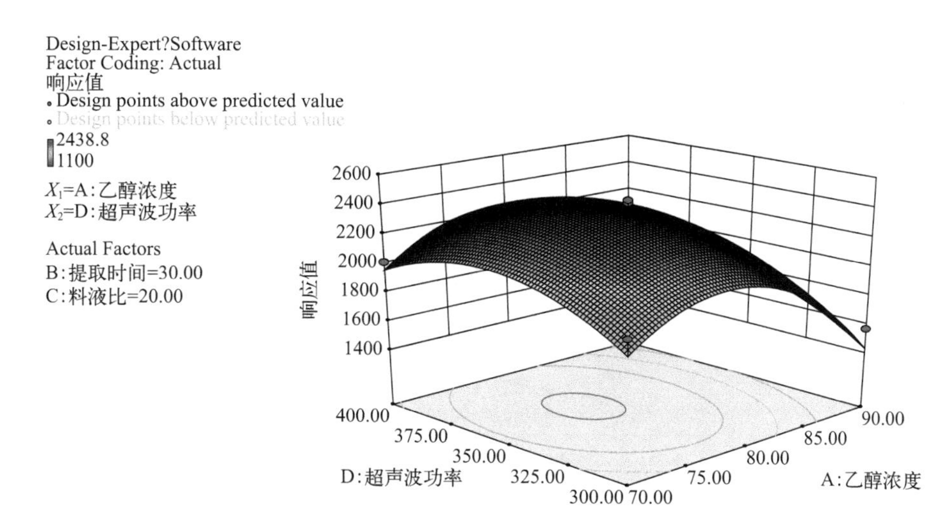

图 7-7　超声波功率和乙醇浓度对总黄酮提取的影响

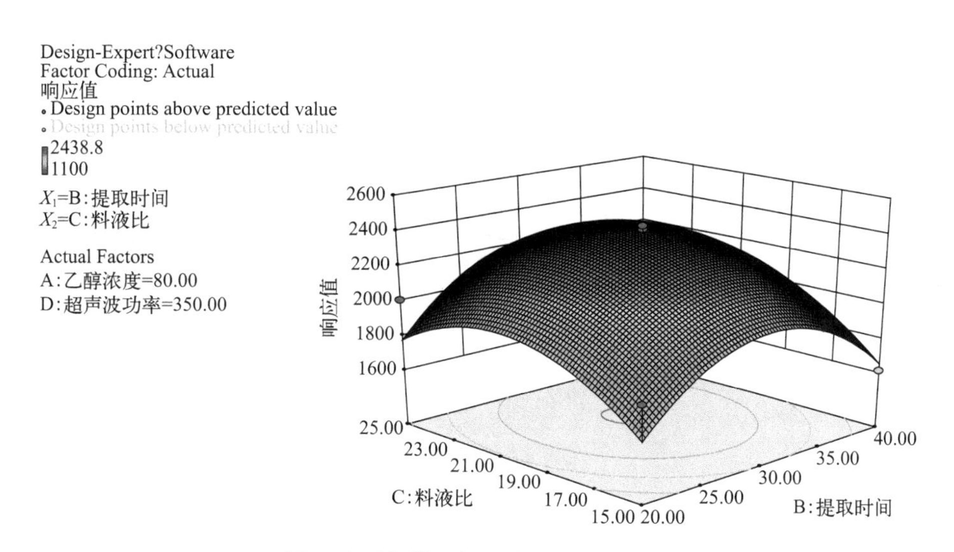

图 7-8　料液比和提取时间对提取的影响

最高，实验结果和单因素实验结果基本相似。

由图 7-9 可知，当超声波功率为 350W，提取时间为 30min 时，总黄酮提取率最高，从图形的走势来看，实验的结果和单因素实验结果基本保持一致。

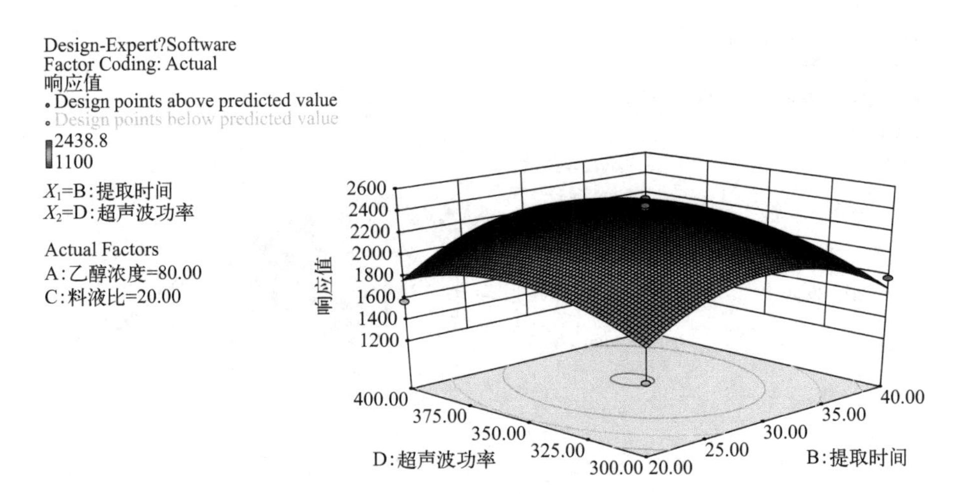

图 7-9　超声波功率和提取时间对提取的影响

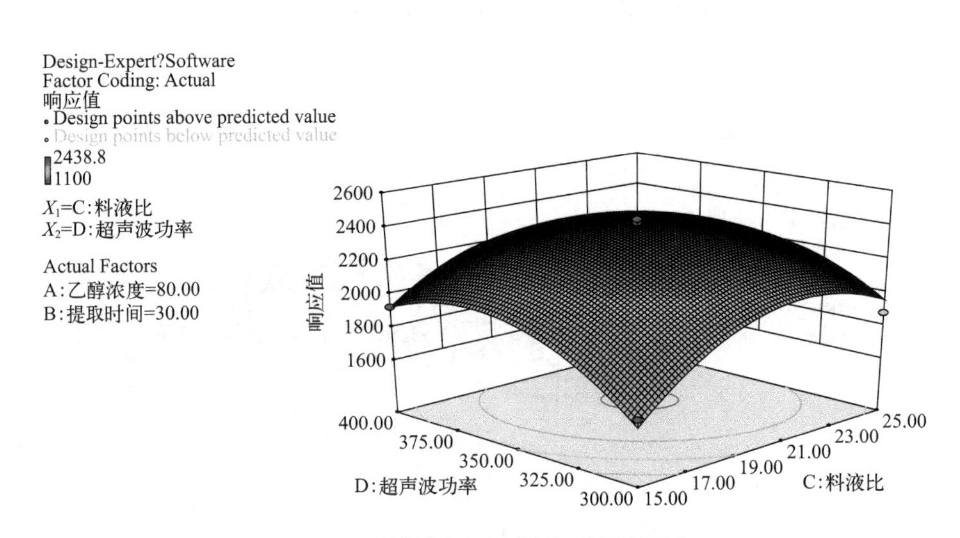

图 7-10　超声波功率和料液比对提取的影响

由图 7-10 可知，当超声波功率为 350W，料液比为 1：20 时总黄酮提取率最高，图形走势明显，实验结果比较理想，与单因素实验结果一致。

对以上结果利用 DesignExpert 软件进行回归模型的典型性分析，预测到在稳定状态下，超声波法提取紫穗槐中总黄酮的最优工艺条件为乙醇浓度 77.43%，提取时间 31.29min，料液比 1：21.22，超声波功率 357.55W，预计总黄酮的提取液浓度为 2441.14mg/L。

⑤ 验证实验。为了检验实验结果是否与真实情况相一致，根据上述

结果进行近似验证实验，考虑到实际操作的便利，将最佳工艺条件设置为室温条件，当乙醇浓度为 80%、提取时间为 30min、料液比为 1∶20、超声功率为 350W 时，在此条件下进行 3 次平行实验，得到总黄酮的提取液浓度为 2440.98mg/L。与理论预测值相比，其相对误差约为 0.24%，而且重复性也很好，说明提取工艺优化结果可靠。

7.2.3　小结

本节首先确定了乙醇浓度、超声波功率、料液比及提取时间等各个单因素在总黄酮超声波提取的最佳条件，在此基础上，将响应面法应用于提取条件的优化。实验中通过各因素回归分析得出，乙醇浓度项对总黄酮提取率影响显著，提取时间和料液比对总黄酮提取率影响极显著，提取时间和乙醇浓度的平方项对总黄酮提取率影响显著，料液比的平方项对总黄酮提取率影响显著，而此结果难以用简单的一次线性方程进行解析。

紫穗槐总黄酮提取工艺优化实验结果表明，提取的最佳条件为：提取时间 30min，超声波功率 350W，乙醇浓度 80%，料液比 1∶20。回归模型预测总黄酮的最优工艺条件为：乙醇浓度 77.43%，提取时间 31.29min，料液比 1∶21.22，超声波功率 357.55W，预计总黄酮的提取液浓度为 2441.14mg/L，验证实验数值为 2440.98mg/L，与预测值相比，其相对误差约为 0.24%，验证值和预测值基本一致，说明模型预测可靠，该模型可应用于紫穗槐总黄酮提取条件的优化，对其规模化生产具有理论指导意义。

7.3　大孔吸附树脂纯化紫穗槐果实总黄酮工艺

目前运用较为普遍的类黄酮分离纯化的技术有硅胶柱色谱法、气相色谱法、高效液相色谱法、微孔薄层色谱法和聚酰胺色谱法等。大孔吸附树脂是一种具有立体结构的多孔交联型人工聚合物，不含离子交换基团，主要通过与被分离物之间的范德华力或氢键进行物理吸附。研究表明，大孔吸附树脂对水中的苯类、酚类、水杨酸等有机化合物都具有很好的吸附净化作用，并能够高效回收酚类、胺类、有机酸类和卤代烃类有机物。其中，D-101 型大孔吸附树脂是一种非极性树脂，吸附速度快，吸附容量大，选择性高，操作条件温和，广泛应用于天然产物中黄酮类化合物的分离和纯化[19]。

因此，选用 D-101 型大孔吸附树脂分离纯化紫穗槐果实总黄酮，并优化其对紫穗槐果实总黄酮的工艺条件，为生产中更加有效充分地利用紫穗槐，发挥其最大的社会、经济效益提供实验依据。

7.3.1 材料与方法

（1）试验材料　紫穗槐果实，D-101 型大孔吸附树脂（粒度范围 0.3 ～ 1.2mm）。

（2）试验方法

① 紫穗槐提取液的制备。称取 1kg 紫穗槐果实，挑选出杂质后，粉碎，先用 60 ～ 90℃石油醚脱脂处理，烘干后用 75% 乙醇 2500mL 浸泡 48h，进行抽滤，提取 2 次，合并滤液，得到抽滤液约 1500mL，将抽滤液旋转蒸发至约 700mL 得到红棕色紫穗槐果实提取液，密封、避光、冷藏保存，使用时用甲醇稀释到相应的浓度。

② 大孔吸附树脂的预处理。将大孔吸附树脂先用 70% 乙醇浸泡 24h 后，使其充分溶胀，抽滤，用蒸馏水洗净，用 4% 的氢氧化钠浸泡 24h 后抽滤，用蒸馏水洗净，再用 4% 盐酸浸泡 24h 后抽滤，用蒸馏水洗净，最后用 70% 乙醇浸泡密封保存。使用时，将树脂用 75% 乙醇清洗，洗至滤出的乙醇：自来水（1：3）混合不呈白色即可。此过程大约需要 75% 乙醇 5BV，然后再用超纯水清洗树脂，洗至无醇味，需要超纯水大约 4BV，将树脂倒出，用超纯水浸泡以备用。

③ 确定吸收波长的预实验。取适量大孔吸附树脂装柱，取适量紫穗槐提取液，用甲醇稀释 10 倍过柱，用超纯水洗柱 2 次，70% 乙醇溶液洗脱，收集洗脱液，取适量洗脱液用甲醇稀释到合适的浓度，进行 200 ～ 600nm 下波长扫描，得到结果如图 7-11。

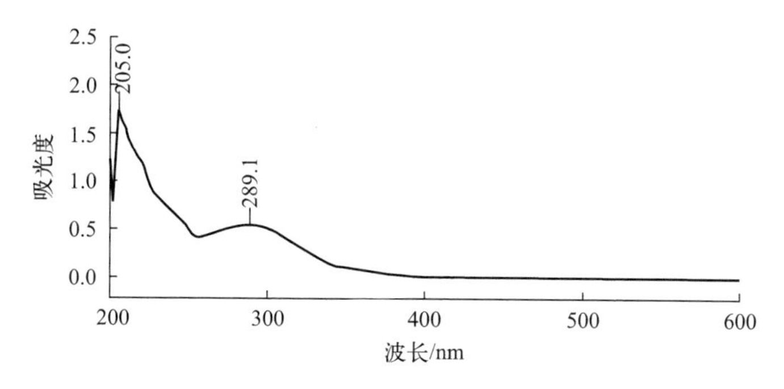

图7-11　洗脱液波长扫描

由图7-11可知，洗脱液中的物质在205.0nm，289.1nm有典型吸收峰，说明紫穗槐提取液中主要成分为异黄酮。基于陈欣安等[10]的研究，以鱼藤酮标准品为参考测定紫穗槐果实中总黄酮的含量。

④ 鱼藤酮标准曲线制备。准确称取2mg的鱼藤酮粉末，用25mL甲醇溶解后再稀释8倍制成浓度为9.6mg/mL的标准溶液。分别吸取3.0mL、4.0mL、5.0mL、6.0mL、7.0mL标准溶液置于10mL的容量瓶中，用甲醇定容至10mL，摇匀。在波长为289.1nm下测吸光度，得标准曲线y=102.18x−0.0486，R=0.9996。

大孔吸附树脂静态与动态的吸附和解吸附实验中，主要的物理量为吸附量（树脂吸附溶质的量）、吸附率（树脂吸附溶质的效率）、洗脱率（洗脱剂洗脱溶质的效率）、回收率（溶质回收效率），计算公式如下：

$$吸附量 Q/(\mathrm{mg/mL})=\frac{(C_0-C_\mathrm{e})V_0}{m} \tag{7-2}$$

$$吸附率 E(\%)=\frac{C_0-C_\mathrm{e}}{C_0}\times 100 \tag{7-3}$$

$$洗脱率 D(\%)=\frac{C_\mathrm{d}V_\mathrm{d}}{(C_0-C_\mathrm{e})V_0}\times 100 \tag{7-4}$$

$$回收率 R(\%)=\frac{C_\mathrm{d}V_\mathrm{d}}{C_0V_0}\times 100 \tag{7-5}$$

式中，C_0为溶液初始浓度，mg/mL；C_e为溶液平衡浓度，mg/mL；V_0为上样液体积，mL；m为树脂质量，g；C_d为洗脱液浓度，mg/mL；V_d为洗脱液体积，mL。

⑤ 树脂静态吸附与洗脱有关因素的筛选。

a. 树脂静态吸附中上样液体积的筛选：准确称取3g处理待用的大孔吸附树脂5份，分别装入50mL的离心管中，在5支离心管中分别加入浓度均为0.86mg/mL的紫穗槐总黄酮粗提取液10mL、15mL、20mL、25mL、30mL，置于摇床上，转速为260r/min，测定其吸光度，再计算出浓度、吸附量和吸附率。

b. 树脂静态洗脱中洗脱液体积分数筛选：分别将浓度为40%、50%、60%、70%、80%和90%的乙醇加入充分吸附6h后的树脂中，洗脱并测定其吸光度，再计算出解吸率。

c. 树脂静态吸附平衡时间的考察：准确称取3g抽滤后大孔吸附树脂装入50mL离心管内，加入浓度为0.86mg/mL的紫穗槐总黄酮粗提取液甲醇稀释液15mL，置于摇床上进行静态吸附，转速为260r/min，充分吸附12h，测定其吸光度，再计算出浓度。

d. 树脂静态解吸附平衡时间的考察：将上述充分吸附的树脂用超纯水清洗后抽滤，并转移至新的离心管中，加入80%乙醇30mL，置于摇床上进行静态解吸，转速为300r/min，充分解吸180min，洗脱并测定其吸光度，再计算出浓度。

⑥ 树脂动态吸附与洗脱有关因素的筛选。

a. 上样液浓度对树脂动态吸附的影响：将紫穗槐果实粗提取液用甲醇配制成浓度梯度为0.51mg/mL、0.64mg/mL、0.75mg/mL、1.03mg/mL、1.46mg/mL和1.94mg/mL的溶液，上样液体积为30mL，分别加入装有30mL大孔吸附树脂的玻璃色谱柱中，流速为1.0mL/min，动态吸附后，吸取200μL流出液，用甲醇定容至10mL，在波长为289.1nm下测出吸光度并用标准曲线计算出对应的浓度，根据公式算出吸附率，并绘制出上样液浓度与吸附率的曲线。

b. 上样液流速对树脂动态吸附的影响：取紫穗槐果实总黄酮粗提取液用甲醇稀释至浓度为0.75mg/mL，从中取6份，每份30mL，分别加入装有30mL大孔吸附树脂的玻璃色谱柱中，流速分别为0.5mL/min、1.0mL/min、1.5mL/min、2.0mL/min、2.5mL/min、3.0mL/min，动态吸附后，吸取 500μL 流出液，测出吸光度并计算出浓度和吸附率，绘制出上样液流速与吸附率的曲线。

c. 洗脱液体积分数对树脂动态吸附的影响：取充分吸附总黄酮的大孔吸附树脂 30mL，用 4BV 的超纯水洗柱，用已配好的体积分数分别为 40%、50%、60%、70%、80% 和 90% 的乙醇 50mL 分别进行洗脱，流速为 1.5mL/min，动态洗脱后，测出吸光度并计算出浓度和洗脱率，并绘制出洗脱液浓度与洗脱率曲线。

d. 洗脱液流速对树脂动态吸附的影响：取充分吸附总黄酮的大孔吸附树脂 30mL，用 4BV 的超纯水洗柱，用已配制好的 6 份 50mL 体积分数为 80% 的乙醇稀释液进行洗脱，流速分别为 0.5mL/min、1.0mL/min、1.5mL/min、2.0mL/min、2.5mL/min、3.0mL/min，动态洗脱后，测出吸光度并计算出浓度和洗脱率，并绘制出洗脱液浓度与洗脱率曲线。

e. 树脂动态洗脱曲线：取紫穗槐果实总黄酮粗提取液用甲醇稀释至浓度为 0.75mg/mL，体积为 30mL，加入装有 30mL 大孔吸附树脂的玻璃色谱柱中，流速 1.0mL/min，动态吸附后，用 4BV 的超纯水洗柱，用已配制好的 50mL 体积分数为 80% 的乙醇稀释液进行洗脱，流速为 1.5mL/min，每隔 2min 收集一次流出液，直到流出液变为无色为止，测出吸光度并计算出浓度和洗脱率，并绘制出洗脱液浓度与洗脱率曲线。

7.3.2 结果与分析

（1）树脂静态吸附和解吸的影响因素

① 上样液体积对树脂静态吸附的影响。由图 7-12 可知，随着上样液体积的逐渐增加，吸附量随之增加，在达到 15mL 后，树脂的吸附量达到饱和。上样液体积较小时，虽吸附量较高，但样液体积较少，效率比较

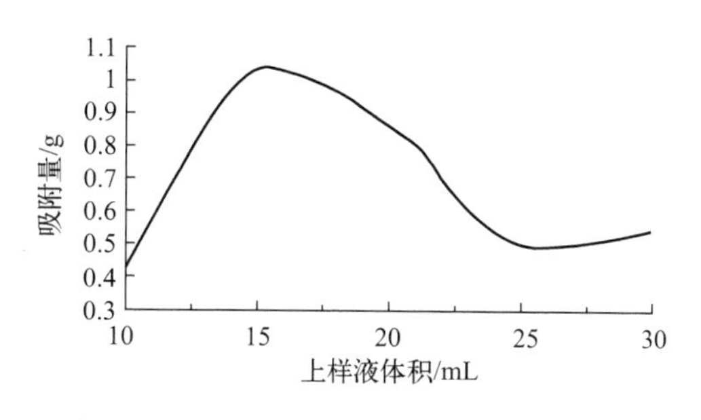

图 7-12 上样液体积对树脂静态吸附的影响

低；当上样液体积过大时，树脂的吸附量已经达到饱和状态，在进行水洗过程中会造成样液的流失而导致浪费现象且效率较低。因此，树脂对总黄酮静态吸附中的最佳上样量为 15mL。

② 洗脱液体积分数对树脂静态吸附的影响。由图 7-13 可知，随着乙醇浓度的增加，解吸率逐渐增大，当乙醇浓度为 80% 时，解吸率达到最大，当乙醇浓度为 90% 时，解吸率反而降低，由相似相溶说明总黄酮的极性与 80% 乙醇的极性相当。因此，树脂对总黄酮静态吸附中的最佳洗脱液浓度为 80%。

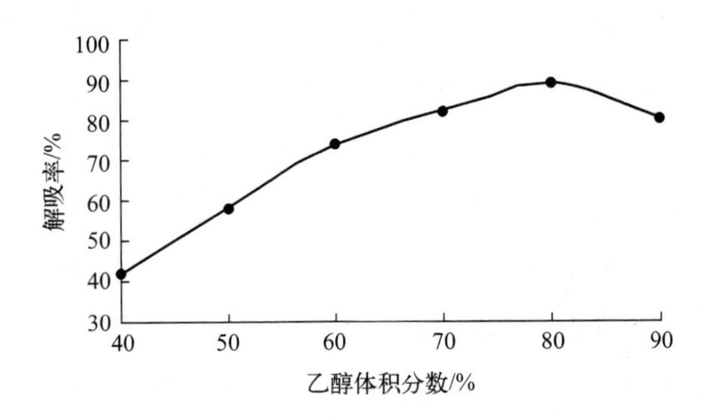

图 7-13 洗脱液浓度对树脂静态吸附的影响

③ 树脂静态吸附的平衡时间。由图 7-14 可知，树脂对紫穗槐果实中总黄酮的吸附随时间的推移变化缓慢，在 6.5h 以后，吸附液的浓度不再减小，呈波浪线状态，说明在 6.5h 后吸附在树脂中的总黄酮达到动态平衡，因此最佳吸附平衡时间为 6.5h。

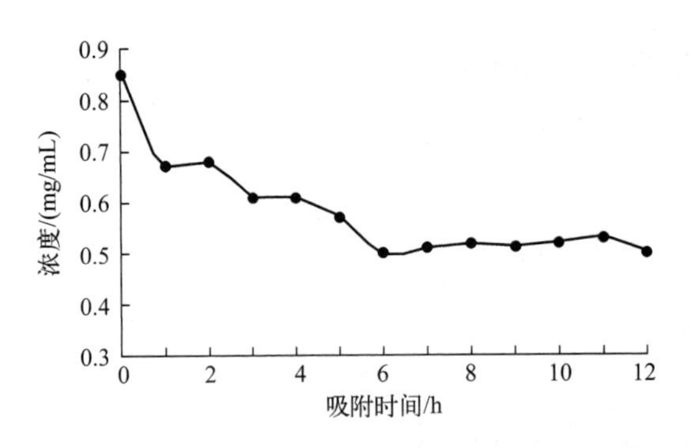

图 7-14 D-101 型大孔吸附树脂对总黄酮静态吸附曲线

④ 树脂静态解吸的平衡时间。由图 7-15 可知，D-10 型大孔吸附树脂对紫穗槐果实中总黄酮的解吸随时间的推移变化缓慢，在 1.8h 以后，洗脱液的浓度不再增加，反而减小，说明在解吸过程中有一部分黄酮又重新被树脂吸附回去，可以判断此时树脂解吸达到动态平衡，因此，最佳解吸平衡时间为 1.8h。

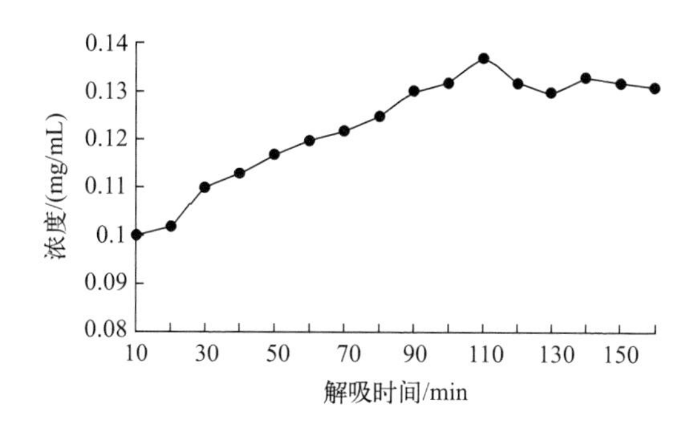

图 7-15　D-101 型大孔吸附树脂对总黄酮静态解吸曲线

（2）树脂动态吸附和解吸的影响因素

① 上样液浓度对树脂动态吸附的影响。由图 7-16 可知，D-101 型大孔吸附树脂对紫穗槐果实中总黄酮的吸附，在浓度为 0.75mg/mL 之前，吸附率随浓度的增加而逐渐增大，直至浓度增加到 0.75mg/mL 时，吸附率最大，树脂对总黄酮的吸附达到饱和。随着浓度的逐渐增加，吸附率反而逐渐减小，减小的幅度比低浓度时减小的幅度小。因此，选择浓度为 0.75mg/mL 作为树脂动态吸附实验的最佳浓度。

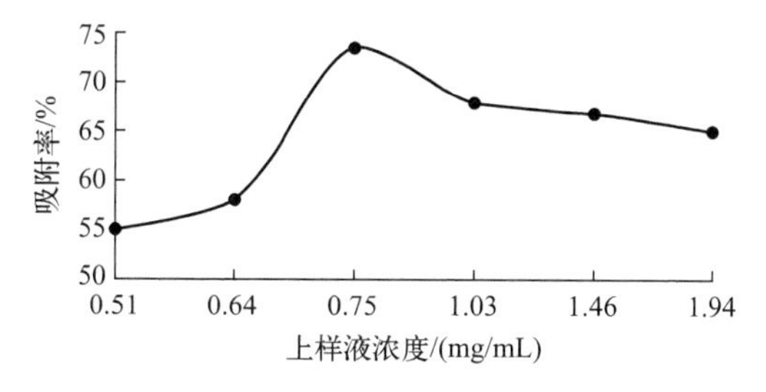

图 7-16　上样液浓度对树脂动态吸附的影响

② 上样液流速对树脂动态吸附的影响。由图 7-17 可知，树脂对总黄酮的吸附率随着上样液流速的逐渐增加反而逐渐下降，在流速为 1.0 ～

1.5mL/min 时吸附率变化较快，当流速较低时，虽然吸附率高，但吸附在树脂中的类黄酮化合物与树脂间结合得也较紧，所含的杂质也比较多，真正吸附的黄酮量较少，同样不利于洗脱。因此，选择流速 1.0mL/min 作为树脂动态吸附的最佳流速。

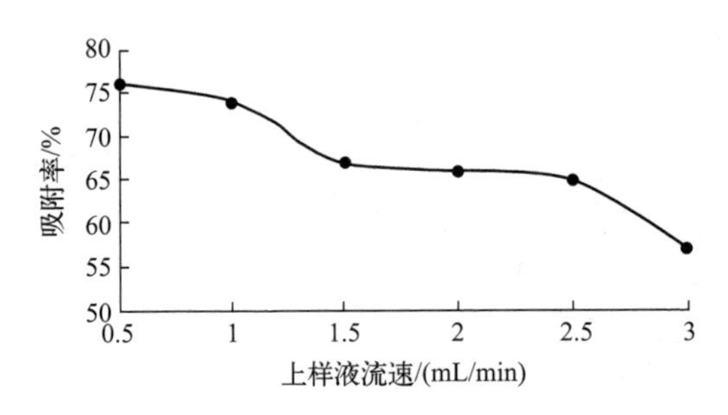

图 7-17 上样液流速对树脂动态吸附的影响

③ 洗脱液体积分数对树脂动态吸附的影响。由图 7-18 可知，D-101 型大孔吸附树脂对紫穗槐果实中总黄酮的洗脱率随着洗脱剂浓度的逐渐增加先上升后下降，在浓度为 80% 时洗脱率最大为 92.2%，在浓度大于 80% 以后洗脱率又逐渐下降，可能是由于洗脱剂的极性逐渐减小，与此同时，易溶于醇的杂质逐渐析出，影响了总黄酮的洗脱。因此，选择乙醇浓度 80% 作为树脂动态吸附的最佳浓度。

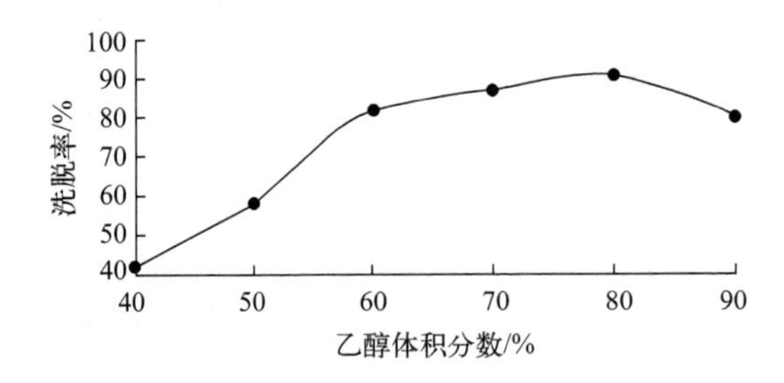

图 7-18 乙醇浓度对树脂动态洗脱的影响

④ 洗脱液流速对树脂动态吸附的影响。由图 7-19 可知，D-101 型大孔吸附树脂对紫穗槐果实中总黄酮的洗脱率随着洗脱剂流速的逐渐增加反而逐渐下降，在流速为 1.5～2mL/min 时吸附率变化较快，当流速较低时，虽然洗脱率高，所含的杂质也比较多，真正洗脱的黄酮较少，同样不利于洗脱。因此，选择流速 1.5mL/min 作为树脂动态解吸的最佳流速。

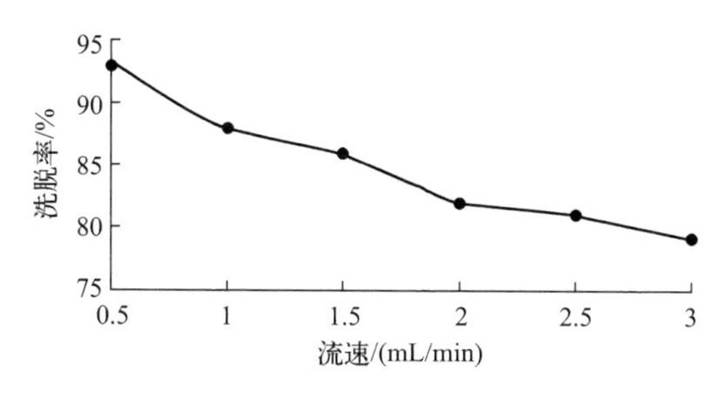

图 7-19　洗脱剂流速对树脂动态洗脱的影响

⑤ 树脂动态洗脱曲线。由图 7-20 可知，用体积分数为 80% 的乙醇对饱和的大孔吸附树脂进行解吸，前 3 次收集的洗脱液几乎为无色透明液体，第 4 次收集的洗脱液开始变黄，第 5 ～ 8 次收集的洗脱液颜色逐渐加深，变为橙红色，待洗到 36mL 时，洗脱液又逐渐变为无色，待洗到 48mL 时，浓度几乎为 0，则证明洗脱完成。因此，当洗脱剂体积为 48mL 时，可以将紫穗槐果实中总黄酮全部洗脱出来。

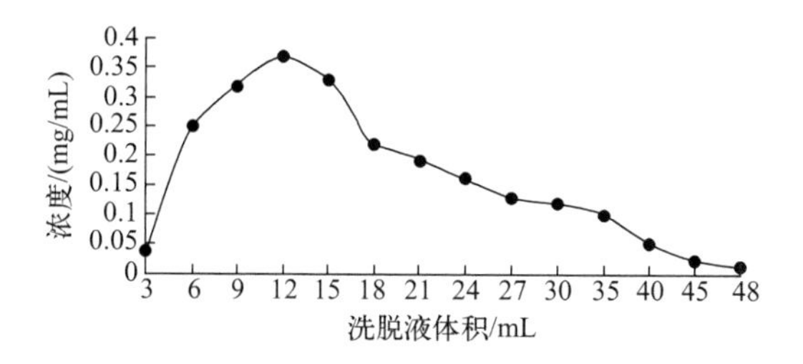

图 7-20　树脂动态洗脱曲线

7.3.3　小结

应用 D-101 型大孔树脂吸附技术进行纯化，以吸附率、解吸率为纯化指标做静态和动态吸附，研究了大孔树脂纯化类黄酮物质的工艺条件。结果表明：D-101 型大孔吸附树脂对紫穗槐总黄酮静态吸附和解吸最佳工艺条件为：上样液浓度 0.86mg/mL，吸附平衡时间 6.5h，洗脱剂乙醇体积分数 80%，解吸平衡时间 1.8h。D-101 型大孔吸附树脂对紫穗槐总黄酮动态吸附和洗脱最佳工艺条件为：取 30mL 大孔吸附树脂，以体积 30mL、浓度 0.75mg/mL 的紫穗槐总黄酮粗提取液过柱，流速为 1.0mL/min，充分吸附后，再用3BV的超纯水洗柱，最后用50mL 80%乙醇溶液以流速1.5mL/min进行洗脱。在此工艺条件下，能有效地洗脱色素、叶绿素等非目标成分，有效地分离纯化总黄酮，且操作简单、安全，成本低廉。

有研究表明，大孔吸附树脂的吸附和解吸特性与其自身的物理性状、化学结构密切相关，而且与不同提取材料的类黄酮种类相关。张黎明等研究表明，在室温下D-101型树脂对山楂叶总黄酮的动态吸附与洗脱的最佳工艺参数为：上样液pH为4.15～5.15，上柱流度为2BV/h，溶液处理量为6BV/次，洗脱剂为70%乙醇，洗脱剂流速为1BV/h，洗脱剂用量为2BV/次[20]。胡志军等研究出D-101型大孔吸附树脂分离纯化橘皮黄酮类物质的最佳工艺条件为：提取液pH为4.43，上样液料比15：1（黄酮类物质溶液：大孔吸附树脂，mL/g），洗脱液为95%乙醇溶液，洗脱液料比25：1（95%乙醇溶液：大孔吸附树脂，mL/g）[21]。与本节用D-101型大孔吸附树脂对紫穗槐果实中总黄酮的静态和动态吸附与解吸的结论有类似之处，分离纯化操作除去了大量的杂质，使待纯化的黄酮类化合物更容易提取。

大量研究表明，大孔吸附树脂对不同植物材料中总黄酮的分离纯化需要控制的因素有很多，例如：大孔吸附树脂本身是白色的物质，在洗脱以后会变黄，说明树脂孔隙里不仅能吸附黄酮类物质，还吸附了杂质。在静态吸附与解吸实验中，如果没有较精准的仪器，选择数显调速多用振荡器来代替，会导致实验有很大误差。

参考文献

[1] Brett, C.H. Repellent properties of extract of *Amorpha fruticosa*[J]. J. Econ. Entomol. 1946, 39, 810-810.

[2] Brett, C H. Insecticidal properties of the indigobush (*Amorpha fruticosa*)[J]. J. Agric. Res. 1946, 73, 81-96.

[3] 白志诚，石得玉，王升瑞，等．紫穗槐叶杀虫成分的研究[J]. 延安大学学报：自然科学版，1990, 13 (1) :1-5.

[4] 纪明山，刘畅，李修伟，等．紫穗槐果实杀蚜活性初探[J]. 江苏农业科学，2011, 39(2): 208-210.

[5] 刘畅．植物源黄酮类化合物提取及其杀虫活性研究[D]. 沈阳：沈阳农业大学，2011.

[6] 梁亚萍 . 紫穗槐果实杀虫活性物质及其作用机理研究 [D]. 沈阳 : 沈阳农业大学 , 2015.
[7] Liang Y, Li X, Gu Z, et al. Toxicity of amorphigenin from the seeds of *Amorpha fruticosa* against the larvae of *Culex pipiens pallens* (Diptera: Culicidae)[J]. Molecules, 2015, 20, 3238-3254.
[8] Ji M, Liang Y, Gu Z, et al. Inhibitory Effects of Amorphigenin on the Mitochondrial Complex Ⅰ of *Culex pipiens pallens* Coquillett (Diptera: Culicidae)[J]. Int. J. Mol. Sci, 2015, 16, 19713-19727.
[9] 焦姣 , 孙慧 , 兰杰 , 等 . 紫穗槐种子杀菌活性成分的提取、分离与鉴定 [J]. 农药 , 2012, 51 (07): 491-493.
[10] 陈欣安 , 陆磊 . 用紫外分光法测定鱼藤中异黄酮类的总含量 [J]. 中南林学院学报 , 1996(1):46-49.
[11] 严赞开 . 紫外分光光度法测定植物黄酮含量的方法 [J]. 食品研究与开发 , 2007, 28(9): 164-167.
[12] 李淑珍 , 武飞 , 陈月林 , 等 . 沙棘叶总黄酮含量测定方法的建立 [J]. 西北师范大学学报 (自然科学版), 2015, 51 (06): 94-97+104.
[13] 梁亚萍 , 郭红霞 , 纪明山 , 等 . 紫穗槐果实化学成分及生物活性研究进展 [J]. 湖北农业科学 , 2019, 58 (03): 15-18+26.
[14] 廖蓉苏 , 柴慧瑛 . 紫穗槐种籽油及种皮挥发油化学成分的研究 [J]. 北京林业大学学报 , 1989, (01): 99-103.
[15] 李倩 , 黄珊珊 , 袁汝强 , 等 . 紫穗槐果实提取物的抑菌活性研究 [J]. 中国微生态学杂志 , 2014, 26(3):279-283.
[16] 魏增云 , 杨莉 . 响应面优化设计法在植物活性成分萃取工艺中应用进展 [J]. 忻州师范学院学报 , 2013, 29 (05): 24-30+55.
[17] 孟庆繁 , 高璇 , 司鹏 , 等 . 响应面法优化超声波法提取补骨脂中活性成分的工艺研究 [J]. 林产化学与工业 , 2009,29(4):87-91.
[18] 刘文杰 , 孙爱东 . RSM 法优化提取槟榔中槟榔碱及其抑菌活性研究 [J]. 浙江农业科学 , 2012, (6):847-852.
[19] 王竞红 , 王非 , 杨成武 , 等 . 大孔吸附树脂分离纯化紫穗槐叶类黄酮的研究 [J]. 中南林业科技大学学报 , 2016, 36(1):112-118.
[20] 张黎明 , 李春莲 . 大孔吸附树脂分离纯化山楂叶总黄酮的研究 [J]. 林产化学与工业 , 2006, 26(1):87-90.
[21] 胡志军 , 郝利君 , 王南溪 , 等 .D-101 大孔吸附树脂分离纯化橘皮中的黄酮类物质 [J]. 食品科学 , 2010, 31(8):65-69.

第 8 章

紫穗槐制剂及田间应用研究

为适应农药有效成分物化性能和多品种的原药，一种原药往往加工成几种剂型和制剂，例如美国原药和制剂之比为 1 ∶ 8，日本为 1 ∶ 10。据国际农药制造商协会联合会（GIFAP）推荐的农药剂型代码，国外已有 62 种剂型。我国的农药剂型发展比较迅速，剂型逐渐朝着更加绿色、高效的方向进步。国家“十五”期间提出加强农药剂型向水剂发展，并对农药剂型项目进行了相应的扶持，推进了一批农药新制剂产品的问世，其中以微乳剂（ME）的发展更为迅速 [1]。经过半个多世纪的努力，2000 年我国的原药和制剂之比由“七五”期间的 1 ∶ 6 上升到 1 ∶ 12，达到发达国家的水平。其中，微乳剂发展的势头迅猛。微乳剂作为一种较安全、绿色环保的新农药剂型无论是在理论上还是在实际应用方面都具有重要意义。

8.1 微乳剂介绍

8.1.1 国内外微乳剂研究动态

（1）国外微乳剂研究动态 农药微乳剂被认为是一类安全、环保、水基性的新剂型 [2]。微乳剂将不溶于水的农药原药直接溶于有机溶剂中形成油相，然后添加乳化剂、助溶剂等，并在混合过程中与水充分融合，形成在光学上各向同性、热力学上稳定且经时稳定的外表透明或半透明的胶体分散体系。

从 20 世纪 70 年代开始，美国、德国、日本、印度就有农药微乳剂的报道，首次提出了氯丹微乳剂。美国专利和日本专利分别对马拉硫磷、对硫磷等有机磷杀虫剂进行了微乳剂的研究，解决了有效成分的热贮稳定性问题。1984 年，日本专利复配制得除草、杀虫和杀菌微乳剂。1991 年，美国专利报道了燕麦枯和 2,4-D- 丁酯的微乳剂组合，它仅需要一种表面活性剂，对加工工艺、加料顺序没有要求。1994 年的一份美国专利文献报道了用 2 种非离子表面活性剂组合而制得三唑类杀菌剂微乳剂。1994 年的另一份美国专利文献介绍了一个室内卫生用药的微乳剂组合，其组成包括 D- 丙烯菊酯、氯菊酯、胺菊酯以及胡椒基丁醚和表面活性剂。还有一种以苯乙基酚聚氧乙烯醚磷酸酯及其盐与另一种非磷酸化的表面活性剂组成的乳化剂组合可以用来配制包括阿维菌素、三唑磷、硫丹等杀虫剂的微乳剂。目前，农药微乳剂在国外已经得到了很好发展，它的研究已涉及卫生用药、农用杀虫剂、杀菌剂、除草剂等各领域[3,4]。在日本，菊酯类农药大部分都加工成微乳剂。目前，国外在这一领域研究中，卓有成效的主要有德国 Hoechst，法国 RhonepoulencAgrochimie 及 Chimie，瑞士 Ciba-Geigy，日本北星化学、三菱油化和 Ube 工业公司，美国 IspInvestiments 等公司。这些公司都申请了大批农药微乳剂专利，如 DE3624910，DE3707711，DE371212，EP388122，EP432062，EP533057，EP648414，US5106410，US4824663，US5298529，US5338762，US5045311，W0906681 等。

（2）国内微乳剂的研究现状　我国在 20 世纪 90 年代才真正开始农用微乳剂的研究开发，从拟除虫菊酯类农药开始，成功开发了氰戊菊酯、氯氰菊酯及其几个复配微乳剂产品，但其商品化速度很慢。据资料报道，1996 年微乳剂登记产品数量仅有 2 个，微乳剂真正得到较快发展和普遍应用是在 21 世纪以后。近几年，我国已有大量农药微乳剂产品上市。据不完全统计，我国农药微乳剂登记证截至 2000 年有 33 个，2004 年达到 183 个，2010 年 462 个，2012 年 524 个 ,2013 年 699 个，2018 年 1111 个，2024 年 1378 个。现在农药微乳剂的研究已涉及农用杀虫剂、杀菌剂、除草剂、卫生用药等领域，且正在深化和扩展，微乳剂等水性化制剂正在逐步替代乳油剂型[5-7]。

8.1.2 微乳剂的性质

微乳剂为透明均匀液体，液滴微细，其粒径一般在 0.01 ～ 0.1μm 之间，比可见光波长小。现代技术确认，直径小于可见光波长 1/4 的颗粒不折射光线，因而该制剂肉眼观测似乎透明，只能借 Malvern 自动测粒度仪或电子显微镜才能测其颗粒大小及形状。微乳状的微粒其在重力场中的行为与一般乳状液有显著差别，组成合适的微乳剂不会发生液滴凝聚作用，而且加热时液滴增大的过程是可逆的，故其物理稳定性好。导电性方面，水包油型微乳剂的电导率与水电导率相近或稍高，而乳油和超低量制剂的电导率却很低[8]。

8.1.3　农药微乳剂的组分及要求

微乳剂型中不含或含有很少有机溶剂，以水为介质，加入非离子表面活性剂或非离子表面活性剂和阴离子表面活性剂的混合物，以及其他助剂如防冻剂、稳定剂等配制而成。表面活性剂在水溶液中形成胶束，这种胶束像“微储存器”，将不溶或微溶于水的有机农药增溶分散“储存”在胶束中。由于含有效成分的胶束粒子大小在 0.01 ～ 0.1μm，远小于可见光的波长，在外观上呈现为透明或半透明均相体系，看起来与真溶液一样，其实它们本质上仍是油在水中的分散乳液，只不过分散度高，分散粒子的粒径在胶体范围或更小。微乳剂中有效成分的浓度大小，主要取决于制剂的药效、成本、稳定性和配制可行性几方面。

（1）农药原药　首先是有效成分的种类和要求其在水中的稳定性及防分解措施、生物活性、农药原药的物性和含量，其次是有效成分在制剂中的含量。

（2）乳化剂　在微乳剂中，乳化剂是关键的组成部分，是制备微乳剂的先决条件，选择不当，就不能制成稳定透明的微乳剂。关于微乳剂中乳化剂的选择，目前还没有成熟完整的理论模式来测算指导，可以参考表面活性剂的 HLB 值法进行考虑和选择。但最终还是靠试验实践、靠知识和经验积累来确定最佳品种，特别在我国还缺乏专用乳化剂的现状下，进行深入细致的试验选择尤为重要[9]。乳化剂的用量多少与农药的品种、纯度及配成制剂的浓度都有关，在配方设计时应予以考虑。一般来说，为获得稳定的微乳剂，需要加入较多的乳化剂，其用量通常为油相的 2 ～ 5 倍量，如果原药特性适宜，且选择得当、配比合理，也可使用量降至油相的 1 ～ 1.5 倍。配方设计者在选择微乳剂中的乳化剂时，还应考虑以下几点：不会促进活性成分分解，最好还具有一定的稳定作用，因此必须进行不同乳化剂配方的热贮稳定性试验；非粒子表面活性剂在水中的浊点要高，以保证制剂在贮藏温度下均相稳定；表面活性剂在油相和水相中的溶解性能；尽量选择配制效果较好、添加量少、来源丰富、质量稳定的乳化剂，最好是专用产品；成本因素。

（3）溶剂　当配制微乳剂的农药成分在常温下为液体时，一般不用有机溶剂，若农药为固体或黏稠状时，需加入一种或多种溶剂，将其溶解成可流动的液体，既便于操作，又达到提高制剂贮存稳定性的目的。选择溶剂的依据：溶解性能好；溶剂挥发性小，毒性低；溶剂的添加不会导致体系的物理化学稳定性下降；来源丰富、价格较便宜。溶剂的种类视有效成分而异，需通过试验确定，一般较多使用醇类、酮类、酯类，有时也添加芳香烃溶剂等[10]。

（4）稳定剂　添加 pH 缓冲溶液，使体系的 pH 值控制在原药所适宜的范围内，以抑制其分解率；添加各种稳定剂，减缓分解；选择具有稳定作用的表面活性剂，使物理和化学稳定性同时提高，或增加表面活性剂的用量，使药物完全被胶束保护，与水隔离而达到稳定效果；对于两种以上农药有效成分的混合微乳剂，必须弄清分解机理或分析造成分解的原因后，有针对性地采取稳定措施；通过助溶剂的选择，提高物理稳定性。无论采取何种稳定方法，均需根据原药的物化特性，通过反复试验确定，综合考虑物理和化学稳定性。

（5）防冻剂　微乳剂中含有大量的水分，如果在低温地区生产和使用，需考虑防冻问题，一般加入 5% ～ 10% 的防腐冻剂。

（6）水　水是微乳剂的主要组分，水量多少决定微乳剂的种类和有效成分含量。一般来说，水包油型微乳剂中含水量较大，大约 18% ～ 70%；含水量低时，只能生成油包水型微乳剂。

8.1.4　微乳剂相对于传统剂型的优点

传统农药剂型如乳油、可湿性粉剂等这些老剂型均存在各种各样的缺点，如乳油需耗用大量有机溶剂，生产和应用时造成人体危害和环境污染，果树、茶上更不宜使用乳油制剂。微乳剂是两种互不相溶液体形成的热力学稳定、各向同性、外观透明或半透明的分散体系，微观上由表面活性剂界面膜所稳定的一种或两种液体的微滴所构成。在表面活性剂、助表面活性剂、防冻剂等助剂的作用下，以微小液滴分散在水中，形成稳定的O/W型的乳状液。它是热力学上稳定的均相体系，粒径一般为0.01～0.1μm，微乳农药较其他类型的农药有许多优越性，其主要特征是用水部分或全部代替乳油制剂中的有机溶剂，具有以下特点：

（1）节省成本、对环境友好　微乳剂使用水作主要溶剂，节省了大量有机溶剂，降低了成本，避免了有机溶剂在制剂加工时对环境的污染和对操作者身体的危害，避免了制剂使用时大量有机溶剂向自然界抛洒造成的污染。

（2）安全性好　微乳剂由于以水为分散介质，避免或大大减少毒性有机溶剂的使用，减少了环境污染，对生产者和使用者的毒害大为减轻；生产、贮运过程中不会发生燃烧、爆炸，安全性大大提高；在喷洒时刺激性和气味较轻，减少了果树落花现象；以水为分散介质，包装容易。

（3）稳定性好　农药在配制后直到使用前，一般要经过长时间的贮存，使用时要求经过加水稀释和简单搅拌后能保持均匀的状态，以便通过喷雾器喷洒。像可湿性粉剂、悬浮剂和各种乳剂等稀释后都是不稳定的多相体系，而微乳液是热力学稳定体系，可以长期放置而不易发生相分离，稀释后仍是热力学稳定体系。

（4）传递效率高　微乳体系含有较高浓度的表面活性剂，且往往多于一种表面活性剂，稀释后的喷雾液中表面活性剂有较高的浓度，能有效地降低表面张力，产生较小的雾滴，雾滴到达叶面上时往往有较小的接触角，这使得微乳农药较其他农药制剂有更高的传递效率。液滴润湿和覆盖叶面的程度可以影响农药效能，液滴在叶面上的接触角越小，铺展的面积就越大，药效越好，微乳农药在这方面也具有优势。许多微乳在浓缩时生成黏度很高的液晶相，它们能牢固地将农药黏附在叶面上，不易被雨水冲洗掉，作用效果好。微乳剂由于制剂中粒子微细化，并借助助剂的作用，增加了黏着力和展着力，能充分发挥药效。

（5）加工方便　微乳剂的加工是一个混合过程，工艺简便，设备要求不严，可用均质混合机，也可采用乳油加工设备，具体为农药原药、乳化剂充分混合后，搅拌下慢慢加入水中混匀即可，如为固体原药可加入少量有机溶剂预先将其溶解。微乳剂用水稀释后，其稀释液仍为透明状，粒子微细，比起水乳剂或乳油的稀释液的粒子小得多，因此微乳剂药效较相应的水乳剂和乳油好。

8.1.5 微乳剂的质量标准及检测方法

（1）外观　透明或接近透明的液体。

（2）有效成分含量　有效成分含量是对所有农药制剂的基本要求，是必须严格控制的指标，一般要求等于或大于标明含量。有效成分含量的测定方法随农药品种不同而异。

（3）油稳定性　按国家标准规定的乳液稳定性的测试方法进行，用342mg/L标准硬水，将样品稀释后，于30℃下静置30min，保持透明状态，无油状物悬浮或固体物沉淀，并能与水以任何比例混合，视为乳液稳定。

（4）低温稳定性　微乳剂样品在低温时不产生不可逆的结块或浑浊视为合格。

（5）pH值　符合产品要求。

（6）贮存稳定性　将样品装入安瓿瓶中，在（54±2）℃的恒温箱贮存四周，要求外观保持均匀透明，若出现分层，于室温振摇后能恢复原状。分析有效成分含量，其分解一般应小于5%～10%，也可视具体品种而定。

8.1.6 农药微乳剂的田间应用

以水为基质的农药微乳剂具有水溶性好、分布均匀、沉降速度快等优点，能够有效提高传统农药剂型的利用率和生物活性。戴域等使用半叶枯斑法对毒氟磷微乳剂和30%毒氟磷可湿性粉剂进行了室内生物活性测定，结果表明，微乳剂具有更好的光解稳定性，并且在应用过程中未发现对植株生长繁殖产生不良影响，兼具安全性和生物活性[11]。刘卫国等深入研究了阿维菌素乳油、水乳剂以及微乳剂在甘蓝叶片上的润湿展布性能，结果表明，微乳剂在叶片上的润湿铺展程度最佳，并且持留量最多[12]。胡珍娣等测试了氯虫苯甲酰胺三种剂型的理化性能、生物活性和耐雨水冲刷性能，试验结果显示，乳油表面张力、渗透力和润湿性能高于微乳剂和悬浮剂，具体表现为表面张力值最小（乳油为 29.18mN/m，而微乳剂和悬浮剂分别为 32.05mN/m、32.78mN/m），以及渗透时间和润湿时间最短（乳油分别为 632s、627s，微乳剂和悬浮剂均 >3600s），但三种剂型黏着力均为优；生物活性测定结果表明，微乳剂对小菜蛾 3 龄幼虫活性最高（LC_{50} 为 0.02mg/L），悬浮剂和乳油次之（LC_{50} 分别为 0.08mg/L、0.09mg/L)；耐雨水性能测试表明，三种剂型的耐雨水冲刷性能均良好，施药后 12h 内如遇大到暴雨冲刷，药效下降差异不显著（$P>0.05$）；氯虫苯甲酰胺微乳剂杀虫活性高，且耐雨水性能佳，黏着力强，表现出良好的应用前景[13]。李海等测定了吡虫啉五种剂型对蚜虫的生物活性，结果表明，吡虫啉乳油活性效果良好，可湿性粉剂活性效果不理想；乳油、微乳剂等对蚜虫防效良好、持效期长。张淑静等开展了印楝素微乳剂、可溶性片剂及其添加剂对美国白蛾 3 龄幼虫毒力测定，其中微乳剂活性最佳，其 LD_{50} 为 1.8375μg/g，随后依次为乳油和可溶性片剂[14]。陈焕瑜等研制了阿维菌素微乳剂和水乳剂配方，并开展室内和田间试验，测定了供试药剂对小菜蛾幼虫的生物活性，试验结果表明，微乳剂和水乳剂的表面张力、渗透时间、润湿时间等测定指标均优于乳油；相较于乳油，微乳剂表现更稳定。近年来，农药微乳剂一直被认为是一类安全、环保、水基性的新剂型，目前有关农药微乳剂残留行为的研究报道较少。李瑞娟等开展了甲维盐微乳剂在甘蓝上的残留研究，消解动态试验结果显示，甲维盐在甘蓝中的半衰期为 1.9 ～ 2.3d，药后 7d 消解率达到 90% 以上，收获期甲维盐残留量未检出。马文琼研究了甲维盐在水稻中的残留行为，结果显示甲维盐在水稻植株中的半衰期为 2.0 ～ 11.4d。冯义志进行了 45% 咪鲜胺微乳剂在葱中的残留行为研究，结果显示咪鲜胺在葱中消解较快，在山东和广西半衰期分别为 5.3d 和 6.3d，葱样品中咪鲜胺的最终残留量为 0.027 ～ 0.640mg/kg，低于葱中咪鲜胺 MRL（最高残留限量）（1mg/kg）[15]。

8.2 紫穗槐微乳剂研究

8.2.1 材料与方法

（1）试验材料

① 供试药剂。紫穗槐总黄酮提取物；amorphigenin，HPLC 测定纯度为 92.92%。

② 乳化剂。农药工业常用乳化剂：农乳 500、600、601、700，BY-126，601pt，NP-10，KT，吐温 40，吐温 60，吐温 80，乳化剂 A。

③ 溶剂。甲苯，甲醇，乙醇，丙酮，二甲苯，乙二醇，乙酸乙酯，异戊醇，环己酮，均为分析纯。

（2）试验方法

① 342mg/L 标准硬水制备法。

a. 硬水母液：称取无水氯化钙 30.4g 和带 6 个结晶水的氯化镁 13.9g，加水溶解并稀释至 1000mL，摇匀、过滤（每 1mL 硬水母液相当于 34.20mg 的 $CaCO_3$）。

b. 标准硬水：取硬水母液 1.0mL，置 100mL 容量瓶中，加水稀释至刻度，摇匀，即得（每 1mL 标准硬水相当于 0.342mg 的 $CaCO_3$）。

② 黄酮微乳剂研制方法。

a. 溶剂系统筛选：在具塞试管中分别加入紫穗槐果实提取物 0.8g，再加入 1.6mL 备选常用溶剂，观察溶解情况，然后以对其溶解性能最好的溶剂为主溶剂，选用对其溶解度较好的其他溶剂及助溶剂，设计多个配方。测定原药在各配方组合溶剂中的溶解度，若溶解度大于 30%，且在冰箱（0℃）中贮存 3d 后无沉淀或结晶者，进入下一轮筛选 [16]。

b. 乳化剂的预选：在微乳剂的制备中，乳化剂主要作用是降低界面张力和形成吸附膜，能使油性原药均匀地分散在水中，形成热力学稳定体系。因此，乳化剂是微乳剂的关键组成部分，是制备微乳剂的先决条件。在紫穗槐果实微乳剂配方研究过程中，乳化剂的选择参考表面活性剂的 HLB 值法。

在具塞试管中分别加入紫穗槐果实提取物 0.8g，用 2 倍质量的乙酸乙酯溶解后加入乳化剂，70℃的水浴中混匀，按高、中、低三个量（分别是 0.6g、1.0g、1.6g）向各试管分别加入备选的助溶剂（助表面活性剂），混匀，最后用水补足 10mL，再次混匀。观察制备好的样品在 −10 ～ 70℃范围温度下的外观变化，分别记录各体系的透明温度范围。对达不到要求者调整乳化剂比例，增添助溶剂等。

c. 配方的确定：根据乳化剂配方筛选、透明温度范围结果，确定合适的乳化剂组合；然后改变乳化剂比例，确定乳化剂组合最佳比例。

③ 测试评价各项指标。

a. 测试乳液稳定性：按照国家标准规定的农药乳油中乳液稳定性的方法进行测试。根据葛喜珍的配方配出样品，用 342mg/L 标准硬水稀释，在 30℃下静置 30min，若保持透明状态，无油状物悬浮或固体物沉淀，并能与水以任何比例混合，视为乳液稳定 [17]。不符合要求的组分予以淘汰。

b. 测试冷贮稳定性：合格的微乳制剂在低温时不产生不可逆的结块或浑浊，因此需进行冰冻融化试验。如果冰冻后产生结块或浑浊，而结块或浑浊现象在室温条件下又能逐渐消失，恢复透明状态，则视为合格。

取样品约 30mL，装在透明无色玻璃磨口瓶中，密封后冷藏于 −18 ～ 0℃冰箱中，24h 后取出，放置于室温条件下，观察外观情况，若结块或浑浊现象渐渐消失，恢复到透明状态则认为合格，进行反复多次试验，重复性好，即为可逆性变化，满足这一条件的样品为合格。

c. 测试热贮稳定性：参考葛喜珍配方，微乳剂的热贮稳定性包含物理稳定和化学稳定。依据国家标准关于乳油的热贮稳定性试验条件进行测试，在（54±2）℃的条件下贮存 2 周，检测有效成分的分解率，以及制剂的外观。要求外观保持均相透明，有效成分的分解率应不大于 8%[17]。

d. 测试透明温度范围：由于非离子表面活性剂对温度敏感，因而微乳剂只能在一定温度范围内保持稳定的透明状态。

参考王李节测定方法 [18]，取 10mL 样品置于试管中，用搅拌器上下搅动，在冰浴上渐渐降温，至出现浑浊或冻结为止，记录转折点的温度，定为透明温度下限 t_1，再将试管置于水浴中，慢慢加温，升温速度为 2℃ /

min，记录出现浑浊时的温度，即为温度上限 t_2，则透明温度区域 Δt 为 t_2-t_1。观察所配制的微乳剂的透明温度范围。

e. pH 对有效成分分解率的影响：pH 是影响天然产物水解速度的重要因素，必须通过试验来确定最佳的 pH。将配好的 8% 紫穗槐微乳剂分别用 $C_2H_2O_4$ 和 $NaHCO_3$ 调整 pH 4 ～ 10，进行（54±2）℃条件下贮存两周的热贮稳定性试验，比较不同 pH 条件下有效成分的分解率。

f. 粒度分布：取一定量 8% 紫穗槐微乳剂稀释到一定的倍数，用 Bt-9300 型激光粒度仪测定微乳剂粒度。

g. 有效成分分析方法：紫穗槐总黄酮中主要有效杀虫活性成分为 amorphigenin，因此有效成分分析方法参考鱼藤酮，采用 HPLC 分析。仪器为岛津 LC-2010AHT 高效液相色谱仪，LCsolution 工作站。Diamonsil C_{18} 反相色谱柱，规格：5μm，4.6×150mm。色谱条件：流动相甲醇 + 水 = 70%+30%；流速 1mL/min；检测波长 295nm；进样量 10μL；柱温 25℃。

取 amorphigenin 自制标准品以流动相配制系列浓度梯度，待仪器稳定后按照色谱条件测定，以峰面积积分值为纵坐标，进样量为横坐标进行线性回归。另外取对照品标准品溶液，按照色谱条件重复进样 5 次，计算方法精密度。

取配制好的紫穗槐微乳剂，流动相稀释后取 100μL，加入等体积的标准品溶液，均匀混合后进样，按色谱条件测定峰面积。根据标准曲线换算 amorphigenin 含量，计算加样回收率，分析方法准确度。

④ 8% 紫穗槐黄酮微乳剂质量标准。根据上述试验结果，参考国家标准中的微乳剂质量标准，制定 8% 紫穗槐黄酮微乳剂的质量标准。

⑤ 生物活性测定。测定 8% 紫穗槐黄酮微乳剂和 8% 紫穗槐乳油对苹果黄蚜和淡色库蚊 4 龄幼虫 48h 的毒杀效果。

8.2.2 结果与分析

（1）8% 紫穗槐黄酮微乳剂研制

① 紫穗槐在不同溶剂中的溶解情况。紫穗槐提取浸膏在不同溶剂中

的溶解情况见表 8-1。结果显示，紫穗槐浸膏在乙酸乙酯中溶解性最好，在甲苯、环己酮、异戊醇中溶解性较好，综合考虑前期提取工艺，选择乙酸乙酯作为溶剂。

表 8-1　紫穗槐提取物在不同溶剂中的溶解性

溶剂	溶解性	溶剂	溶解性
甲醇	++	乙二醇	++
乙醇	++	二甲苯	++
乙酸乙酯	++++	环己酮	+++
丙酮	++	异戊醇	+++
甲苯	+++		

注：+、++、+++ 分别代表“少量溶解有大量沉淀”、“大部分溶解，有少量沉淀”和“溶解但试管壁有少量油珠”。

② 乳化剂的预选结果。乳化剂的预选结果见表 8-2。从结果可以看出，乳化剂的乳化效果大部分没有达到要求，只有乳化剂 A 体系出现透明，基本达到标准要求。601pt 作为阴离子的批次中，所有体系均不合格，说明体系中 601pt 的用量不能小于 6%；非离子表面活性剂用量为 0.8g 的体系均不合格，说明非离子型助剂的用量不能低于 8%；虽然农乳 500 有增强明亮效果，但用量过多容易产生浑浊，出现沉淀现象。经过初步测试，确定体系中乳化剂为农乳 500，乳化剂 A 进入下一步筛选。

表 8-2　乳化剂预选结果

非离子乳化剂	用量 /g	农乳 500（0.6g）	601pt（0.6g）
农乳 600	0.8	浑浊	分层
农乳 601	0.8	分层不透明	分层
BY-126	0.8	沉淀	分层
农乳 700	0.8	分层	分层
NP-10	0.8	分层	分层
KT	0.8	浑浊	浑浊
吐温 40	0.8	分层	分层
吐温 60	0.8	浑浊	分层
吐温 80	0.8	分层	分层
乳化剂 A	0.8	透明，轻微分层	透明分层

③ 乳化剂 A 的用量筛选。表 8-3 表明，农乳 500 用量 0.8g，乳化剂 A

用量1.3g，透明效果最好。农乳500有增强明亮效果，但用量过多易产生浑浊和沉淀。

表8-3 乳化剂A的用量筛选

非离子乳化剂	用量/g	农乳500用量		
		0.8g	1.3g	1.6g
乳化剂A	1.0	透明分层	透明分层	浑浊
	1.3	均匀透明	浑浊	微量沉淀
	1.6	均匀微透	微量沉淀	沉淀

④ 8%紫穗槐黄酮微乳剂配方的确定。经过筛选溶剂、助溶剂、乳化剂，得到一种透明温度范围符合微乳剂技术要求的配方组成：紫穗槐提取物8%，农乳500 8%，乳化剂A 13%，乙酸乙酯16%，补充水至100%。

（2）8%紫穗槐黄酮微乳剂质量检测

① 水质对制剂的影响。用自来水和去离子水配制样品的试验表明，两种水质对样品的影响不大，外观上都呈黄色透明状，透明温度范围近乎一致，没有太大差别，由此说明助溶剂体系对盐的适应性较好。

② 乳液稳定性。用342mg/L标准硬水、自来水、去离子水分别将配制好的样品稀释60倍、100倍、200倍，将稀释液在30℃下静置24h后，发现其保持淡黄色透明状态，无油状物悬浮，无固体沉淀，且能与水以任意比例混合，由此判断乳液稳定较好。

③ 冷贮稳定性。将样品在低温（−18℃）下放置24h后取出，发现在室温条件下，样品1h内自行恢复微乳状态。该试验反复进行多次都能自行恢复，由此表明样品具有良好的冷贮稳定性。

④ 热贮稳定性。样品在（54±2）℃条件下密封贮存14d，有效成分热贮分解率小于10%，符合要求。

⑤ 透明温度范围。测试了所配制的微乳剂的透明温度范围，确定了透明温度范围为0～70℃。

⑥ pH对有效成分分解率的影响。pH对有效成分分解率的影响测定结果见表8-4。由表可以看出，有效成分在中性pH附近热贮分解率在5%～6%左右，而过酸或过碱条件都不利于贮存。因此确定制剂的适宜pH范围为7.0～8.0。

表 8-4　不同 pH 对紫穗槐微乳剂有效成分的热贮分解率影响

pH 值	4	5	6	7	8	9	10
分解率 /%	13.6±0.2	8.64±0.22	9.13±0.26	5.9±0.6	4.99±0.13	10.33±0.26	10.96±0.12

⑦ 8% 紫穗槐黄酮微乳剂粒度分布。8% 紫穗槐黄酮微乳剂粒度分布如图 8-1，结果显示其中位径为 0.66μm（660nm），分子颗粒小，在可见光（400 ～ 800nm）波长范围内，外观均匀透明。

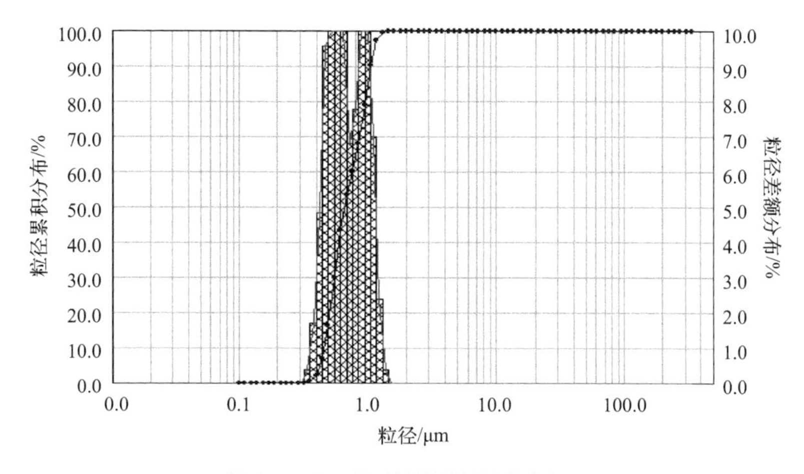

图 8-1　8% 紫穗槐微乳剂粒度分布图

⑧ 8% 紫穗槐黄酮微乳剂有效成分分析。

在色谱分析条件下，待仪器稳定后，注入数针标准品及样品溶液进行检测。amorphigenin 标准品的色谱如图 8-2 所示，其保留时间为 1.987min；

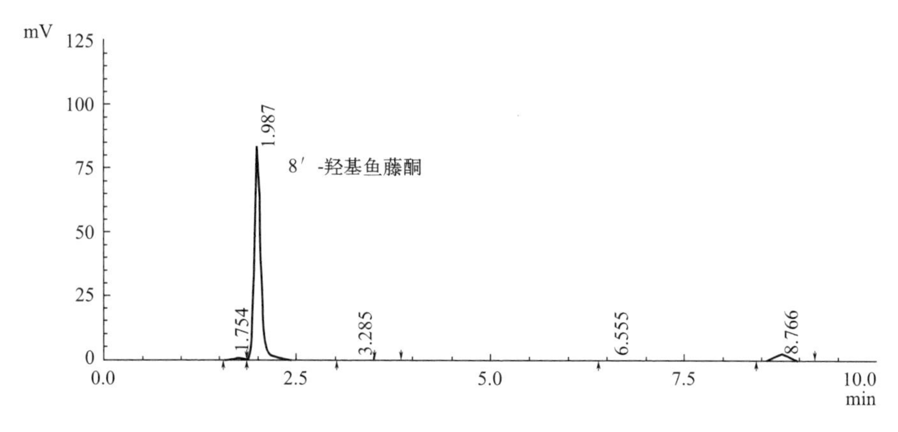

图 8-2　amorphigenin 标准品色谱图

8% 紫穗槐黄酮微乳剂样品的色谱如图 8-3 所示，紫穗槐主要杀虫活性成分 amorphigenin 在制剂里的保留时间为 1.981min，且与紫穗槐总黄酮中其他成分有效分离。

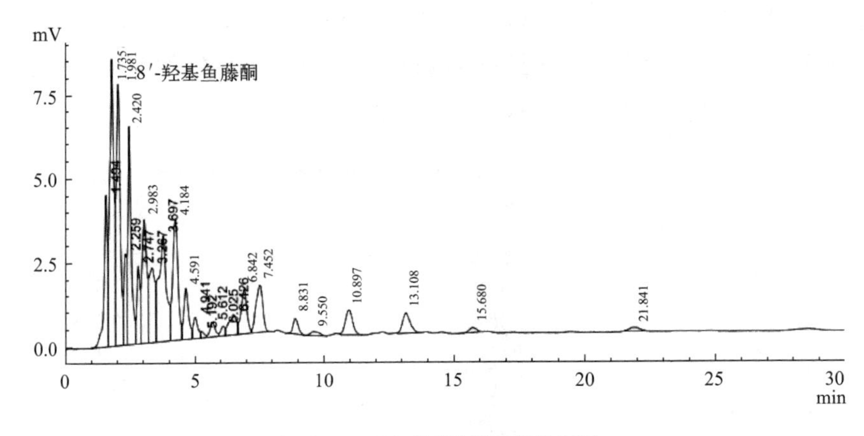

图 8-3　8% 紫穗槐微乳剂色谱图

将标准品稀释后依次进样测定，获得数据后，以峰面积积分值为纵坐标，amorphigenin 进样量（μg）为横坐标进行线性回归。标准品的进样量，峰面积及回归方程见表 8-5。由表 8-5 可知，amorphigenin 的线性回归方程为 y=529944x−160979，相关系数 R^2=0.9976。

表 8-5　amorphigenin 的进样量，峰面积，回归方程及相关系数数据

进样量 / μg	峰面积	线性回归方程	相关系数 R^2
1.04	679897	y=529944x−160979	0.9976
4.15	2126943		
6.23	2680621		
27.88	14689945		

称取 8g 紫穗槐总黄酮，配制 100mL 8% 紫穗槐黄酮微乳剂，吸取 1mL 微乳剂以流动相稀释 10 倍后进样测定，根据出峰时间归属 amorphigenin，根据峰面积通过标准曲线测得 8% 紫穗槐黄酮微乳剂中 amorphigenin 含量为 1.5%。

取 amorphigenin 标准品溶液，按照色谱条件连续进样 5 次，测得标准品的峰面积为 2126943、2166827、2156054、2201544、2138743，相对标准偏差（RSD）在 n=5 时为 1.33%，结果表明，amorphigenin 在此分析条

件下具有较好的精密度。

取稀释后已经精确测定含量的微乳剂 100μL，加入等体积 amorphigenin 标准品溶液，按照色谱条件连续进样 5 次，测试回收率，测定结果见表 8-6。从表可以看出，加样回收率在 97.05% ～ 101.06% 之间，平均值为 98.58%，符合分析要求。

表8-6　amorphigenin加样回收率数据

编号	实际添加量 /mg	测得量 /mg	回收率 /%
1	1.000	0.971	97.05
2	1.000	1.011	101.06
3	1.000	0.975	97.45
4	1.000	0.983	98.30
5	1.000	0.991	99.05

（3）8% 紫穗槐黄酮微乳剂质量标准　8% 紫穗槐黄酮微乳剂质量检测结果显示，各项指标都符合微乳剂技术要求，8% 紫穗槐黄酮微乳剂的质量控制技术指标如表 8-7 所示。

表8-7　8% 紫穗槐微乳剂的质量标准

项目	指标
外观	透明均相液体，无可见的悬浮物和沉淀
有效成分含量 /%	≥ 8
pH 值范围	7 ～ 8
透明温度范围 /℃	0 ～ 70
乳液稳定性	合格
低温稳定性	反复冷冻后，制剂在室温下能自行恢复为透明均相液体
热贮稳定性	样品在 64℃条件下贮存 14d，有效成分的分解率小于 10%

（4）杀虫活性测定　试验测定了 8% 紫穗槐黄酮微乳剂和 8% 紫穗槐黄酮乳油对淡色库蚊 4 龄幼虫和苹果黄蚜毒杀效果，结果见表 8-8 和表 8-9，由表可知，8% 紫穗槐黄酮微乳剂对两种害虫的生物活性均高于 8% 紫穗槐黄酮乳油，尤其对淡色库蚊幼虫的作用效果更为明显，8% 紫穗槐黄酮微乳剂对淡色库蚊幼虫的 LC_{50} 为 34.012μg/mL，8% 紫穗槐黄酮乳油的 LC_{50} 为 55.186μg/mL。究其原因，可能是因为微乳剂所用乳化剂较多，形成的乳液颗粒较小，比乳油更容易进入试虫体内，发挥杀虫效果。

表8-8 8%紫穗槐黄酮微乳剂和8%紫穗槐黄酮乳油对淡色库蚊4龄幼虫48h的毒力测定

处理	回归方程	相关系数	LC_{50}/(μg/mL)	95% 置信区间/(μg/mL)
8% 紫穗槐黄酮微乳剂	$y=-1.1732+4.0305x$	0.9606	34.012	8.795 ～ 131.529
8% 紫穗槐黄酮乳油	$y=-0.2709+3.0261x$	0.9753	55.186	26.770 ～ 113.762

表8-9 8%紫穗槐黄酮微乳剂和8%紫穗槐黄酮乳油对苹果黄蚜48h的毒力测定

处理	回归方程	相关系数	LC_{50}/(μg/mL)	95% 置信区间/(μg/mL)
8% 紫穗槐黄酮微乳剂	$y=3.6737+2.0898x$	0.9504	4.312	0.691 ～ 26.903
8% 紫穗槐黄酮乳油	$y=3.1414+2.4451x$	0.9792	5.756	1.251 ～ 26.482

8.2.3 小结

通过筛选溶剂，阴离子和非离子乳化剂，得到外观均一黄色透明 8% 紫穗槐微乳剂及其配方（紫穗槐提取物 8%，农乳 500 8%，乳化剂 A 13%，乙酸乙酯 16%，补充水至 100%），该配方研制的微乳剂理化性质稳定。

对 8% 紫穗槐黄酮微乳剂质量进行检测结果表明，助溶剂体系有较好的适应性，乳液性质稳定，冷贮稳定性好，热贮稳定性符合要求，透明温度范围为 0 ～ 70℃，制剂的适宜 pH 范围为 7.0 ～ 8.0，粒度中位径为 0.66μm，分子颗粒小，在可见光波长范围内，外观均匀透明。根据以上结果，制定了 8% 紫穗槐黄酮微乳剂的质量控制标准。

采用高效液相色谱法对 8% 紫穗槐黄酮微乳剂有效成分进行分析，结果表明，紫穗槐主要杀虫活性成分 amorphigenin 在制剂里的保留时间为 1.981min，且与紫穗槐总黄酮中其他成分有效分离；得到 amorphigenin 的线性回归方程为 $y=529944x-160979$，相关系数 $R^2=0.9976$；确定了微乳剂中 amorphigenin 含量为 1.5%，同时发现，amorphigenin 在分析条件下精密度好，加样回收率高，平均值为 98.58%，完全符合分析要求，因此证实 HPLC 分析方法可用于 8% 微乳剂有效成分分析。

测定 8% 紫穗槐黄酮微乳剂和 8% 紫穗槐黄酮乳油对苹果黄蚜和淡色

库蚊 4 龄幼虫的生物活性，结果表明，将紫穗槐总黄酮加工为微乳剂后对苹果黄蚜和淡色库蚊的毒杀活性明显高于乳油制剂。

8% 紫穗槐黄酮微乳剂性质稳定，质量达标，有效成分含量高，室内杀虫活性好，然而尚需进一步田间药效试验验证其杀虫效果。本节研究内容可作为其大规模开发生产的理论依据，相关试验结果证明该制剂开发潜力大，值得推广应用。

8.3　紫穗槐总黄酮环保型乳油研究

8.3.1　材料与方法

（1）试验材料

① 试药剂。紫穗槐总黄酮提取物。

② 乳化剂。农药工业常用乳化剂：农乳 500、600、601、700，BY-126，601pt，NP-10，KT，吐温 40，吐温 60，吐温 80 等。

③ 溶剂。甲苯，甲醇，乙醇，丙酮，二甲苯，乙二醇，乙酸乙酯，异戊醇，环己酮，均为分析纯。

（2）试验方法

① 紫穗槐总黄酮环保型乳油的配制。取紫穗槐总黄酮提取液 8mL 和玉米油油酸甲酯 40mL，放于 50mL 离心管中（按照体积比 1∶5 预混合），超声辅助溶解，备用。

准备 4 种乳化剂，按照 1∶1 体积比配制 4 种混合乳化剂，各配制 1 ～ 2mL，放于 1.5mL 离心管中，并用记号笔标记。取 4 支 10mL 离心管，分别加入乳化剂组合 1，2，3，4 各 0.5mL，结果见表 8-10。

表8-10　4种乳化剂组合

乳化剂组合	主要成分	乳化剂组合	主要成分
乳化剂组合 1	农乳 500+NP-10	乳化剂组合 3	NP-10+ 斯盘 80
乳化剂组合 2	农乳 500+ 吐温 80	乳化剂组合 4	吐温 80+ 斯盘 80

从 50mL 离心管中分别取 4.5mL 紫穗槐总黄酮提取液油酸甲酯混合液，

加入 10mL 离心管中，观察油酸甲酯混合物和乳化剂组合的互溶情况，并打分。如果不溶解，利用超声辅助溶解，观察互溶情况并再次打分。

② 制剂乳化分散性测定。在 250mL 的烧杯中添加 199mL 标准硬水（以自来水代替即可），用移液器取出 1mL 的乳油制剂，于离水面约 2cm 处缓缓滴入，以观察乳油在水中的自动扩散和乳化情况，达三级以上即合格。评价标准如表 8-11。

表 8-11 乳油乳化性评价标准

分散状态	乳化状态	等级
能迅速自动均匀分散	稍加搅动成蓝色或淡白色透明乳状液	一级
能自动均匀分散	稍加搅动成蓝色半透明乳状液	三级
呈白色云雾或丝状分散	稍加搅动成蓝色不透明乳状液	三级
呈白色微粒状下沉	搅动成白色不透明乳状液	四级
呈油珠状下沉	搅动时乳化，停止后很快分层	五级

③ 稀释稳定性测定。在 250mL 烧杯中加入 100mL 标准硬水（以自来水代替即可），用移液器取 1mL 乳油制剂，在不断搅拌的情况下慢慢滴加（10s 左右完成滴加）。然后以 2 ～ 3r/s 的转速搅拌 30s，然后转入清洁干燥的 100mL 量筒，静置，30℃水浴锅 1h，观察稀释液分离情况，查看乳状液是否保持白色乳状还是分层透明，有无浮油、油状悬浮物、漂浮物、沉淀等。以上无浮油、下无沉淀为合格。

④ 制剂表面张力的测定。将两种制剂分别稀释到体积的 100、200、300 倍，用表面张力仪测定表面张力（单位 mN/m），重复三次，比较表面张力。

⑤ 粒径分析。将两种制剂放入激光粒度分布仪，获得粒度分布数据，比较中位径（D_{50}）。

8.3.2 结果与分析

（1）适用于环保型乳油加工的乳化剂筛选

① 4 种乳化剂组合的乳化情况。互溶情况以 +、++、+++ 打分，分别代表“乳化剂与油酸甲酯少量互溶，大量不互溶”“大部分溶解，有少量

不溶解”“完全溶解”。制剂外观主要记录液体颜色，是否浑浊，透明与否。由表 8-12、表 8-13 可知，组合 1 与组合 2 均为清澈透亮的棕黄色液体，可以做到完全溶解。

表 8-12 制剂的乳化情况

乳化剂组合	主要成分	制剂外观	互溶情况
乳化剂组合 1	农乳 500+NP-10	棕黄色澄清液体	+++
乳化剂组合 2	农乳 500+ 吐温 80	棕黄色澄清液体	+++
乳化剂组合 3	NP-10+ 斯盘 80	棕黄色浑浊液体，离心管底部有棕褐色黏稠液体	+
乳化剂组合 4	吐温 80+ 斯盘 80	棕黄色浑浊液体，离心管底部有棕褐色黏稠液体	+

表 8-13 超声后乳化情况

乳化剂组合	主要成分	超声后制剂外观	超声后互溶情况
乳化剂组合 1	农乳 500+NP-10	棕黄色澄清液体	+++
乳化剂组合 2	农乳 500+ 吐温 80	棕黄色澄清液体	+++
乳化剂组合 3	NP-10+ 斯盘 80	棕黄色浑浊液体，但静置一段时间后离心管底部出现棕褐色黏稠液体	++
乳化剂组合 4	吐温 80+ 斯盘 80	棕黄色浑浊液体，但静置一段时间后离心管底部出现棕褐色黏稠液体	++

由图 8-4 和图 8-5 可知，相比前两个组合，组合 3 与组合 4 经过超声波振荡静置后底部仍有黏稠液沉积，互溶效果比组合 1 和组合 2 要差，对组合 1 与组合 2 进行下一步测定。

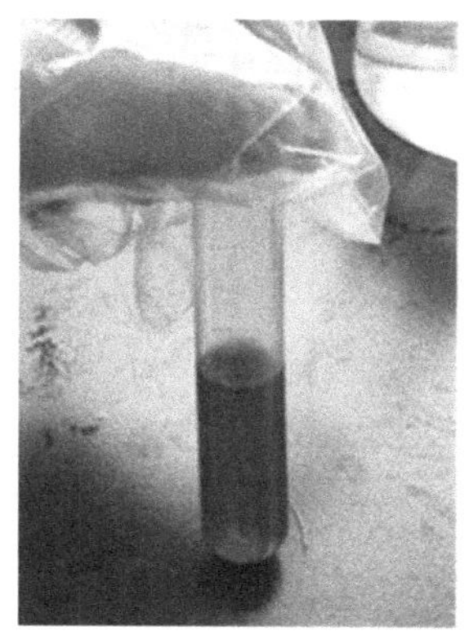
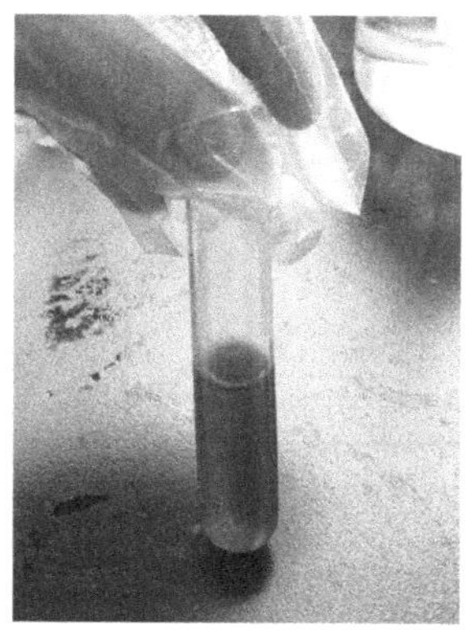

图 8-4 组合 1（左）和组合 2（右）乳化情况

② 制剂乳化分散性测定。分散性实验结果如图 8-6，由于组合 3 和组合 4 制备的制剂不合格，仅仅测试组合 1 和组合 2。如图 8-7，组合 1 呈

云雾状分散，达到三级，合格；组合 2 呈云雾状分散，达到三级，合格。

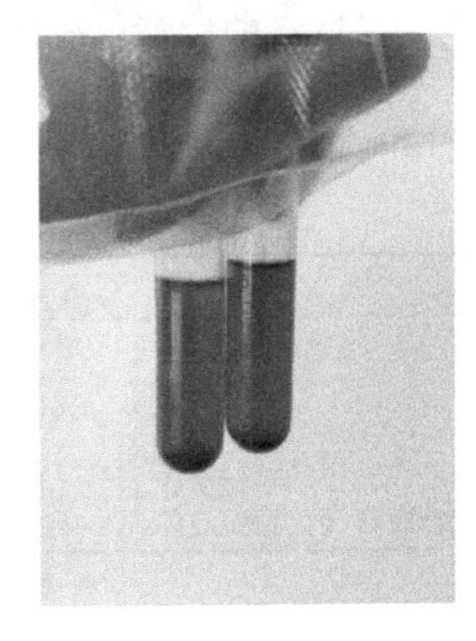

图 8-5 超声后组合 3（左）和组合 4（右）乳化情况

图 8-6 分散性实验结果

③ 稀释稳定性测定。组合 1 和组合 2 的乳油稳定性试验结果显示，两种组合配制的制剂水浴静置后仍为白色乳状液，上无浮油、下无沉淀，合格。

④ 制剂表面张力的测定。表面张力分析结果见表 8-14，组合 1 的表面张力低于组合 2。一般农药表面张力小，喷雾时在压力容器中更容易雾化，所形成的雾滴也更容易在有害生物体表或者植株叶面润湿黏着，从而提高农药有效利用率。基于此，田间应用时组合 1 的药效可能会高于组合 2。

表 8-14 表面张力测定结果　　单位：mN/m

制剂组合	稀释倍数	重复 1	重复 2	重复 3
乳化剂组合 1	100	31.859	31.149	30.866
乳化剂组合 1	200	29.522	29.381	29.24
乳化剂组合 1	300	28.818	29.099	29.029
乳化剂组合 2	100	30.441	30.3	30.158
乳化剂组合 2	200	30.653	30.937	30.937
乳化剂组合 2	300	30.795	30.866	30.795

（2）粒度分布测定结果　对两种配方制剂使用 BT-9300HT 型激光粒度分布仪测试得到的粒度分布数据见表 8-15、表 8-16，并绘制了粒度分布图（见图 8-7、图 8-8）。中位径（D_{50}）代表乳油稀释后在水中形成的小液滴大小，通过对比，农乳 500+NP-10 的中位径为 150.4μm，农乳 500+ 吐温 80 中位径为 204.8μm。

表8-15　农乳500+NP-10粒度分布

中位径（D_{50}）: 150.4 μm	体积平均径: 169.9 μm	面积平均径: 19.69 μm	遮光率: 6.58%
跨度: 1.634	长度平均径: 1.279 μm	比表面积: 112.8m^2/kg	拟合残差: 11.22%

D_3: 1.362μm	D_6: 36.05μm	D_{10}: 65.86μm	D_{16}: 81.94μm	D_{25}: 100.5μm
D_{75}: 223.0μm	D_{84}: 266.7μm	D_{90}: 311.6μm	D_{97}: 412.6μm	D_{98}: 443.8μm

表8-16　农乳500+吐温80粒度分布

中位径（D_{50}）: 204.8 μm	体积平均径: 244.8 μm	面积平均径: 170.0 μm	遮光率: 3.24%
跨度: 1.848	长度平均径: 121.4 μm	比表面积: 13.06m^2/kg	拟合残差: 27.85%

D_3: 65.87μm	D_6: 77.55μm	D_{10}: 90.23μm	D_{16}: 107.0μm	D_{25}: 131.0μm
D_{75}: 321.5μm	D_{84}: 395.8μm	D_{90}: 468.8μm	D_{97}: 615.5μm	D_{98}: 652.0μm

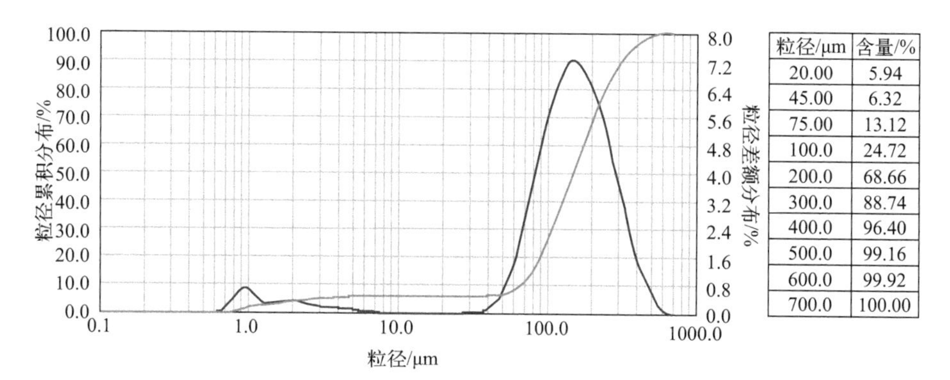

粒径/μm	含量/%
20.00	5.94
45.00	6.32
75.00	13.12
100.0	24.72
200.0	68.66
300.0	88.74
400.0	96.40
500.0	99.16
600.0	99.92
700.0	100.00

图 8-7　农乳 500+NP-10 粒度分布图

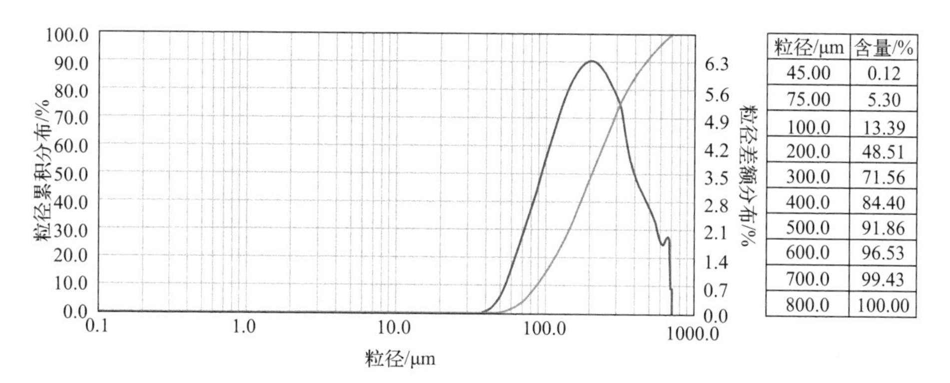

粒径/μm	含量/%
45.00	0.12
75.00	5.30
100.0	13.39
200.0	48.51
300.0	71.56
400.0	84.40
500.0	91.86
600.0	96.53
700.0	99.43
800.0	100.00

图 8-8　农乳 500+ 吐温 80 粒度分布图

8.3.3　小结

对现有的四种乳化剂组合进行筛选，农乳 500+NP-10、农乳 500+ 吐温 80 完全溶解，NP-10+ 斯盘 80、吐温 80+ 斯盘 80 在经过超声后，底部仍然有不相溶部分。将组合农乳 500+NP-10 与农乳 500+ 吐温 80 配成的制剂进行分散性和稳定性测定，结果均为合格。用表面张力仪测定的农乳 500+NP-10 表面张力小于农乳 500+ 吐温 80，更小的表面张力使得其更容易附着在有害生物表面。组合农乳 500+NP-10 中位径（D_{50}）150.4μm 小于组合农乳 500+ 吐温 80 的中位径（D_{50}）204.8μm，故能在水中形成更小的液滴。因此乳化剂选择农乳 500 和 NP-10 来配制环保型乳油效果更好。

8.4 紫穗槐总黄酮微乳剂防治苹果黄蚜的田间药效试验

苹果黄蚜（*Aphiscitricola*）又名绣线菊蚜，属半翅目蚜虫科，寄住植物包括苹果、海棠、梨、山楂、樱花、榆叶梅、麻叶绣球、绣线菊等多种植物，在我国河北、内蒙古、山西、陕西、山东、河南等地均有分布，主要危害苹果、梨、山楂等果树，是我国果园的重要害虫之一。其以若蚜和成蚜群集于苹果新梢、嫩叶背面及幼果表面刺吸汁液（图 8-9），受害叶片出现褪绿斑点，严重时叶片卷曲，影响新梢生长。

图 8-9 苹果黄蚜田间危害症状

当前对苹果黄蚜的防治主要以化学农药为主，我国农业农村部农药检定所登记的单剂主要有吡虫啉、溴氰菊酯、氰戊菊酯、啶虫脒、氟啶虫胺腈等；复配制剂有呋虫胺・氟啶虫酰胺，啶虫・哒螨灵，螺虫・噻虫啉，甲氰・矿物油，吡虫・矿物油，高氯・马，阿维・高氯，吡虫・三唑锡，氰戊・马拉松，甲氰・辛硫磷，灭脲・吡虫啉，氯氰・吡虫啉，哒螨・吡虫啉。长期依赖这些化学杀虫剂，且随着农药的超剂量、高频率使用，不仅杀伤大量天敌、破坏果园生态环境，还造成苹果黄蚜抗药性增强，防治效果逐年降低，影响苹果的质量和品质 [19]。随着保护生态环境的意识增强以及人们对绿色食品的渴求日趋迫切，筛选新型安全环保杀虫剂，使其与常规农药交替使用是提高苹果园害虫防治效果和延缓抗药性的重要途径。应用高效生物农药防治苹果病虫害已势在必行，探索苹果黄蚜绿色安全高效的防治措施已迫在眉睫。

紫穗槐总黄酮是紫穗槐果实中的主要杀虫活性物质，具有优异的杀虫活性。前面章节通过系统研究研制出 8% 紫穗槐黄酮微乳剂，建立了该微乳剂的质量检测技术标准。室内生物活性测定试验显示，8% 紫穗槐黄酮微乳剂对苹果黄蚜具有毒杀效果，8% 紫穗槐黄酮微乳剂对苹果黄蚜的 LC_{50} 为 4.312μg/mL，优于 8% 紫穗槐黄酮乳油效果（LC_{50} 为 5.756μg/mL）。究其原因，可能是微乳剂在喷雾时能形成较小的乳液颗粒，比乳油更容易进入试虫体内，发挥杀虫效果。为更加有效地防控苹果黄蚜，减缓其抗药性产生，本节主要评价 8% 紫穗槐总黄酮微乳剂对苹果黄蚜的田间防治效果及其对天敌的安全性，以期更好地指导生产实践，为紫穗槐果实新型农药制剂的研发提供实践依据。

8.4.1　材料与方法

（1）试验材料及条件

① 试验材料。8% 紫穗槐总黄酮微乳剂，200g/L 吡虫啉可溶液剂［拜耳作物科学（中国）有限公司产品］。

② 试验条件。试验在辽宁省盘锦市盘山县得胜镇苹果园进行。苹果树长势基本一致，供试品种为寒富，株行距为 3m×4m，树龄 5 年，试验期间苹果生育期为果实膨大期，苹果黄蚜发生较重。所有试验小区的栽培条件、土壤类型、肥力、耕作等保持一致，符合当地科学的农业实践。

（2）试验方法

① 8% 紫穗槐总黄酮微乳剂分别稀释 400 倍（高剂量）、500 倍（中剂

量）、600 倍（低剂量）；200g/L 吡虫啉可溶液剂 2000 倍作为常规对照，另设清水处理为空白对照。每小区 4 株树，各小区随机区组排列，3 次重复。

② 于 2018 年 5 月 26 日苹果黄蚜发生初期施药 1 次。施药器械为高压喷雾器（喷孔直径 1.0mm，工作压力 2.5Pa），使树冠内外叶片全部均匀着药，每公顷实际用药液量 2250L。

③ 调查方法及数据分析。根据《农药田间药效试验准则（一）》（GB/T 17980.9—2000），每个小区固定调查 2 株树，药前每株树按东、西、南、北、中随机选取 5 个有虫梢，每枝调查顶梢 5 ～ 10 片叶的活蚜虫数，挂牌标记。药前调查虫口基数，施药后第 3d、7d、14d 分别调查残存活虫数，共调查 4 次。同时观察高剂量处理区与对照区药害情况，苹果黄蚜捕食性天敌瓢虫幼虫数量是否大量减少。应用 Excel2016 和 DPSv9.01 数据处理系统对实验数据进行统计分析，并采用 Duncan's 新复极差法进行差异显著性测验。

8.4.2 结果与分析

（1）8% 紫穗槐总黄酮微乳剂对苹果黄蚜的田间防效　田间试验结果如表 8-17 所示，8% 紫穗槐总黄酮微乳剂 3 个浓度处理对苹果黄蚜均有较好的防效，药后 3d 防效为 85.37% ～ 91.79%，药后 7d 防效为 79.95% ～ 86.29%，药后 14d 防效为 71.06% ～ 76.14%，均极显著优于对照药剂 200g/L 吡虫啉可溶液剂 2000 倍液。

表8-17　8% 紫穗槐总黄酮微乳剂对苹果黄蚜的田间防治效果

处理	稀释倍数	药前活虫数	药后 3d		药后 7d		药后 14d	
			活虫数	防效 /%	活虫数	防效 /%	活虫数	防效 /%
8% 紫穗槐总黄酮微乳剂	400	377.6	35.3	91.79	71.4	86.29	120.3	76.14
	500	379.5	41.0	90.51	87.6	83.26	134.6	73.44
	600	356.5	59.4	85.37	98.6	79.95	137.8	71.06
200g/L 吡虫啉可溶液剂	2000	267.8	72.5	76.23	69.8	81.1	81.3	77.27
空白对照	—	374.1	426	—	516.0	—	499.6	—

（2）安全性验证　实验期间未发现苹果树出现叶片变色、枯斑、畸形、落果、停止发育等药害症状，8% 紫穗槐总黄酮微乳剂供试浓度对苹果树安全无药害。田间调查未发现苹果黄蚜捕食性天敌瓢虫幼虫数量大量减少现象，瓢虫幼虫未发现畸形个体。

参考文献

[1] 杨帆 , 隋新 , 谢洋 , 等 . 新型绿色农药微乳剂的研究进展 [J]. 黑龙江科学 , 2015, 6(01): 10-11.

[2] 张晏宁 , 周海炜 , 金玉晓 , 等 . 农药微乳剂的研究进展 [J]. 黑龙江八一农垦大学学报 , 2014, 26(05): 18-20.

[3] 孙陈铖 , 董帆 , 袁小勇 , 等 . 微乳液形成与农药微乳剂开发现状 [J]. 日用化学工业 , 2017, 47(01): 40-45.

[4] 吴亚芊 , 赵丰 , 夏红英 , 等 . 农药微乳剂制备及应用过程中有关问题的探讨 [J]. 农药 ,2011,50(03):170-172.

[5] 孙陈铖 , 董帆 , 袁小勇 , 等 . 微乳液形成与农药微乳剂开发现状 [J]. 日用化学工业 , 2017, 47(01): 40-45.

[6] 李谱超 , 赵军 , 林雨佳 , 等 . 农药水乳剂、微乳剂研发与生产中存在的问题及对策 [J]. 农药科学与管理 , 2011, 32(02): 26-30.

[7] 徐妍 , 刘广文 . 农药液体制剂 [M]. 北京 : 化学工业出版社 , 2018.

[8] 卢金清 , 许家琦 , 何冬黎 , 等 . 植物源农药 16% 赤菌宁微乳剂的研制 [J]. 湖北农业科学 , 2012, 51(04): 727-730.

[9] 白建军 . 杠柳根皮提取物 10% 微乳剂和 15% 水乳剂的研制 [D]. 咸阳 : 西北农林科技大学 , 2011.

[10] 韩鹏杰 , 范仁俊 , 李光玉 , 等 . 0.5% 苦参碱微乳剂配方研究 [J]. 现代农药 , 2011, 10(2): 10-13.

[11] 戴域 . 毒氟磷微乳剂的制备及性能评价研究 [D]. 贵阳 : 贵州师范大学 , 2018.

[12] 刘卫国 , 尹明明 , 陈福良 . 阿维菌素液体制剂理化性能研究及对小菜蛾室内毒力评价 [J]. 农药 , 2012, 51(05): 337-340.

[13] 胡珍娣 , 陈焕瑜 , 李树权 , 等 . 3 种氯虫苯甲酰胺剂型理化性能测试及对小菜蛾活性评价 [J]. 农药 , 2011, 50(04): 263-265.

[14] 李海 , 周一万 , 王永宏 , 等 . 不同剂型吡虫啉的杀蚜活性比较 [J]. 西北农业学报 , 2018, 27(07): 1065-1070.

[15] 冯义志 , 李瑞娟 , 王晓玉 , 等 . 45% 咪鲜胺微乳剂在葱中的残留行为研究 [J]. 农药科学与管理 , 2020, 41(05): 37-42+14.

[16] 梁亚萍 . 紫穗槐果实杀虫活性物质及其作用机理研究 [D]. 沈阳 : 沈阳农业大学 , 2015.

[17] 葛喜珍 , 郑来丽 , 林强 , 等 . 一种杀灭桃褐腐菌的微乳剂及其制备方法 [D]. 北京 : 北京联合大学 , 2010.

[18] 王李节 , 周艺峰 , 聂王焰 . 15% 乙 · 精微乳剂对大豆田杂草的试验效果 [J]. 农药 , 2007(03): 197-198+205.

[19] 毛连纲 , 郭明程 , 袁善奎 , 等 . 基于推荐用量的我国果蔬小型害虫登记用药现状分析 [J]. 中国农业科学 , 2022, 55(11): 2161-2173.